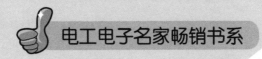
电工电子名家畅销书系

电工技术咱得这么学

蔡杏山　主编

U0213852

机械工业出版社

本书是一本介绍电工技术的图书，主要内容有电工入门基础与安全用电知识、电工常用工具及基本操作技能、电工测量仪表的使用、电子元器件、低压电器、变压器、电动机、三相异步电动机常用控制电路分析与安装、室内照明插座线路的安装。

本书具有起点低、由浅入深、语言通俗易懂的特点，并且内容结构安排符合学习认知规律。本书适合作为初学者学习电工技术的自学图书，也适合作职业院校电类专业的电工技术教材。

图书在版编目（CIP）数据

电工技术咱得这么学/蔡杏山主编. —北京：机械工业出版社，2017.4

（电工电子名家畅销书系）

ISBN 978-7-111-56287-0

Ⅰ．①电…　Ⅱ．①蔡…　Ⅲ．①电工技术　Ⅳ．①TM

中国版本图书馆 CIP 数据核字（2017）第 047058 号

机械工业出版社（北京市百万庄大街 22 号　邮政编码 100037）

策划编辑：任　鑫　责任编辑：任　鑫

责任校对：潘　蕊　封面设计：马精明

责任印制：李　昂

河北鹏盛贤印刷有限公司印刷

2017 年 6 月第 1 版第 1 次印刷

184mm×260mm · 16.5 印张 · 390 千字

0001—3000 册

标准书号：ISBN 978-7-111-56287-0

定价：49.00 元

凡购本书，如有缺页、倒页、脱页，由本社发行部调换

电话服务	网络服务
服务咨询热线：010-88361066	机工官网：www.cmpbook.com
读者购书热线：010-68326294	机工官博：weibo.com/cmp1952
010-88379203	金 书 网：www.golden-book.com
封面无防伪标均为盗版	教育服务网：www.cmpedu.com

出版说明

我国经济与科技的飞速发展，国家战略性新兴产业的稳步推进，对我国科技的创新发展和人才素质提出了更高的要求。同时，我国目前正处在工业转型升级的重要战略机遇期，推进我国工业转型升级，促进工业化与信息化的深度融合，是我们应对国际金融危机、确保工业经济平稳较快发展的重要组成部分，而这同样对我们的人才素质与数量提出了更高的要求。

目前，人们日常生产生活的电气化、自动化、信息化程度越来越高，电工电子技术正广泛而深入地渗透到经济社会的各个行业，促进了众多的人口就业。但不可否认的客观现实是，很多初入行业的电工电子技术人员，基础知识相对薄弱，实践经验不够丰富，操作技能有待提高。党的十八大报告中明确提出"加强职业技能培训，提升劳动者就业创业能力，增强就业稳定性"。人力资源和社会保障部近期的统计监测却表明，目前我国很多地方的技术工人都处于严重短缺的状态，其中仅制造业高级技工的人才缺口就高达400多万人。

秉承机械工业出版社"服务国家经济社会和科技全面进步"的出版宗旨，60多年来我们在电工电子技术领域积累了大量的优秀作者资源，出版了大量的优秀畅销图书，受到广大读者的一致认可与欢迎。本着"提技能、促就业、惠民生"的出版理念，经过与领域内知名的优秀作者充分研讨，我们于2013年打造了"电工电子名家畅销书系"，涉及内容包括电工电子基础知识、电工技能入门与提高、电子技术入门与提高、自动化技术入门与提高、常用仪器仪表的使用以及家电维修实用技能等。本丛书出版至今，得到广大读者的一致好评，取得了良好社会效益，为读者技能的提高提供了有力的支持。

随着时间的推移和技术的不断进步，加之年轻一代走向工作岗位，读者对于知识的需求、获取方式和阅读习惯等发生了很大的改变，这也给我们提出了更高的要求。为此我们再次整合了强大的策划团队和作者团队资源，对本丛书进行了全新的升级改造。升级后的本丛书具有以下特点：①名师把关品质最优；②以就业为导向，以就业为目标，内容选取基础实用，做到知识够用、技术到位；③真实图解详解操作过程，直观具体，重点突出；④学、思、行有机地融合，可帮助读者更为快速、牢固地掌握所学知识和技能，减轻学习负担；⑤由资深策划团队精心打磨并集中出版，通过多种方式宣传推广，便于读者及时了解图书信息，方便读者选购。

本丛书的出版得益于业内顶尖的优秀作者的大力支持，大家经常为了图书的内容、表达等反复深入地沟通，并系统地查阅了大量的最新资料和标准，更新制作了大量的操作现场实景素材，在此也对各位电工电子名家的辛勤的劳动付出和卓有成效的工作表示感谢。同时，我们衷心希望本丛书的出版，能为广大电工电子技术领域的读者学习知识、开阔视野、提高技能、促进就业，提供切实有益的帮助。

作为电工电子图书出版领域的领跑者，我们深知对社会、对读者的重大责任，所以我们一直在努力。同时，我们衷心欢迎广大读者提出您的宝贵意见和建议，及时与我们联系沟通，以便为大家提供更多高品质的好书，联系信箱为 balance008@126.com。

机械工业出版社

当今社会电气化程度越来越高，只要用电的地方就会用到电工电子技术，电子技术主要用于弱电领域，或强电设备的弱电部分，而电工技术主要用于强电领域。一个初、中级电工可以在不懂电子技术的情况下上岗工作，对于高级电工则需要掌握一定的电子技术知识，因为一些具有智能控制功能的强电设备，其核心控制部分常常用到电子技术。本书主要讲授初、中级电工技术，也介绍了电子技术常用到的电子元器件。

本书主要有以下特点：

◆ **基础起点低**。读者只需具有初中文化程度即可阅读本书。

◆ **语言通俗易懂**。书中少用专业化的术语，遇到较难理解的内容用形象比喻说明，尽量避免复杂的理论分析和烦琐的公式推导，图书阅读起来感觉会十分顺畅。

◆ **内容解说详细**。考虑到自学时一般无人指导，因此在编写过程中对书中的知识技能进行详细解说，让读者能轻松理解所学内容。

◆ **采用大量图片与详细标注文字相结合的表现方式**。书中采用了大量图片，并在图片上标注详细的说明文字，不但能让读者阅读时心情愉悦，还能轻松了解图片所表达的内容。

◆ **内容安排符合认识规律**。图书按照循序渐进、由浅入深的原则来确定各章节内容的先后顺序，读者只需从前往后阅读图书，便会水到渠成。

◆ **突出显示知识要点**。为了帮助读者掌握书中的知识要点，书中用阴影和文字加粗的方法突出显示知识要点，指示学习重点。

◆ **网络免费辅导**。读者在阅读时遇到难理解的问题，可登录易天电学网（www.eTV100. com），观看有关辅导材料或向老师提问进行学习，读者也可以在该网站了解本书的新书信息。

本书由蔡杏山担任主编。本书在编写过程中得到了许多教师的支持，其中蔡玉山、詹春华、黄勇、何慧、黄晓玲、蔡春霞、邓艳姣、刘凌云、刘海峰、蔡理峰、邵永亮、朱球辉、蔡理刚、梁云、何丽、李清荣、王娟、刘元能、唐颖、万四香、何彬、蔡任英和邵永明等参与了资料的收集和部分章节的编写工作，在此一致表示感谢。由于我们水平有限，书中的错误和疏漏在所难免，望广大读者和同仁予以批评指正。

编 者

目 录 Contents

第1章

电工基础知识与安全用电 ◄◄◄

1.1 电路基础

1.1.1 电路与电路图

图 1-1a 所示是一个简单的实物电路，该电路由电源（电池）、开关、导线和灯泡组成。电源的作用是提供电能；开关、导线的作用是**控制和传递电能**，称为中间环节；灯泡是消耗电能的用电器，它能将电能转变为光能，称为负载。因此，电路是由**电源、中间环节和负载**组成的。

使用图 1-1a 所示的实物图来绘制电路很不方便，为此人们就**采用一些简单的图形符号代替实物的方法来画电路，这样画出的图形就称为电路图**。图 1-1b 所示的图形就是图 1-1a 所示实物电路的电路图，不难看出，用电路图来表示实际的电路非常方便。

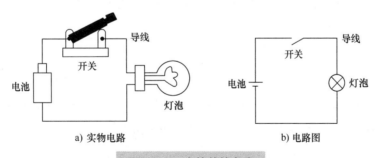

a) 实物电路　　　　　　　　　　　　　b) 电路图

图 1-1　一个简单的电路

1.1.2 电流与电阻

1. 电流

在图 1-2 所示电路中，将开关闭合，灯泡会发光，为什么会这样呢？原来当开关闭合时，带负电荷的电子源源不断地从电源负极经导线、灯泡、开关流向电源正极。这些电子在流经灯泡内的钨丝时，钨丝会发热，引起温度急剧上升而发光。

大量的电荷朝一个方向移动（也称定向移动）就形成了电流，这就像公路上有大量的汽车朝一个方向移动就形成"车流"一样。实际上，我们把电子运动的反方向作为电流方向，即把正电荷在电路中的移动方向规定为电流的方向。图 1-2 所示电路的电流方向是，电源正极→开关→灯泡→电源负极。

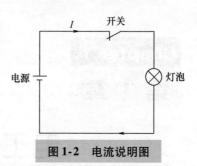

图 1-2　电流说明图

电流用字母"I"表示，单位为安培（简称安），用"A"表示，比安培小的单位有毫安（mA）、微安（μA），它们之间的关系为

$$1A = 10^3 mA = 10^6 μA$$

2. 电阻

在图 1-3a 所示电路中，给电路增加一个元件——电阻器，发现灯光会变暗，该电路的电路图如图 1-3b 所示。为什么在电路中增加了电阻器后灯泡会变暗呢？原来电阻器对电流有一定的阻碍作用，从而使流过灯泡的电流减小，灯泡变暗。

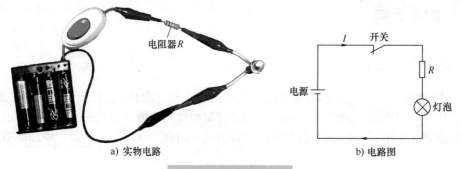

a) 实物电路　　　　　　　　　　　　　　　b) 电路图

图 1-3　电阻说明图

导体对电流的阻碍称为该导体的电阻，电阻用字母"R"表示，电阻的单位为欧姆（简称欧），用"Ω"表示，比欧姆大的单位有千欧（kΩ）、兆欧（MΩ），它们之间关系为

$$1MΩ = 10^3 kΩ = 10^6 Ω$$

导体的电阻计算公式为

$$R = ρ\frac{L}{S}$$

式中，L 为导体的长度（m）；S 为导体的截面积（m^2）；$ρ$ 为导体的电阻率（Ω·m）。不同的导体，$ρ$ 值一般不同。表 1-1 列出了一些常见导体的电阻率（20℃时）。

表 1-1　一些常见导体的电阻率（20℃时）

导　　体	电阻率/Ω·m	导　　体	电阻率/Ω·m
银	$1.62 × 10^{-8}$	锡	$11.4 × 10^{-8}$
铜	$1.69 × 10^{-8}$	铁	$10.0 × 10^{-8}$
铝	$2.83 × 10^{-8}$	铅	$21.9 × 10^{-8}$
金	$2.4 × 10^{-8}$	汞	$95.8 × 10^{-8}$
钨	$5.51 × 10^{-8}$	碳	$3500 × 10^{-8}$

在长度 L 和截面积 S 相同的情况下，电阻率越大的导体其电阻越大。例如，L、S 相同

的铁导线和铜导线，铁导线的电阻约是铜导线的 5.9 倍，**由于铁导线的电阻率较铜导线大很多，为了减小电能在导线上的损耗，让负载得到较大电流，供电线路通常采用铜导线。**

导体的电阻除了与材料有关外，还受温度影响。一般情况下，导体温度越高，电阻越大，例如常温下灯泡（白炽灯）内部钨丝的电阻很小，通电后钨丝的温度上升到千摄氏度以上，其电阻急剧增大；导体温度下降，电阻减小，**某些导电材料在温度下降到某一值时（如 −109℃），电阻会突然变为零，这种现象称为超导现象，具有这种性质的材料称为超导材料。**

1.1.3　电位、电压和电动势

初学者对电位、电压和电动势较难理解，下面通过图 1-4 所示的水流示意图来说明这些术语。首先来分析图 1-4 中的水流过程。

水泵将河中的水抽到山顶的 A 处，水到达 A 处后再流到 B 处，水到 B 处后流往 C 处（河中），同时水泵又将河中的水抽到 A 处，这样使得水不断循环流动。水为什么能从 A 处流到 B 处，又从 B 处流到 C 处呢？这是因为 A 处水位较 B 处水位高，B 处水位较 C 处水位高。

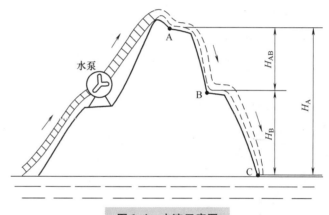

图 1-4　水流示意图

要测量 A 处和 B 处水位的高度，必须先要找一个基准点（零点），就像测量人身高要选择脚底为基准点一样，这里以河的水面为基准（C 处）。AC 之间的垂直高度为 A 处水位的高度，用 H_A 表示，BC 之间的垂直高度为 B 处水位的高度，用 H_B 表示，由于 A 处和 B 处水位高度不一样，它们存在着水位差，该水位差用 H_{AB} 表示，等于 A 处水位高度 H_A 与 B 处水位高度 H_B 之差，即 $H_{AB} = H_A - H_B$。为了让 A 处源源不断有水往 B、C 处流，需要水泵将低水位的河水抽到高处的 A 点，这样做水泵是需要消耗能量的（如耗油）。

1. 电位

电路中的电位、电压和电动势与上述水流情况很相似。如图 1-5 所示，电源的正极输出电流，流到 A 点，再经 R_1 流到 B 点，然后通过 R_2 流到 C 点，最后流到电源的负极。

与图 1-4 所示水流示意图相似，图 1-5 所示电路中的 A、B 点也有高低之分，只不过不是水位，而称为电位，A 点电位较 B 点电位高。为了计算电位的高低，也需要找一个基准点作为零点，为了表明某点为零基准点，通常在该点处画一个"⊥"符号，该符号称为接地符号，接地符号处的电位规定为 0V，电位单位不是米（m），而是伏特（简称伏），用 V 表示。在图 1-5 所示电路中，以 C 点为 0V（该点标有接地符号），A 点的电位为 3V，表示为 $U_A = 3V$，B 点电位为 1V，表示为 $U_B = 1V$。

2. 电压

图 1-5 所示电路中的 A 点和 B 点的电位是不同的，有一定的差距，这种**电位之间的差**

『学』——打好筑基，做好准备

距称为电位差，又称为电压。A 点和 B 点之间的电位差用 U_{AB} 表示，它等于 A 点电位 U_A 与 B 点电位 U_B 的差，即 $U_{AB} = U_A - U_B = 3V - 1V = 2V$。因为 A 点和 B 点电位差实际上就是电阻器 R_1 两端的电位差（即电压），R_1 两端的电压用 U_{R1} 表示，所以 $U_{AB} = U_{R1}$。

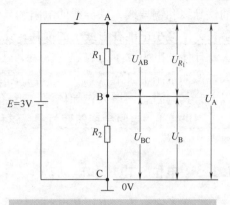

图 1-5　电位、电压和电动势说明图

3. 电动势

为了让电路中始终有电流流过，电源需要在内部将流到负极的电流源源不断地"抽"到正极，使电源正极具有较高的电位，这样正极才会输出电流。当然，电源内部将负极的电流"抽"到正极需要消耗能量（如干电池会消耗掉化学能）。**电源消耗能量在两极建立的电位差称为电动势，电动势的单位也为 V**，图 1-5 所示电路中电源的电动势为 3V。

由于电源内部的电流方向是由负极流向正极，故电源的电动势方向规定为从电源负极指向正极。

1.1.4　电路的三种状态

电路有三种状态：通路、开路和短路，如图 1-6 所示。

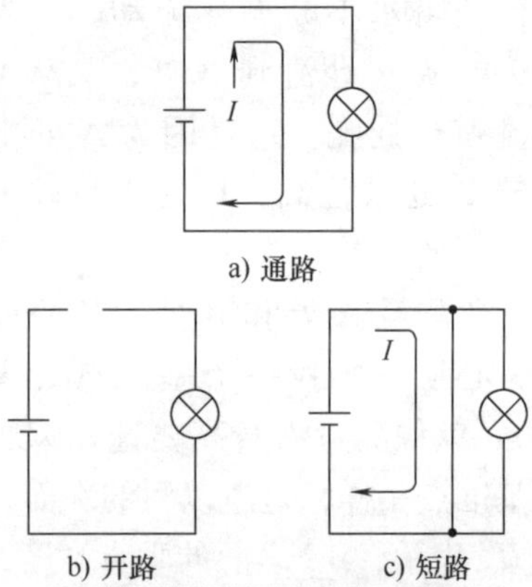

电路处于通路状态的特点有：**电路畅通，有正常的电流流过负载，负载正常工作**。电路处于开路状态的特点有：**电路断开，无电流流过负载，负载不工作**。电路处于短路状态的特点有：**电路中有很大电流流过，但电流不流过负载，负载不工作。由于电流很大，很容易烧坏电源和导线**。

a) 通路

b) 开路　　　c) 短路

图 1-6　电路的三种状态

1.1.5　接地与屏蔽

1. 接地

接地在电工电子技术中应用广泛，接地常用图 1-7 所示的符号表示。接地主要有以下的含义：

1) **在电路图中，接地符号处的电位规定为 0V**。在图 1-8a 所示电路中，A 点标有接地符号，规定 A 点的电位为 0V。

2) **在电路图中，标有接地符号处的地方都是相通的**。图 1-8b 所示的两个电路图虽然从形式上看不一样，但实际的电路连接是一样的，故两个电路中的灯泡都会亮。

图 1-7　接地符号

3) **在强电设备中，常常将设备的外壳与大地连接，当设备绝缘性能变差而使外壳带电时，可迅速通过接地线泄放到大地，从而避免人体触电**，如图 1-9 所示。

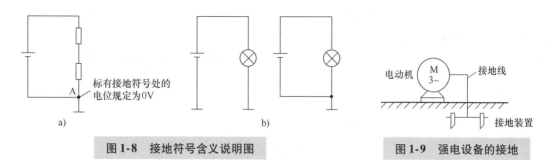

图1-8　接地符号含义说明图　　　　图1-9　强电设备的接地

2. 屏蔽

在电气设备中，为了防止某些元器件和电路工作时受到干扰，或者为了防止某些元器件和电路在工作时产生干扰信号影响其他电路正常工作，通常要对这些元器件和电路采取隔离措施，这种隔离称为屏蔽。屏蔽常用图1-10所示的符号表示。

屏蔽的具体做法是**用金属材料（称为屏蔽罩）将元器件或电路封闭起来，再将屏蔽罩接地（通常为电源的负极）**。图1-11所示为带有屏蔽罩的元器件和导线，外界干扰信号较难穿过金属屏蔽罩干扰内部元器件和电路。

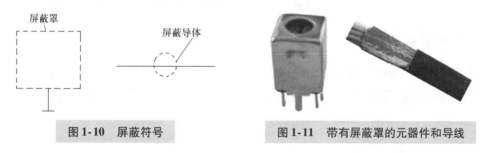

图1-10　屏蔽符号　　　　图1-11　带有屏蔽罩的元器件和导线

1.2　欧姆定律

欧姆定律是电工电子技术中的一个最基本的定律，它反映了电路中电阻、电流和电压之间的关系。欧姆定律分为部分电路欧姆定律和全电路欧姆定律。

1.2.1　部分电路欧姆定律

部分电路欧姆定律内容是，在电路中，流过导体的电流 I 的大小与导体两端的电压 U 成正比，与导体的电阻 R 成反比，即

$$I = \frac{U}{R}$$

也可以表示为 $U = IR$ 或 $R = \dfrac{U}{I}$。

为了让大家更好地理解欧姆定律，下面以图1-12为例来说明。

如图1-12a所示，已知电阻 $R = 10\Omega$，电阻两端电压 $U_{AB} = 5V$，那么流过电阻的电流 $I = \dfrac{U_{AB}}{R} = \dfrac{5}{10}A = 0.5A$。

又如图 1-12b 所示，已知电阻 $R = 5\Omega$，流过电阻的电流 $I = 2A$，那么电阻两端的电压 $U_{AB} = IR = (2 \times 5)V = 10V$。

在图 1-12c 所示电路中，流过电阻的电流 $I = 2A$，电阻两端的电压 $U_{AB} = 12V$，那么电阻的大小 $R = \dfrac{U}{I} = \dfrac{12}{2}\Omega = 6\Omega$。

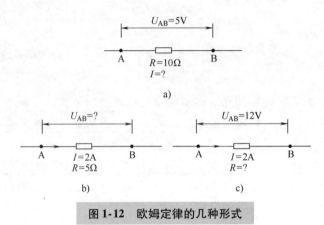

图 1-12　欧姆定律的几种形式

1.2.2　全电路欧姆定律

全电路是指含有电源和负载的闭合回路。全电路欧姆定律又称闭合电路欧姆定律，其内容是，**闭合电路中的电流与电源的电动势成正比，与电路的内、外电阻之和成反比**，即

$$I = \frac{E}{R + R_0}$$

全电路欧姆定律应用说明如图 1-13 所示。

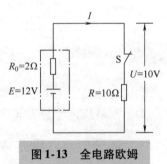

图 1-13 中点画线框内为电源，R_0 表示电源的内阻，E 表示电源的电动势。当开关 S 闭合后，电路中有电流 I 流过，根据全电路欧姆定律可求得 $I = \dfrac{E}{R + R_0} = \dfrac{12}{10 + 2}A = 1A$。电源输出电压（也即电阻 R 两端的电压）$U = IR = 1 \times 10V = 10V$，内阻 R_0 两端的电压 $U_0 = IR_0 = 1 \times 2V = 2V$。如果将开关 S 断开，电路中的电流 $I = 0A$，那么内阻 R_0 上消耗的电压 $U_0 = 0V$，电源输出电压 U 与电源电动势相等，即 $U = E = 12V$。

图 1-13　全电路欧姆定律应用说明图

根据全电路欧姆定律不难看出以下几点：

1）在电源未接负载时，不管电源内阻多大，内阻消耗的电压始终为 0V，电源两端电压与电动势相等。

2）当电源与负载构成闭合电路后，由于有电流流过内阻，内阻会消耗电压，从而使电源输出电压降低。**内阻越大，内阻消耗的电压越大，电源输出电压越低。**

3）在电源内阻不变的情况下，如果外阻越小，电路中的电流越大，**内阻消耗的电压也越大，电源输出电压也会降低。**

由于正常电源的内阻很小，内阻消耗的电压很低，故一般情况下可认为电源的输出电压与电源电动势相等。

利用全电路欧姆定律可以解释很多现象。比如用仪表测得旧电池两端电压与正常电压相同，但将旧电池与电路连接后除了输出电流很小外，电池的输出电压也会急剧下降，这是因为旧电池内阻变大的缘故；又如将电源正、负极直接短路时，电源会发热甚至烧坏，这是因为短路时流过电源内阻的电流很大，内阻消耗的电压与电源电动势相等，大量的电能在电源内阻上消耗并转换成热能，故电源会发热。

1.3　电功、电功率和焦耳定律

1.3.1　电功

电流流过灯泡，灯泡会发光；电流流过电炉丝，电炉丝会发热；电流流过电动机，电动机会运转。由此可以看出，**电流流过一些用电设备时是会做功的，电流做的功称为电功**。用电设备做功的大小不但与加到用电设备两端的电压及流过的电流有关，还与通电时间长短有关。电功可用下面的公式计算：

$$W = UIt$$

式中，W 表示电功，单位是焦耳（J）；U 表示电压，单位是伏（V）；I 表示电流，单位是安（A）；t 表示时间，单位是秒（s）。

电功的单位是焦耳（J），在电学中还常用到另一个单位：千瓦时（kW·h），也称度。 $1kW·h = 1$ 度。千瓦时与焦耳的换算关系是

$$1kW·h = 1 \times 10^3 W \times (60 \times 60) s = 3.6 \times 10^6 W·s = 3.6 \times 10^6 J$$

$1kW·h$ 可以这样理解：一个电功率为 100W 的灯泡连续使用 10h，消耗的电功为 $1kW·h$（即消耗 1 度电）。

1.3.2　电功率

电流需要通过一些用电设备才能做功。为了衡量这些设备做功能力的大小，引入一个电功率的概念。**电流单位时间做的功称为电功率。电功率用 P 表示，单位是瓦（W）**，还有千瓦（kW）和毫瓦（mW），它们之间的换算关系是

$$1kW = 10^3 W = 10^6 mW$$

电功率的计算公式是

$$P = UI$$

根据欧姆定律可知 $U = IR$，$I = U/R$，所以电功率还可以用公式 $P = I^2R$ 和 $P = U^2/R$ 来求。

下面以图 1-14 所示电路来说明电功率的计算方法。

在图 1-14 所示电路中，白炽灯两端的电压为 220V（它与电源的电动势相等），流过白炽灯的电流为 0.5A，求白炽灯的功率、电阻和白炽灯在 10s 内所做的功。

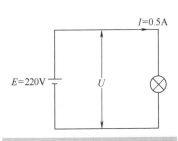

图 1-14　电功率的计算说明图

白炽灯的功率　　　　　$P = UI = 220V \times 0.5A = 110W$
白炽灯的电阻　　　　　$R = U/I = 220V/0.5A = 440\Omega$

白炽灯在 10s 内做的功 $W = UIt = 220\text{V} \times 0.5\text{A} \times 10\text{s} = 1100\text{J}$

1.3.3 焦耳定律

电流流过导体时导体会发热，这种现象称为电流的热效应。电热锅、电饭煲和电热水器等都是利用电流的热效应来工作的。

物理学家焦耳通过实验发现：电流流过导体，导体发出的热量与导体流过的电流、导体的电阻和通电的时间有关。**焦耳定律的具体内容是，电流流过导体产生的热量，与电流的二次方及导体的电阻成正比，与通电时间也成正比。**由于这个定律除了由焦耳发现外，科学家楞次也通过实验独立发现，故该定律又称焦耳-楞次定律。

焦耳定律可用下面的公式表示：

$$Q = I^2 Rt$$

式中，Q 表示热量，单位是焦耳（J）；R 表示电阻，单位是欧姆（Ω）；t 表示时间，单位是秒（s）。

举例：某台电动机额定电压是 220V，线圈的电阻为 0.4Ω，当电动机接 220V 的电压时，流过的电流是 3A，求电动机的功率和线圈每秒发出的热量。

电动机的功率是 $P = UI = 220\text{V} \times 3\text{A} = 660\text{W}$

电动机线圈每秒发出的热量 $Q = I^2 Rt = (3\text{A})^2 \times 0.4\Omega \times 1\text{s} = 3.6\text{J}$

1.4 电阻的连接方式

电阻是电路中应用最多的一种元件，电阻在电路中的连接形式主要有**串联、并联和混联**三种。

1.4.1 电阻的串联

两个或两个以上的电阻头尾相连串接在电路中，称为电阻的串联，如图 1-15 所示。

电阻串联有以下特点：

1）流过各串联电阻的电流相等，都为 I。

2）电阻串联后的总电阻 R 增大，总电阻等于各串联电阻之和，即 $R = R_1 + R_2$。

3）总电压 U 等于各串联电阻上电压之和，即 $U = U_{R1} + U_{R2}$。

4）串联电阻越大，两端电压越高，因为 $R_1 < R_2$，所以 $U_{R1} < U_{R2}$。

在图 1-15 所示电路中，两个串联电阻上的总电压 U 等于电源电动势，即 $U = E = 6\text{V}$；电阻串联后总电阻 $R = R_1 + R_2 = 12\Omega$；流过各电阻的电流 $I = \dfrac{U}{R_1 + R_2} = \dfrac{6}{12}\text{A} = 0.5\text{A}$；电阻 R_1 上的电压 $U_{R1} = IR_1 = (0.5 \times 5)\text{V} = 2.5\text{V}$，电阻 R_2 上的电压 $U_{R2} = IR_2 = (0.5 \times 7)\text{V} = 3.5\text{V}$。

1.4.2 电阻的并联

两个或两个以上的电阻头头相接、尾尾相连并接在电路中，称为电阻的并联，如图 1-16 所示。

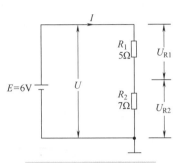

图 1-15 电阻的串联

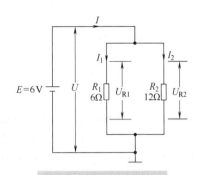

图 1-16 电阻的并联

电阻并联有以下特点：

1）并联的电阻两端的电压相等，即 $U_{R1} = U_{R2}$。

2）总电流等于流过各个并联电阻的电流之和，即 $I = I_1 + I_2$。

3）电阻并联总电阻减小，总电阻的倒数等于各并联电阻的倒数之和，即

$$\frac{1}{R} = \frac{1}{R_1} + \frac{1}{R_2}$$

该公式可变形为

$$R = \frac{R_1 R_2}{R_1 + R_2}$$

4）在并联电路中，**电阻越小，流过的电流越大**，因为 $R_1 < R_2$，所以流过 R_1 的电流 I_1 大于流过 R_2 的电流 I_2。

在图 1-17 所示电路中，并联的电阻 R_1、R_2 两端的电压相等，$U_{R1} = U_{R2} = U = 6V$；流过 R_1 的电流 $I_1 = \dfrac{U_{R1}}{R_1} = \dfrac{6}{6}A = 1A$，流过 R_2 的电流 $I_2 = \dfrac{U_{R2}}{R_2} = \dfrac{6}{12}A = 0.5A$，总电流 $I = I_1 + I_2 = (1 + 0.5)A = 1.5A$；$R_1$、$R_2$ 并联总电阻为

$$R = \frac{R_1 R_2}{R_1 + R_2} = \frac{6 \times 12}{6 + 12}\Omega = 4\Omega$$

1.4.3 电阻的混联

一个电路中的电阻既有串联又有并联时，称为电阻的混联，如图 1-17 所示。

对于电阻混联电路，总电阻可以这样求：**先求并联电阻的总电阻，然后再求串联电阻与并联电阻的总电阻之和**。在图 1-17 所示电路中，并联电阻 R_3、R_4 的总电阻为

$$R_0 = \frac{R_3 R_4}{R_3 + R_4} = \frac{6 \times 12}{6 + 12}\Omega = 4\Omega$$

电路的总电阻为

$$R = R_1 + R_2 + R_0 = (5 + 7 + 4)\Omega = 16\Omega$$

读者如果有兴趣，可求图 1-17 所示电路中总电流 I，R_1 两端电压 U_{R1}，R_2 两端电压 U_{R2}，R_3 两端电压 U_{R3} 和流过 R_3、R_4 的电流 I_3、I_4 的大小。

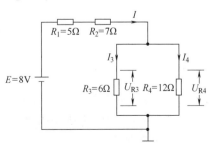

图 1-17 电阻的混联

1.5 直流电与交流电

1.5.1 直流电

直流电是指方向始终固定不变的电压或电流。 能产生直流电的电源称为直流电源，常见的干电池、蓄电池和直流发电机等都是直流电源，直流电源常用图 1-18a 所示的图形符号表示。直流电的电流方向总是由电源正极流出，再通过电路流到负极。在图 1-18b 所示的直流电路中，电流从直流电源正极流出，经电阻 R 和灯泡流到负极结束。

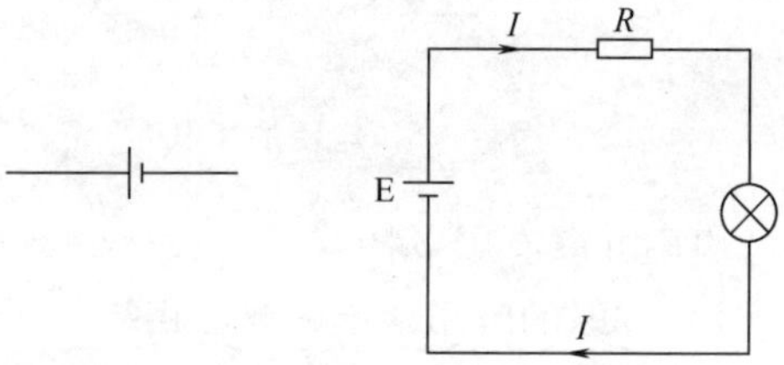

直流电又分为稳定直流电和脉动直流电。

1. 稳定直流电

稳定直流电是指方向固定不变并且大小也不变的直流电。 稳定直流电可用图 1-19a 所示波形表示，稳定直流电的电流 I 的大小始终保持恒定（始终为 6mA），在图中用直线表示；直流电的电流方向保持不变，始终是从电源正极流向负极，图中的直线始终在 t 轴上方，表示电流的方向始终不变。

2. 脉动直流电

脉动直流电是指方向固定不变，但大小随时间变化的直流电。 脉动直流电可用图 1-19b 所示的波形表示。从图中可以看出，脉动直流电的电流 I 的大小随时间作波动变化（如在 t_1 时刻电流为 6mA，在 t_2 时刻电流变为 4mA），电流大小波动变化在图中用曲线表示；脉动直流电的方向始终不变（电流始终从电源正极流向负极），图中的曲线始终在 t 轴上方，表示电流的方向始终不变。

a) 直流电源图形符号 **b) 直流电路**

图 1-18 直流电源图形符号与直流电路

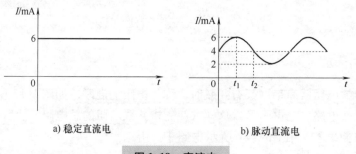

a) 稳定直流电   b) 脉动直流电

图 1-19 直流电

1.5.2 单相交流电

交流电是指方向和大小都随时间作周期性变化的电压或电流。 交流电类型很多，其中最常见的是正弦交流电，因此这里就以正弦交流电为例来介绍交流电。

1. 正弦交流电

正弦交流电的符号、电路和波形如图 1-20 所示。

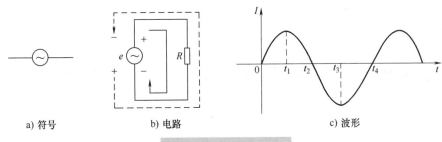

a) 符号　　　　　　　b) 电路　　　　　　　　　c) 波形

图 1-20　正弦交流电

下面以图 1-20b 所示的交流电路来说明图 1-20c 所示正弦交流电波形。

1）在 $0 \sim t_1$ 期间：交流电源 e 的电压极性是上正下负，电流 I 的方向是，交流电源上正→电阻 R→交流电源下负，并且电流 I 逐渐增大，电流逐渐增大在图 1-20c 中用波形逐渐上升表示，t_1 时刻电流达到最大值。

2）在 $t_1 \sim t_2$ 期间：交流电源 e 的电压极性仍是上正下负，电流 I 的方向仍是，交流电源上正→电阻 R→交流电源下负，但电流 I 逐渐减小，电流逐渐减小在图 1-20c 中用波形逐渐下降表示，t_2 时刻电流为 0。

3）在 $t_2 \sim t_3$ 期间：交流电源 e 的电压极性变为上负下正，电流 I 的方向也发生改变，图 1-21c 中的交流电波形由 t 轴上方转到下方表示电流方向发生改变，电流 I 的方向是，交流电源下正→电阻 R→交流电源上负，电流反方向逐渐增大，t_3 时刻反方向的电流达到最大值。

4）在 $t_3 \sim t_4$ 期间：交流电源 e 的电压极性仍为上负下正，电流仍是反方向，电流的方向是，交流电源下正→电阻 R→交流电源上负，电流反方向逐渐减小，t_4 时刻电流减小到 0。

t_4 时刻以后，交流电源的电流大小和方向变化与 $0 \sim t_4$ 期间变化相同。实际上，交流电源不但电流大小和方向按正弦波变化，其电压大小和方向变化也像电流一样按正弦波变化。

2. 周期和频率

周期和频率是交流电最常用的两个概念，下面以图 1-21 所示的正弦交流电波形图来说明。

（1）周期

从图 1-21 可以看出，交流电变化过程是不断重复的，**交流电重复变化一次所需的时间称为周期，周期用 T 表示，单位是秒（s）**。图 1-21 所示交流电的周期为 $T = 0.02 \mathrm{s}$，说明该交流电每隔 0.02s 就会重复变化一次。

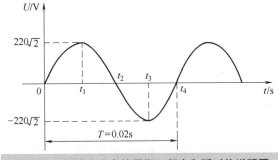

图 1-21　正弦交流电的周期、频率和瞬时值说明图

（2）频率

交流电在每秒钟内重复变化的次数称为频率，频率用 f 表示，它是周期的倒数，即

$$f = \frac{1}{T}$$

频率的单位是**赫兹，简称赫（Hz）**。图 1-21 所示交流电的周期 $T = 0.02 \mathrm{s}$，那么它的频率 $f = 1/T = 1/0.02\mathrm{s} = 50 \mathrm{Hz}$，该交流电的频率 $f = 50 \mathrm{Hz}$，说明在 1s 内交流电能重复 $0 \sim t_4$ 这个

过程50次。交流电变化越快,变化一次所需要时间越短,周期就越短,频率就越高。

3. 瞬时值和有效值

（1）瞬时值

交流电的大小和方向是不断变化的,交流电在某一时刻的值称为交流电在该时刻的瞬时值。 以图1-21所示的交流电压为例,它在 t_1 时刻的瞬时值为 $220\sqrt{2}$ V（约为311V）,该值为最大瞬时值,在 t_2 时刻的瞬时值为0V,该值为最小瞬时值。

（2）有效值

交流电的大小和方向是不断变化的,这给电路计算和测量带来不便,为此引入有效值的概念。下面以图1-22所示电路来说明有效值的含义。

图1-22所示两个电路中的电热丝完全一样,现分别给电热丝通交流电和直流电,如果两个电路通电时间相同,并且电热丝发出热量也相同,对电热丝来说,这里的交流电和直流电是等效的,那么就将图1-22b中直流电的电压值或电流值称为图1-22a中交流电的有效电压值或有效电流值。

交流市电电压为220V指的就是有效值,其含义是虽然交流电压时刻变化,但它的效果与220V直流电是一样的。没特别说明,交流电的大小通常是指有效值,测量仪表的测量值一般也是指有效值。正弦交流电的有效值与瞬时最大值的关系是

$$最大瞬时值 = \sqrt{2} \times 有效值$$

4. 交流电的相位与相位差

（1）相位

正弦交流电的电压或电流变化规律与正弦波一样,为了分析方便,将正弦交流电波形放在图1-23所示的坐标中。

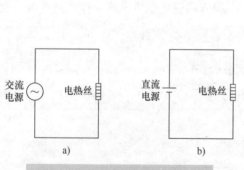

图1-22 交流电有效值的说明图

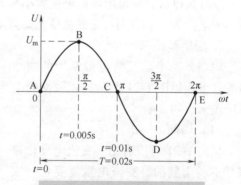

图1-23 正弦交流电波形图

图中画出了交流电的一个周期,一个周期的角度为 2π,一个周期的时间为 $T = 0.02\text{s}$。从图可以看出,在不同的时刻,交流电压所处的角度不同,如在 $t = 0$ 时刻的角度为 $0°$,在 $t = 0.005\text{s}$ 时刻的角度为 $\pi/2$（或 $90°$）,在 $t = 0.01\text{s}$ 时刻的角度为 π（$180°$）。

交流电在某时刻的角度称为交流电在该时刻的相位。 图1-23所示的交流电在 $t = 0.005\text{s}$ 时刻的相位为 $\pi/2$,在 $t = 0.01\text{s}$ 时刻的相位为 π。交流电在 $t = 0$ 时刻的角度称为交流电的初相位,图1-23中的交流电初相位为 $0°$。对于初相位为 $0°$ 的交流电,可用下面的公式表示:

$$U = U_m \sin \omega t$$

式中，U 为交流电压的瞬时值；U_m 为交流电压的最大值；ωt 为交流电压的相位，其中 ω 称为交流电的角频率，$\omega = 2\pi/T = 2\pi f$。利用上面的公式可以求出交流电压在任一时刻的相位及该时刻的电压值。

例如，已知某交流电压的周期 $T = 0.02\mathrm{s}$，最大电压值 $U_m = 10\mathrm{V}$，初相位为 0°，求该交流电压在 $t = 0.015\mathrm{s}$ 时刻的相位及电压。

先求出交流电压在 $t = 0.015\mathrm{s}$ 时刻的相位 ωt，即

$$\omega t = \frac{2\pi}{T}t = \frac{2\pi}{0.02} \times 0.015 = 1.5\pi = \frac{3}{2}\pi$$

再求交流电压在 $t = 0.015\mathrm{s}$ 时刻的电压值 U，即

$$U = U_m \sin \omega t = 10\mathrm{V} \cdot \sin\left(\frac{3}{2}\pi\right) = 10\mathrm{V} \times (-1) = -10\mathrm{V}$$

有些交流电在 $t = 0$ 时刻的相位并不为 0°（即初相位不为 0°），如图 1-24 所示。在 $t = 0$ 时刻，U_2 的初相位为 0°，它可以用 $U_2 = U_m \sin \omega t$ 表示；U_1 的初相位不为 0°，而为 φ。对于初相位不为 0° 的交流电压可用下面的式子表示

$$U_1 = U_m \sin(\omega t + \varphi)$$

式中，U_m 为交流电的最大值；$(\omega t + \varphi)$ 为交流电的相位；φ 为交流电的初相位（即 $t = 0$ 时的相位）。

图 1-24 中 U_1 的初相位 $\varphi = \pi/2$，它的表达式为 $U_1 = U_m \sin(\omega t + \pi/2)$，根据这个表达式可以求出 U_1 在任何时刻的相位和电压值。

（2）相位差

相位差是指两个同频率交流电的相位之差。如图 1-25a、b 所示，两个同频率的交流电流 i_1、i_2 分别从两条线路流向 A 点，在同一时刻，到达 A 点的 i_1、i_2 交流电的相位并不相同，在 $t = 0$ 时刻，i_1 的相位为 $\pi/2$，而 i_2 相位为 0°，在 $t = 0.01\mathrm{s}$ 时刻，i_1 的相位为 $3\pi/2$，而 i_2 相位为 π，两个电流的相位差为 $(\pi/2 - 0°) = \pi/2$ 或 $(3\pi/2 - \pi) = \pi/2$，即 i_1、i_2 的相位差始终是 $\pi/2$。在图 1-25b 中，若将 i_1 的前一段补充出来（虚线所示），也可以看出 i_1、i_2 的相位差是 $\pi/2$，并且 i_1 超前 i_2 $\pi/2$。

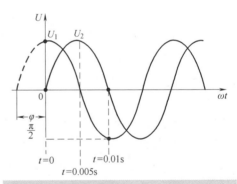

图 1-24　初相位不同的两个交流电示意图

两个交流电存在相位差实际上就是**两个交流电变化存在着时间差**。例如图 1-25b 中的两个交流电，在 $t = 0$ 时刻，i_1 电流的值为 5mA，i_2 电流的值为 0；而到 $t = 0.005\mathrm{s}$ 时，i_1 电流的值变为 0，i_2 电流的值变为 5mA；也就是说，i_2 电流变化总是滞后 i_1 电流的变化。

要在坐标图中求出两个同频率交流电的相位差，可采用下面两种方法：

1）若将两个交流电建立在 x 轴表示时间（t）的坐标图中，要求出它们的相位差，就需先确定在某一时刻各交流电的相位，然后对它们进行求差，即可得出相位差。在图 1-25b 中，两个交流电流 i_1、i_2 在 $t = 0$ 时刻的相位分别是 $\pi/2$ 和 0，那么它们的相位差是 $(\pi/2 - 0) = \pi/2$，至于哪个交流电相位超前或落后，可根据相位差结果的正负来判断，结果为正说明相位作被

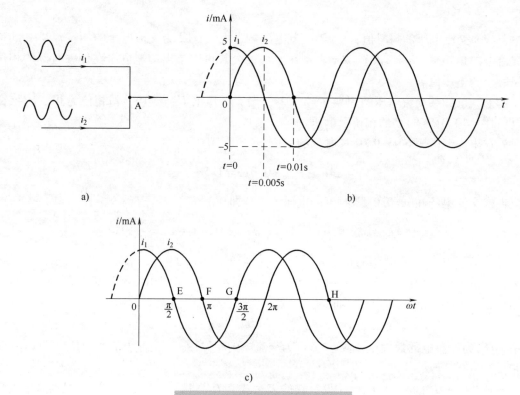

图 1-25 交流电相位差示意图

减数的交流电相位超前，为负说明相位作被减数的交流电相位落后，i_1、i_2 相位差为（$\pi/2 - 0$），i_1 相位作被减数，相位差为正，所以 i_1 相位超前。

2）若将两个交流电建立在 x 轴表示角度（ωt）的坐标图中，要求出它们的相位差，可以在两个交流电上取性质相同的相邻两个点，求得两点之间相差的角度就能得出两者的相位差。在图 1-25c 中，i_1 的 E 点与 i_2 的 F 点性质相同（两点变化趋势相同）且相邻，两点相差的角度（$\pi - \pi/2$）$= \pi/2$，那么它们之间的相位差就为 $\pi/2$，点位置在前的交流电相位超前，E 点在 F 点前面，故 i_1 相位超前 i_2。需要说明的是，i_1 的 E 点与 i_2 的 H 点性质相同但不相邻，故不能将它们之间的角度差看成相位差。

1.5.3　三相交流电

1. 三相交流电的产生

目前应用的电能绝大多数是由三相发电机产生的，三相发电机与单相发电机的区别在于，**三相发电机可以同时产生并输出三组电源，而单相发电机只能输出一组电源**，因此三相发电机效率较单相发电机更高。三相交流发电机的结构示意图如图 1-26 所示。

从图中可以看出，三相发电机主要是由互成 120°且固定不动的 U、V、W 三组线圈和一块旋转磁铁组成。当磁铁旋转时，磁铁产生的磁场切割这三组线圈，这样就会在 U、V、W 三组线圈中分别产生交流电动势，各线圈两端就分别输出交流电压 U_U、U_V、U_W，这三组线圈输出的三组交流电压就称为三相交流电压。一些常见的三相交流发电机每相交流电压大小为 220V。

不管磁铁旋转到哪个位置，穿过三组线圈的磁力线都会不同，所以三组线圈产生的交流电压也就不同。三相交流发电机产生的三相交流电波形如图 1-27 所示。

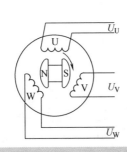

图 1-26　三相交流发电机的结构示意图

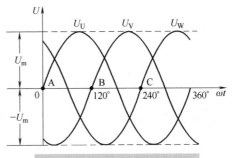

图 1-27　三相交流电的波形

从图中可以看出，U_U、U_V、U_W 三相交流电压的相位都不相同，在三个电压上取性质相同且相近的 A、B、C 三个点，三个点之间相差的角度都是 120°，即这三个交流电压相位差都是 120°，它们在任意时刻的电压值可分别用下面的表达式来求：

$$U_U = U_m \sin \omega t$$
$$U_V = U_m \sin(\omega t - 120°)$$
$$U_W = U_m \sin(\omega t - 240°)$$

2. 三相交流电的供电方式

三相交流发电机能产生三相交流电压，将这三相交流电压供给用户可采用三种方式：**直接连接供电、星形联结供电和三角形联结供电**。

（1）直接连接供电方式

直接连接供电方式如图 1-28 所示。直接连接供电方式是将发电机三组线圈输出的每相交流电压分别用两根导线向用户供电，这种方式共需用到六根供电导线，如果在长距离供电时采用这种供电方式会使成本很高。

（2）星形联结供电方式

星形联结供电方式如图 1-29 所示。星形联结是将发电机的三组线圈末端都连接在一起，并接出一根线，称为中性线 N，三组线圈的首端各引出一根线，称为相线，这三根相线分别称为 U 相线、V 相线和 W 相线。三根相线分别连接到单独的用户，而中性线则在用户端一分为三，同时连接三个用户，这样发电机三组线圈上的电压就分别提供给各自的用户。在这种供电方式中，发电机三组线圈连接成星形，并且采用四根线来传送三相电压，故称为三相四线制星形联结供电方式。

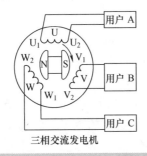

图 1-28　直接连接供电方式

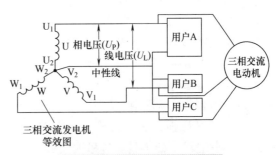

图 1-29　星形联结供电方式

15

任意一根相线与中性线之间的电压都称为相电压 U_P，该电压实际上是任意一组线圈两端的电压。**任意两根相线之间的电压称为线电压 U_L**。从图 1-29 中可以看出，线电压实际上是两组线圈上的相电压叠加得到的，但线电压 U_L 的值并不是相电压 U_P 的 2 倍，因为任意两组线圈上的相电压的相位都不相同，不能进行简单的乘 2 来求得。根据理论推导可知，在星形联结时，**线电压是相电压的 $\sqrt{3}$ 倍**，即

$$U_L = \sqrt{3}U_P$$

如果相电压 $U_P = 220V$，根据上式可计算出线电压约为 380V。在图 1-29 中，三相交流电动机的三根线分别与发电机的三根相线连接，若发电机的相电压为 220V，那么电动机三根线中的任意两根之间的电压就为 380V。

（3）三角形联结供电方式

三角形联结供电方式如图 1-30 所示。三角形联结是将发电机的三组线圈首末端依次连接在一起，连接方式呈三角形，并在三个连接点各接出一根线，分别称为 U 相线、V 相线和 W 相线。将三根相线按图 1-30 所示的方式与用户连接，三组线圈上的电压

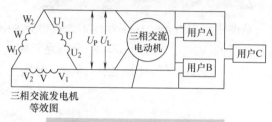

图 1-30　三角形联结供电方式

就分别提供给各自的用户。在这种供电方式中，发电机三组线圈连接成三角形，并且采用三根线来传送三相电压，故称为三相三线制三角形联结供电方式。

三角形联结方式中，相电压 U_P（每组线圈上的电压）和线电压 U_L（两根相线之间的电压）是相等的，即

$$U_L = U_P$$

在图 1-30 中，如果相电压为 220V，那么电动机三根线中的任意两根之间的电压也为 220V。

1.6　电磁现象及规律

1.6.1　磁铁与磁性材料

1. 磁铁

将一块磁铁靠近铁钉，如图 1-31 所示，会发现磁铁即使没有接触到铁钉，也会把铁钉吸引过来。磁铁没有接触铁钉就可以将它吸引过来，这是因为磁铁能产生磁场，是磁场产生的作用力将铁钉"拉"过来的。

任何一块磁铁都有两个磁极，即 **N 极、S 极**。由于磁铁产生的磁场人眼看不见，但实际上又存在，为了表示磁场强弱和方向，通常在磁铁周围画一些带箭头的闭合线条，这些线条称为**磁力线**（也称磁感线），如图 1-32 所示。**磁力线的疏密表示磁场的强弱，磁力线上的箭头表示磁场的方向**。从图中可以看出，磁铁 N 极、S 极两端出来和进入的磁力线最多，所以磁铁两端的磁场最强，磁力线箭头的方向在磁铁外部是**由磁铁的 N 极出来，S 极进入（在磁铁内部则相反）**。磁力具有**异极性吸引、同极性排斥**的性质。

图1-31　磁铁吸引铁钉

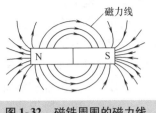

图1-32　磁铁周围的磁力线

2. 磁性材料

如果将一根不带磁性的钢棒接触磁铁，如图 1-33 所示，会发现先前不带磁性的钢棒现在也可以吸引铁钉，此时再移开磁铁，钢棒还能吸引铁钉，也就是说，磁铁接触钢棒，使钢棒也具有了磁性。

没有磁性的物质在磁场的作用下带上磁性的现象称为**磁化现象**，这种在磁场作用下能带上磁性的物质称为**磁性材料**。磁性材料可分为**软磁性材料和硬磁性材料**。

（1）软磁性材料

软磁性材料在外部磁场作用下，容易被磁化而带磁性，外部磁场消失后，**其所带的磁性会随之消失，剩磁很少**。常见的软磁性材料有纯铁、硅钢、坡莫合金、锰锌铁氧体和镍锌铁氧体等。软磁性材料常用在变压器、电动机、发电机、接触器、继电器和录音机、摄/录像机的磁头中。

（2）硬磁性材料

硬磁性材料在外部磁场的作用下，容易被磁化而带磁性，外部磁场消失后，**其磁性不容易消失，还会保留较强的剩磁**。常见的磁性材料有二氧化铬、三氧化二铁、铁钴合金和钕铁硼合金等。硬磁性材料常用在电工仪表、高效能电动机和一些磁记录设备中。

1.6.2　通电导体产生的磁场

先来按图 1-34 所示的方法做一个实验，在一根不带磁性的铁棒上缠绕多匝线圈（匝数尽量多些），再在线圈的引出线上接好开关和电池，在铁棒下方有一只小铁钉。在闭合开关时，铁钉马上被铁棒吸引过来，断开开关，铁钉又会掉下来。这个实验说明，通电线圈也会产生磁场，线圈产生的磁场将铁棒磁化使之带磁，带上磁性的铁棒就能吸引铁钉。

通电导体能产生磁场，该磁场与磁铁产生的磁场一样，都具有大小和方向，通过导体的电流方向变化，导体产生的磁场方向也会变化。下面来分析两种类型的通电导体的电流与其产生的磁场的关系。

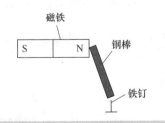

图1-33　磁化的钢棒吸引铁钉

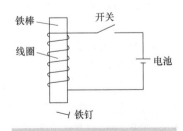

图1-34　通电线圈产生磁场

1. 通电螺旋管导体的电流与磁场关系

在图 1-34 中，绕在铁棒上的线圈呈螺旋状，通常将这种形状的导体称为螺旋管导体。对于通电螺旋管导体，通过电流的方向与产生磁场的方向可用**右手螺旋定则来判断**。如图 1-35 所示，用右手四指握住螺旋管，四指的弯曲方向与环形电流方向一致，让大拇指伸直，大拇指所指的方向就是螺旋管产生的磁场磁力线方向。读者可试着用该方法来分析图 1-34 中线圈产生的磁场磁力线方向。

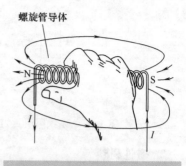

图 1-35　用右手螺旋定则判断
通电螺旋管导体的磁场方向

2. 通电直导体的电流与磁场关系

对于通电直导体，通过电流的方向与产生磁场的方向也可用**右手螺旋定则来判断**。如图 1-36 所示，用右手四指握住直导体，让伸直的大拇指指向电流的方向，弯曲的四指所指的方向就是直导体产生的磁场方向。

1.6.3　通电导体在磁场中的受力情况

通电导体会产生磁场，若将通电导体放在其他磁场中（如磁铁产生的磁场），通电导体产生的磁场与其他磁场就会产生吸引或排斥，从而使通电导体受到作用力。**通电导体在磁场中受到的力称为安培力。**

安培力的方向可用**左手定则来判断**。如图 1-37 所示，伸开左手手掌，让大拇指和其余四手指垂直，并且和手掌都在同一平面内，把手掌伸入磁场中，让磁力线垂直穿过手掌，同时让四指指向导体的电流方向，那么大拇指所指的方向就是通电导体在磁场中所受安培力的方向。

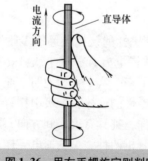

图 1-36　用右手螺旋定则判断
通电直导体的磁场方向

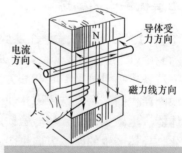

图 1-37　用左手定则判断通电
导体在磁场中的受力方向

导体在磁场中所受安培力的大小与<u>磁感应强度 B、导体流过的电流 I、导体的长度 L</u> 有关。导体在磁场中受到的安培力可用下面的公式来计算：

$$F = BIL\sin\alpha$$

式中，F 为安培力，单位为牛顿（N）；B 为磁感应强度，单位为特斯拉（T），它表示磁场中各点磁场的强弱和方向，其大小用该点磁力线的疏密来表示，某点磁力线越密，则该点的磁感应强度越大，如果磁场中各点的磁场强弱相同，那么该磁场为匀强磁场，匀强磁场中各点磁感应强度是相同的，磁感应强度的方向与磁场方向相同；L 为导体的长度，单位为米

（m）；I 为导体通过的电流，单位为安培（A）；α 为导体与磁场的夹角，如图 1-38 所示，如果通电导体与磁场垂直，即 $\alpha = 90°$，那么通电导体在磁场受到的安培力 $F = BIL$。

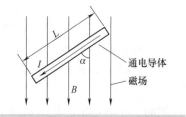

图 1-38　安培力计算公式说明图

1.6.4　电磁感应

电流可以产生磁场，反过来也可以利用磁场产生电流。当闭合电路的部分导体在磁场中切割磁力线，或者穿过闭合电路的磁力线数量（又称磁通量）发生变化时，闭合电路中就有电流产生，这种现象称为电磁感应现象。

1. 导体在切割磁力线时会产生电流

当导体切割磁场磁力线时，导体会产生**电动势**，如果将该导体与其他电路接成闭合电路，电路中就有**电流流过**。在图 1-39 所示，将与电流表连接在一起的导体放在磁场中，当导体在磁场中作切割磁力线运动时，导体中马上有电动势产生，此时的导体就相当于一个电池，会输出电流，电流表表针摆动。

导体产生的电动势方向（也即导体产生的电流方向）与**导体的运动方向、磁场的方向**有关。导体产生的电动势的方向可用**右手定则**判断。具体如图 1-38 所示，伸开右手，让拇指和四指垂直并且在同一平面内，将右手掌放入磁场中，让磁力线垂直穿过掌心，拇指指向导体运动的方向，四指所指的方向就是导体产生电动势的方向，也是导体产生电流的方向。

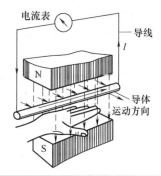

图 1-39　用右手定则判断导体切割磁力线时产生的电流方向

在图 1-39 中，如果导体静止不动，而让磁场横向运动，导体也会切割磁力线，导体中也有电动势产生。在这种情况下判断导体电动势的方向时，应将磁场运动的相反方向看作导体的运动方向，如磁场往左运动可以看成是磁场不动而导体往右运动，再用右手定则来分析导体产生的电动势方向。

导体在磁场中切割磁力线时会产生电动势，其产生的电动势大小可用下面的公式计算：

$$E = BLV\sin\alpha$$

式中，E 为电动势，单位为伏特（V）；B 为磁感应强度，单位为特斯拉（T）；L 为导体的长度，单位为米（m）；V 为导体在磁场中的运动速度，单位为米每秒（m/s）；α 为导体运动方向与磁场方向的夹角，导体运动方向与磁场方向垂直时，$\alpha = 90°$。

2. 闭合电路在磁通量变化时会产生电流

除了导体切割磁力线会产生电动势外，闭合电路的磁通量**发生变化**时也能产生电动势。

为了说明闭合电路磁通量发生变化能产生电动势，先按图 1-40 所示做一个实验，将线圈与一个电流表连接起来，电流表表针不动，然后拿一块磁铁靠近线圈。当磁铁插入线圈时，电流表表针会摆动，说明线圈有电流产生；当磁铁插在线圈中不动时，表针不动，说明线圈无电流产生；当突然拔出磁铁时，表针又发生摆动，说明线圈又有电流产生，但表针此刻的摆动方向与插入磁铁时的摆动方向相反。

在该实验中，当插入磁铁时，穿过线圈的磁力线数量增多（即磁通量增多），当拔出磁铁时，穿过线圈的磁力线数量减少（即磁通量减少），线圈中都有电流产生，而磁铁在线圈中不动时，穿过线圈的磁感线数量不变（即磁通量不变），线圈中无电流产生。因此可以得出这样的结论：当穿过线圈的磁通量发生变化时，线圈会产生电动势；当线圈与其他元器件组成闭合电路时，线圈中就有电流产生。

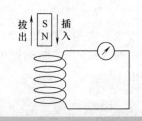

图 1-40　闭合导体的磁通量发生变化时产生电流的实验

线圈产生的电动势方向与穿过线圈的磁通量有关，它们之间的关系可用楞次定律来判断。楞次定律指出，**闭合线圈的感应电流的磁场总是要阻碍引起感应电流的磁通量的变化**。具体来说，当穿过线圈的磁通量增多时，线圈产生的感应电流所形成的磁场要阻碍磁通量增多；当穿过线圈的磁通量减少时，线圈产生的感应电流所形成的磁场要阻碍磁通量减少。

利用楞次定律可判断**线圈产生的感应电流方向**。具体方法是，先判断**穿过线圈的磁通量方向及变化趋势（即是增大还是减小）**，再根据感应电流的磁场总是阻碍磁通量变化的原则，来确定**感应电流的方向**。下面以图 1-41 所示两种情况来进一步说明。

在图 1-41a 中，穿过线圈的磁通方向是下 N 上 S，并且磁通量具有增多的趋势。根据感应电流产生的磁场总是阻碍磁通量变化的原则，确定线圈感应电流产生的磁场应是上 N 下 S，因为只有线圈产生上 N 下 S 的磁场才能阻碍下 N 上 S 并且增多的磁通量（可理解为同性相斥，线圈感应电流产生的上 N 下 S 的磁场阻碍下 N 上 S 的磁铁靠近），确定线圈产生的磁场方向后，再用右手螺旋定则不难判断出线圈的感应电流方向是由下往上。

在图 1-41b 中，穿过线圈的磁通方向是下 N 上 S，并且磁通量具有减少的趋势，根据感应电流产生的磁场总是阻碍磁通量变化的原则，确定线圈产生的磁场应是上 S 下 N，因为只有线圈产生上 S 下 N 的磁场才能阻碍下 N

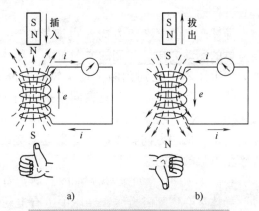

a)　　　　　　b)

图 1-41　用楞次定律判断线圈产生的感应电流方向

上 S 并且减少的磁通量（可理解为异性相吸，线圈产生的上 S 下 N 的磁场吸引下 N 上 S 的磁铁，阻碍其离开），确定线圈产生的磁场方向后，再用右手螺旋定则不难判断出线圈的感应电流方向是由上往下。

线圈产生的感应电动势大小可用法拉第电磁感应定律来计算。法拉第电磁感应定律指出：闭合线圈产生的感应电动势的大小与**穿过回路的磁通量的变化率**成正比，其数学表达式为

$$E = N\frac{\Delta\Phi}{\Delta t}$$

式中，E 为电动势；N 为线圈的匝数；$\Delta\Phi$ 表示磁通量的变化量；Δt 表示磁通量变化 $\Delta\Phi$ 所需的时间。从上式不难看出，与磁铁缓慢靠近或远离线圈相比，磁铁快速靠近或远离线圈

时，磁通量 $\Delta\Phi$ 变化相同，但变化所需的时间 Δt 更短，故线圈产生的电动势会更高。

1.6.5　自感与互感

1. 自感

图 1-42 为两个实验电路，在图 a 所示电路中，当开关闭合时，灯泡 HL_2 马上变亮，而灯泡 HL_1 慢慢变亮，然后亮度不变，在图 b 所示电路中，当开关闭合时，灯泡 HL 马上变亮，开关断开时，HL 不会马上熄灭，而是慢慢熄灭。

为什么会出现这种现象呢？原来当流过线圈的电流发生变化时，线圈会产生电动势。**由于导体本身电流发生变化而产生电动势的现象称为自感现象**，由自感产生的电动势称为**自感电动势**，电动势的方向总是要**阻碍电流**的变化。

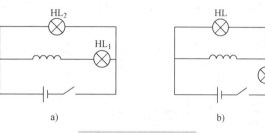

图 1-42　自感实验

在图 a 所示电路中，当开关闭合时，流过线圈的电流由无到有，该电流是一个增大的电流，线圈马上产生左正右负的自感电动势，阻碍增大的电流通过（可理解为线圈左端为正，左端电位升高，电流较难通过），由于自感电动势的阻碍，流过线圈的电流只能慢慢增大，故灯泡 HL_1 慢慢变亮，当电流达到最大值不再变化时，线圈的自感电动势消失，灯泡亮度保持不变；在图 b 所示电路中，当开关断开时，流过线圈的电流突然减小，线圈马上产生左负右正的自感电动势，阻碍电流减小（可理解为线圈左端为负，左端电位下降，吸引电流通过线圈），由于线圈与 HL 组成一个闭合电路，线圈此刻就像是一个左负右正的电池，它产生电流流过 HL，电流方向是线圈右正→HL→线圈左负，电流在线圈内部是由左端流到右端，随着流过 HL 和线圈的电流不断减小，线圈产生的电动势不断降低，当电流为 0 时，线圈的电动势也为 0。

线圈产生的自感电动势大小与**电流的变化率 $\Delta I/\Delta t$** 成正比，与线圈的**自感系数 L（又称电感量，其大小与线圈匝数等有关，匝数越多，L 值越大）** 也成正比，自感电动势的数学表达式为

$$E = L\frac{\Delta I}{\Delta t}$$

2. 互感

图 1-43 为一个实验电路，在一个环形铁心上绕有两组线圈，一组线圈（称为一次绕组）接电源和开关，另一组线圈（称为二次绕组）接一只电流表，当开关闭合时，会发现电流表的表针摆动一下，然后不动。

为什么会出现这种现象呢？原来当开关闭合时，一次绕组突然有增大的电流（从无到有）通过，绕组马上产生自感电动势阻碍该电流增大，因此流过一次绕组的电流只能慢慢增大，此电流产生的磁场慢慢增强，该逐渐增强的磁场沿着铁

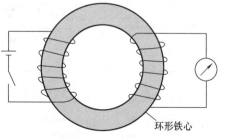

环形铁心

图 1-43　互感实验

心穿过二次绕组，即穿过二次绕组的磁通量逐渐增大，根据电磁感应规律可知，当穿过线圈的磁通量发生变化时，线圈会产生电动势，因此二次绕组会产生电动势，二次绕组与电流表接成闭合回路，电流表就有电流通过。开关闭合后，当一次绕组的电流达到最大值不再变化时，产生的磁场也不变化，穿过二次绕组的磁通量也就不变，二次绕组不再产生电动势，电流表无电流通过。当开关断开时，电流表表针也会摆动一下，其原因可自行分析。

一个线圈的电流变化而使其他线圈产生感应电动势的现象称为互感现象。由互感而产生的电动势称为**互感电动势**。互感电动势的大小与**穿过本线圈的磁通量变化率**成正比，互感电动势的计算比较复杂，这里不作介绍。变压器、电压互感器和电流互感器都是利用互感原理来工作的。

互感现象不仅会发生在两个相距很近的线圈之间，也会发生在任意两个相互靠近的电路之间，这样容易引起干扰，给电路加设屏蔽罩可减少或避免这种干扰。

1.7 安全用电与急救

1.7.1 电流对人体的伤害

1. 人体对不同电流呈现的症状

当人体不小心接触带电体时，就会有电流流过人体，这就是触电。人体在触电时表现出来的症状与**流过人体的电流**有关，表1-2所示是人体通过大小不同的交、直流电流时所表现出来的症状。

表1-2　人体通过大小不同的交、直流电流时的症状

电流/mA	人体表现出来的症状	
	交流（50~60Hz）	直流
0.6~1.5	开始有感觉——手轻微颤抖	没有感觉
2~3	手指强烈颤抖	没有感觉
5~7	手部痉挛	感觉痒和热
8~10	手已难于摆脱带电体，但还能摆脱；手指尖部到手腕剧痛	热感觉增加
20~25	手迅速麻痹，不能摆脱带电体；剧痛，呼吸困难	热感觉大大加强，手部肌肉收缩
50~80	呼吸麻痹，心室开始颤动	强烈的热感受，手部肌肉收缩，痉挛，呼吸困难
90~100	呼吸麻痹，延续3s或更长时间，心脏麻痹，心室颤动	呼吸麻痹

从表中可以看出，流过人体的电流越大，人体表现出来的症状越强烈，电流对人体的伤害越大；另外，对于相同大小的交流和直流来说，交流对人体伤害更大一些。

一般规定，**10mA以下的工频（50Hz或60Hz）交流电流或50mA以下的直流电流**对人体是安全的，故将该范围内的电流称为安全电流。

2. 与触电伤害程度有关的因素

有电流通过人体是触电对人体伤害的最根本原因，流过人体的电流越大，人体受到的伤害越严重。触电对人体伤害程度的具体相关因素如下：

1）人体电阻的大小。人体是一种有一定阻值的导电体，其电阻大小不是固定的，当人体皮肤干燥时阻值较大（10~100kΩ）；当皮肤出汗或破损时阻值较小（800~1000Ω）。另外，当接触带电体的面积大、接触紧密时，人体电阻也会减小。在接触大小相同的电压时，人体电阻越小，流过人体的电流就越大，触电对人体的伤害就越严重。

2）触电电压的大小。当人体触电时，接触的电压越高，流过人体的电流就越大，对人体伤害就更严重。一般规定，在正常的环境下安全电压为36V，在潮湿场所的安全电压为24V和12V。

3）触电的时间。如果触电后长时间未能脱离带电体，电流长时间流过人体会造成严重的伤害。

此外，即使相同大小的电流，流过人体的部位不同，对人体造成的伤害也不同。电流流过心脏和大脑时，对人体危害最大，所以双手之间、头足之间和手脚之间的触电更为危险。

1.7.2 人体触电的几种方式

人体触电的方式主要有**单相触电、两相触电和跨步触电。**

1. 单相触电

单相触电是指**人体只接触一根相线时发生的触电。**单相触电又分为**电源中性点接地触电和电源中性点不接地触电。**

（1）电源中性点接地触电

电源中性点接地触电方式如图1-44所示。电源中性点接地触电是**在电力变压器低压侧中性点接地的情况下发生的。**

电力变压器的低压侧有三个绕组，它们的一端接在一起并且与大地相连，这个连接点称为中性点。每个绕组上有220V电压，每个绕组在中性点另一端接出一根相线，每根相线与地面之间有220V的电压。当站在地面上的人体接

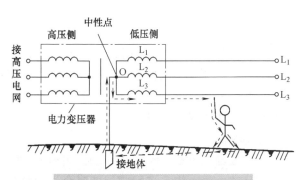

图1-44 电源中性点接地触电方式

触某一根相线时，就有电流流过人体，电流的途径是，变压器低压侧L3相绕组的一端→相线→人体→大地→接地体→变压器中性点→L3绕组的另一端，如图1-44中虚线所示。

该触电方式对人体的伤害程度与人体和地面的接触电阻有关。若赤脚站在地面上，人与地面的接触电阻小，流过人体的电流大，触电伤害大；若穿着胶底鞋，则伤害较轻。

（2）电源中性点不接地触电

电源中性点不接地触电方式如图1-45所示。电源中性点不接地触电是**在电力变压器低压侧中性点不接地的情况下发生的。**

电力变压器低压侧的三个绕组中性点未接地，任意两根相线之间有380V的电压（该电

压是由两个绕组上的电压串联叠加而得到的）。当站在地面上的人体接触某一根相线时，就有电流流过人体，电流的途径是，L_3 相线→人体→大地，再分作两路，一路经电气设备与地之间的绝缘电阻 R_2 流到 L_2 相线，另一路经 R_3 流到 L_1 相线。

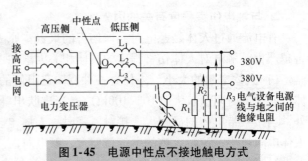

图 1-45　电源中性点不接地触电方式

该触电方式对人体的伤害程度除了与人体和地面的接触电阻有关外，还与电气设备电源线和地之间的绝缘电阻有关。若电气设备绝缘性能良好，一般不会发生短路；若电气设备严重漏电或某相线与地短路，则加在人体上的电压将达到 380V，从而导致严重的触电事故。

2. 两相触电

两相触电是指**人体同时接触两根相线时发生的触电**。两相触电如图 1-46 所示。

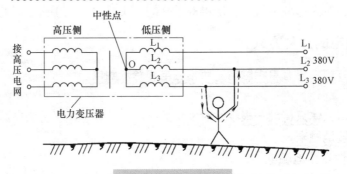

图 1-46　两相触电

当人体同时接触两根相线时，由于两根相线之间有 380V 的电压，有电流流过人体，电流途径是，一根相线→人体→另一根相线。由于加到人体的电压有 380V，故流过人体的电流很大，在这种情况下，即使触电者穿着绝缘鞋或站在绝缘台上，也起不了保护作用，因此两相触电对人体是很危险的。

3. 跨步触电

当电线或电气设备与地发生漏电或短路时，有电流向大地泄漏扩散，在电流泄漏点周围会产生电压降，当人体在该区域行走时会发生触电，这种触电称为跨步触电。跨步触电如图 1-47 所示。

图中的一根相线掉到地面上，导线上的电压直接加到地面，以导线落地点为中心，导线上的电流向大地四周扩散，同时随着远离导线落地点，地面的电压也逐渐下降，距离落地点越远，电压越低。当人在导线落地点周围行走时，由于两只脚的着地点与导线落地点的距离不同，这两点电压也不同，图中 A 点与 B 点的电压不同，它们存在着电压差，比如 A 点电压为 110V，B 点电压为 60V，那么两只脚之间的电压差为 50V，该电压差使电流流过两只脚，从而导致人体触电。

一般来说，在低压电路中，在距离电流泄漏点 1m 范围内，电压约有 60% 的降低；在 2～10m 范围内，约有 24% 的降低；在 11～20m 范围内，约有 8% 的降低；在 20m 以外电压

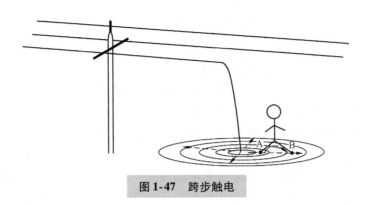

图 1-47　跨步触电

就很低，通常不会发生跨步触电。

根据跨步触电原理可知，只有**两只脚的距离小才能让两只脚之间的电压小**，才能减轻跨步触电的危害，所以当不小心进入跨步触电区域时，不要**急于迈大步跑出来**，而是应**迈小步或单足跳出**。

1.7.3　接地与接零

电气设备在使用过程中，可能会出现绝缘层损坏、老化或导线短路等现象，这样会使电气设备的外壳带电，如果人不小心接触外壳，就会发生触电事故。解决这个问题的方法就是将电气设备的外壳接地或接零。

1. 接地

接地是指**将电气设备的金属外壳或金属支架直接与大地连接**。接地如图 1-48 所示。

在图中，为了防止电动机外壳带电而引起触电事故，对电动机进行接地，即用一根接地线将电动机的外壳与埋入地下的接地装置连接起来。当电动机内部绕组与外壳漏电或短路时，外壳会带电，将电动机外壳进行接地后，外壳上的电会沿接地线、接地装置向大地泄放掉，在这种情况下，即使人体接触电动机外壳，也会由于人体电阻远大于接地线与接地装置的接地电阻（接地电阻通常小于 4Ω），外壳上电流绝大多数从接地装置泄入大地，而沿人体进入大地的电流很小，不会对人体造成伤害。

2. 接零

接零是指**将电气设备的金属外壳或金属支架等与零线连接起来**。接零如图 1-49 所示。

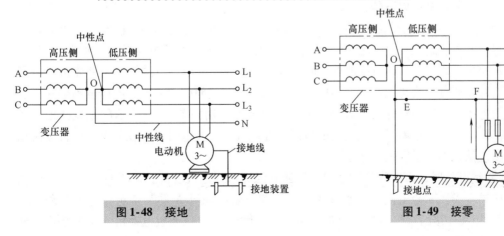

图 1-48　接地　　　　图 1-49　接零

在图中，变压器低压侧的中性点引出线称为零线，零线一方面与接地装置连接，另一方面和三根相线一起向用户供电。由于这种供电方式采用一根零线和三根相线，因此称为三相四线制供电。为了防止电动机外壳带电，除了可以将外壳直接与大地连接外，也可以将外壳与零线连接，当电动机某绕组与外壳短路或漏电时，外壳与绕组间的绝缘电阻下降，会有电流从变压器某相绕组→相线→漏电或短路的电动机绕组→外壳→零线→中性点，最后到相线的另一端。该电流使电动机串接的熔断器熔断，从而保护电动机内部绕组，防止故障范围扩大。在这种情况下，即使熔断器未能及时熔断，也会由于电动机外壳通过零线接地，外壳上的电压很低，因此人体接触外壳不会产生触电伤害。

对电气设备进行接零，在电气设备出现短路或漏电时，会让**电气设备呈现单相短路，可以让保护装置迅速动作而切断电源**。另外，通过将零线接地，可以拉低电气设备外壳的电压，从而避免人体接触外壳时造成触电伤害。

3. 重复接地

重复接地是指**在零线上多处进行接地**，如图 1-50 所示。从图中可以看出，零线除了将中性点接地外，还在 H 点进行了接地。

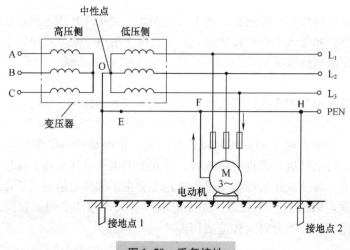

图 1-50　重复接地

在零线上重复接地有以下的优点：

1）有利于减小零线与地之间的电阻。零线与地之间的电阻主要由零线自身的电阻决定，零线越长，电阻越大，这样距离接地点越远的位置，零线上的电压越高。如图 1-49 中的 F 点距离接地点较远，F 点与接地点之间的电阻就较大，若电动机的绕组与外壳短路或漏电，则虽然外壳通过零线与地连接，但因为外壳与接地点之间的电阻大，所以电动机外壳上仍有较高的电压，人体接触外壳就有触电的危险。如果采用如图 1-50 所示的重复接地，在零线两处接地，可以减小零线与地之间的电阻，在电气设备漏电时，可以使电气设备外壳和零线的电压很低，不至于发生触电事故。

2）当零线开路时，可以降低零线电压和避免烧坏单相电气设备。在图 1-51 所示的电气线路中，如果零线在 E 点开路，H 点又未接地，此时若电动机 A 的某绕组与外壳短路，这里假设与 L₃ 相线连接的绕组与外壳短路，那么 L₃ 相线上的电压通过电动机 A 上的绕组、外壳加到零线上，零线上的电压大小就与 L_3 相线上的电压一样。由于每根相线与地之间的电压为 220V，因而零线上也有 220V 的电压，而零线又与电动机 B 外壳相连，所以电动机 A 和电动机 B 的外壳都有 220V 的电压，人体接触电动机外壳时就会发生触电。另外，并接在相线 L_2 与零线之间的灯泡两端有 380V 的电压（灯泡相当于接在相线 L_2、L_3 之间），由于正常工作时灯泡两端电压为 220V，而现在由于 L_3 相线与零线短路，灯泡两端电压变成 380V，灯泡就会烧坏。如果采用重复接地，在零线 H 点位置也接地，则即使 E 点开路，依靠 H 点的接地也可以将零线电压拉低，从而避免上述情况的发生。

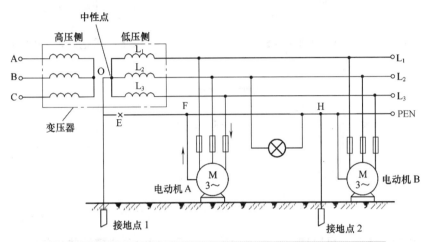

图 1-51　重复接地可以降低零线电压和避免烧坏单相电气设备

1.7.4　接地装置的安装

接地装置包括**接地体和接地线**，电气设备通过接地线与接地体进行连接而实现接地。

1. 接地体的安装

接地体是**指埋设在地下的导体**。接地体包括**自然接地体和人工接地体**。埋设在地下的各种金属结构的物体（如金属自来水管、建筑用金属桩和钢筋等）都可当作自然接地体，而人工接地体是用人工的方法制作并埋设在地下的金属物体。如果接地要求不是很高且所在位置又有自然接地体，则可以采用自然接地体，否则采用人工接地体。人工接地体可采用如图 1-52 所示的角钢、钢管和铜棒等金属物，为了方便接地体埋入地下，可以将接地体的头部处理成尖角或扁角状。

人工接地体的安装方式有两种，即垂直安装和水平安装。

（1）垂直安装

人工接地体的垂直安装是指**将人工接地体与地面垂直，通过打桩的方法埋入地下**。人工接地体的垂直安装过程如下：

1）挖埋设坑。在要埋设接地体的位置挖出埋设坑，埋设坑的形状和尺寸如图 1-53 所示，在埋设接地体时，要求接地体的顶部离地面大于 0.6m，接地体与附近建筑物距离应大于 1.5m。

2）在坑内将接地体垂直打入地下。

3）在接地体上连接接地线。引出线与接地体的连接可以采用焊接，也可以采用螺栓和管卡固定，连接方式如图 1-54 所示。

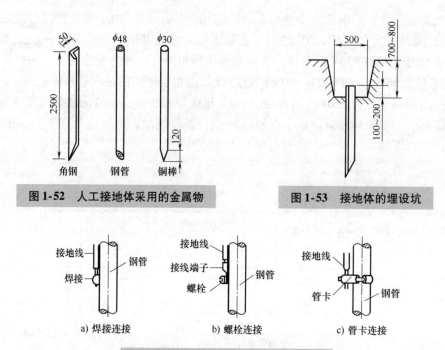

图 1-52　人工接地体采用的金属物

图 1-53　接地体的埋设坑

图 1-54　接地体与接地线的连接方式

　　垂直安装接线体时，可以**埋设单个接地体，也可以埋设多个接地体，并将多个接地体连接起来构成多极接地体**，具体如图 1-55 所示。

　　（2）水平安装

　　如果安装接地体的地面土层较薄，则**接地体可采取水平安装**。水平安装接地体时，先挖出不小于 0.6m 深的沟，然后在沟内水平埋设接地体，水平接地体可用扁钢或圆钢，长度在几米到十几米之间。为了方便连接接地线，接地体一端要弯成直角并露出地面，再将接地线与露出地面的接地体连接。图 1-56 所示是一个水平安装好的接地体。

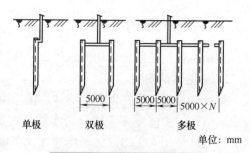

图 1-55　垂直安装接地体

　　在安装接地体时，为了减小接地电阻，可采用以下方法：

　　1）深埋接地体。距地面越深的土壤，其电阻率越小，故深埋接地体可减小接地电阻。

　　2）增加接地体的极数。

　　3）在土壤电阻率高的地层，可用食盐、木炭拌匀后加水，洒在接地体周围。

　　4）在土壤电阻率高的地层，也可以将埋设接地体处的泥土挖走，更换电阻率低的泥土。

　　2. 接地线的安装

　　接地线是指**连接接地体和电气设备的导线**。接地线有**自然接地线和人工接地线**。自然接地线是指有其他用途但可作接地线的金属导线，如建筑物内的钢筋、配线的钢管等；人工接地线是指人工专门制作安装的用作接地线的金属导线。在一般情况下，可尽量利用自然接地线，在要求高或找不到自然接地体时，可安装人工接地线。接地线可分为接地干线和接地支线，接地干线用来连接接地体和接地支线，接地支线则用来连接多个接地体或用来连接电气设备和接地干线。接地干线和接地支线如图 1-57 所示。

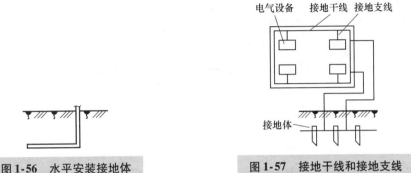

图 1-56　水平安装接地体　　　图 1-57　接地干线和接地支线

（1）接地线的选择

接地线可选用铜线、铝线、圆钢和扁钢等，具体要求见表 1-3。

表 1-3　接地线的选择

材　料	类　别	最小截面积/mm²
铜	裸导体	4
	绝缘导体	1.5
铝	裸导体	6
	绝缘导体	2.5
扁钢	户内：厚度不小于 3mm	24
	户外：厚度不小于 4mm	48
圆钢	户内：直径不小于 5mm	19.6
	户外：直径不小于 6mm	28.3
钢管	室内使用，壁厚不小于 2.5mm	

需要补充的是，不能用铝导线来连接地下的接地体，可能会经常移动的电气设备必须采用铜芯绝缘软导线作为接地支线。

（2）接地干线的安装

接地干线用来**连接接地支线和接地体或将多极接地体连接起来**。安装接地干线的要点如下：

1）接地干线与接地体的连接可采用电焊焊接，也可采用螺栓连接。在用电焊焊接后要涂沥青或防腐漆；用螺栓连接时，要对连接处进行除锈。

2）连接多极接地体的接地干线和接地干线与接地支线的连接处，应安排在地沟内，并盖有沟盖。

3）在室内布置接地干线时，一般沿墙面铺设，接地干线距地面约 300mm，距墙面约 15mm，并用线卡固定好。

4）在用圆钢或扁钢作接地干线时，接地干线之间的连接或接地干线的加长都要用电焊焊接。

（3）接地支线的安装

接地支线用来连接接地干线和电气设备。安装接地支线的要点如下：

1）接地支线与接地干线、电气设备连接时，可采用电焊焊接，也可以用螺栓连接，要求连接处接触良好，并且牢固可靠。

2）每一台电气设备都必须用单独的接地支线与干线连接，不能多台设备共用一根接地支线，也不能将多台设备的接地支线连接到接地干线的同一连接点上。

3）若安装位置易被接触，则应选用多股绝缘导线作接地线。

4）对于移动的电气设备（如冰箱、洗衣机），它们采用三极电源插头，如图1-58所示。电气设备的外壳通过导线与三芯电源插头的接地端连接，这种插头需要插入三极插座，三极插座可采用如图1-59a所示的接线方式，这样移动设备的外壳通过三

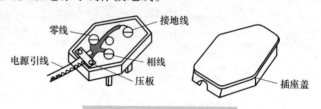

图1-58 三极插头的接线

极插头接地线、三极插座接地线和接地支线与接地干线进行连接。如果室内没有安装专门的接地线，则也可以按图1-59b所示的方法，将三极插座的接地端与已接地的零线连接或悬空不接。

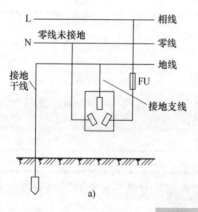

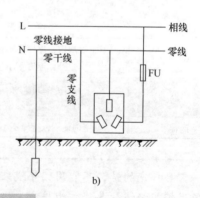

图1-59 三极插座的安装

1.7.5 触电的急救方法

当发现人体触电后，第一步是让触电者迅速脱离电源，第二步是对触电者进行现场救护。

1. 让触电者迅速脱离电源

让触电者迅速脱离电源可采用以下方法：

1）切断电源。 如断开电源开关、拔下电源插头或瓷插熔断器等，对于单极电源开关，断开一根导线不能确保一定切断了电源，故尽量切断双极开关（如刀开关、双极断路器）。

2）用带有绝缘柄的利器切断电源线。 如果触电现场无法直接切断电源，可用带有绝缘

手柄的钢丝钳或带干燥木柄的斧头、铁锹等利器将电源线切断，切断时应防止带电导线断落触及周围的人体，不要同时切断两根线，以免两根线通过利器直接短路。

3）用绝缘物使导线与触电者脱离。 常见的绝缘物有干燥的木棒、竹竿、塑料硬管和绝缘绳等，用绝缘物挑开或拉开触电者接触的导线。

4）拉拽触电者衣服，使之与导线脱离。 拉拽时，可戴上手套或在手上包缠干燥的衣服、围巾、帽子等绝缘物拖拽触电者，使之脱离电源。若触电者的衣裤是干燥的，又没有紧缠在身上，可直接用一只手抓住触电者不贴身的衣裤，将触电者拉脱电源。拖拽时切勿触及触电者的皮肤。还可以站在干燥的木板、木桌椅或橡胶垫等绝缘物品上，用一只手把触电者拉离电源。

2. 现场救护

触电者脱离电源后，应先就地进行救护，同时通知医院并做好将触电者送往医院的准备工作。

在现场救护时，根据触电者受伤害的轻重程度，可采取以下救护措施：

1）对于未失去知觉的触电者。如果触电者所受的伤害不太严重，神志尚清醒，只是心悸、头晕、出冷汗、恶心、呕吐、四肢发麻、全身乏力，甚至一度昏迷，但未失去知觉，则应让触电者在通风暖和的地方静卧休息，并派人严密观察，同时请医生前来或送往医院诊治。

2）对于已失去知觉的触电者。如果触电者已失去知觉，但呼吸和心跳尚正常，则应将其舒适地平卧着，解开衣服以利呼吸，四周不要围人，保持空气流通，冷天应注意保暖，同时立即请医生前来或送往医院诊察。若发现触电者呼吸困难或心跳失常，应立即施行人工呼吸或胸外心脏按压。

3）对于"假死"的触电者。触电者"假死"可能有三种临床症状：一是心跳停止，但尚能呼吸；二是呼吸停止，但心跳尚存（脉搏很弱）；三是呼吸和心跳均已停止。

当判定触电者呼吸和心跳停止时，应立即按心肺复苏法就地抢救，并立即请医生前来。心肺复苏法就是支持生命的三项基本措施：通畅气道；口对口（鼻）人工呼吸；胸外心脏按压（人工循环）。

第2章

电工基本操作技能 ◄◄◄

2.1 常用电工工具及使用

2.1.1 螺丝刀[⊖]

螺丝刀又称起子、改锥、螺丝批等，它是一种用来**旋动螺钉**的工具。

1. 分类和规格

根据头部形状不同，螺丝刀可分为一字形（又称平口形）和十字形（又称梅花形），如图 2-1 所示。根据手柄的材料和结构不同，可分为木柄和塑料柄。根据手柄以外的刀体长度不同，螺丝刀可分为 100mm、150mm、200mm、300mm 和 400mm 等多种规格。在转动螺钉时，应选用合适规格的螺丝刀，如果用小规格的螺丝刀旋转大号螺钉，容易旋坏螺丝刀。

图 2-1 十字形和一字形螺丝刀

2. 多用途螺丝刀

多用途螺丝刀由手柄和多种规格刀头组成，可以旋转多种规格的螺钉，多用途螺丝刀有手动和电动之分，如图 2-2 所示，电动螺丝刀适用于有大量的螺钉需要紧固或松动的场合。

a) 手动

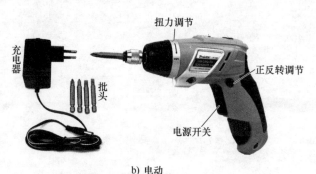

充电器　批头　扭力调节　正反转调节　电源开关

b) 电动

图 2-2 多用途螺丝刀

⊖ 标准名称为螺钉旋具，后同。

注意： 在带电操作时，应让手与螺丝刀的金属部位保持绝缘，避免发生触电事故。

2.1.2　钢丝钳

1. 外形与结构

钢丝钳又称老虎钳，它由钳头和钳柄两部分组成，钳头由钳口、齿口、刀口和铡口四部分组成，电工使用的钢丝钳的钳柄带塑料套，耐压为500V。钢丝钳的外形与结构如图2-3所示。

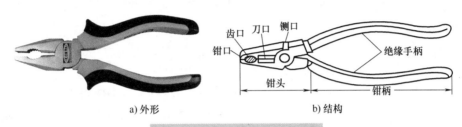

a) 外形　　　　　　　　　　　b) 结构

图2-3　钢丝钳的外形与结构

2. 使用

钢丝钳的功能很多，钳口可<u>弯绞或钳夹导线线头</u>，齿口可<u>旋拧螺母</u>，刀口可<u>剪切导线或剖削软导线绝缘层</u>，铡口用来<u>铡切导线线芯、钢丝或铅丝等较硬金属</u>。

2.1.3　尖嘴钳

尖嘴钳的头部呈细长圆锥形，在接近端部的钳口上有一段齿纹，尖嘴钳的外形如图2-4所示。

由于尖嘴钳的头部尖而长，适合<u>在狭小的环境中夹持轻巧的工件或线材</u>，也可以给单股导线<u>接头弯圈</u>，带刀口的尖嘴钳不但可以<u>剪切较细线径的单股与多股线</u>，还可以<u>剥塑料绝缘层</u>。电工使用的尖嘴钳的柄部应套塑料管绝缘层。

2.1.4　斜口钳

斜口钳又称断线钳，其外形如图2-5所示。斜口钳主要用于<u>剪切金属薄片和线径较细的金属线</u>，非常适合<u>清除接线后多余的线头和飞刺</u>。

图2-4　尖嘴钳的外形　　　　　　　图2-5　斜口钳的外形

2.1.5　剥线钳

剥线钳用来<u>剥削导线头部表面的绝缘层</u>，其外形如图2-6所示，它由刀口、压线口和钳柄组成，剥线钳的钳柄上套有额定工作电压为500V的绝缘套。

a) 外形　　　　　　　　　　　b) 结构

图 2-6　剥线钳

剥线钳的使用方法如下：

1）根据导线的粗细型号，选择相应的剥线刀口。

2）将导线放在剥线工具的刀刃中间，选择好要剥线的长度。

3）握住剥线工具手柄，将导线夹住，缓缓用力使导线外表皮慢慢剥落。

4）松开钳柄，取出导线，导线的金属芯会整齐地露出来，其余绝缘塑料完好无损。

2.1.6　电工刀

电工刀用来**剖削导线线头、切削木台缺口和削制木枕等**，其外形如图2-7所示。

在使用电工刀时，要注意以下几点：

1）电工刀的刀柄是无绝缘保护的，故不得带电操作，以免触电。

2）应将刀口朝外剖削，并注意避免伤及手指。

3）剖削导线绝缘层时，应使刀面与导线成较小的锐角，以免割伤导线。

图 2-7　电工刀

4）电工刀用完后，应将刀身折进刀柄中。

2.1.7　活扳手

活扳手俗称活络扳头、活络扳手，**用来旋转六角或方头螺栓、螺钉、螺母**。活扳手由头部和柄部组成，头部由活扳唇、呆扳唇、扳口、蜗轮和轴销等构成，活扳手的外形与结构如图2-8所示。

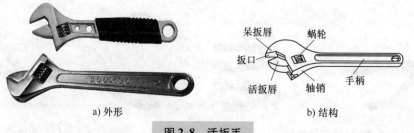

a) 外形　　　　　　　　　　　b) 结构

图 2-8　活扳手

由于旋动蜗轮可调节扳口的大小，故活扳手特别适用于螺栓规格多的场合。活扳手的规格是以长度×最大开口宽度（mm）来表示的。

在使用活扳手扳拧大螺母时，需用较大力矩，**手应握在近柄尾处**；在扳拧较小螺母时，需用力矩不大，由于螺母过小易打滑，故手应握在**近头部的地方**，并可随时调节蜗轮，收紧活扳唇，防止打滑。

2.2　常用测试工具及使用

2.2.1　氖管式测电笔

测电笔又称试电笔、验电笔和低压验电器等，用来检验**导线、电器和电气设备的金属外壳是否带电**。氖管式测电笔是一种最常用的测电笔，测试时根据内部的氖管是否发光来确定被带体是否带电。

1. 外形、结构与工作原理

（1）外形与结构

测电笔主要有**笔式和螺丝刀式**两种形式，其外形与结构如图 2-9 所示。

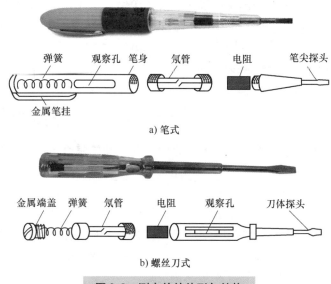

a) 笔式

b) 螺丝刀式

图 2-9　测电笔的外形与结构

（2）工作原理

在检验带电体是否带电时，将测电笔探头接触带电体，手接触测电笔的金属笔挂（或金属端盖），如果带电体的电压达到一定值（交流或直流 60V 以上），带电体的电压通过测电笔的探头、电阻到达氖管，氖管发出红光，通过氖管的微弱电流再经弹簧、金属笔挂（或金属端盖）、人体到达大地。

在握持测电笔验电时，手一定要接触测电笔尾端的金属笔挂（或金属端盖），测电笔的正确握持方法如图 2-10 所示，以让测电笔通过人体到大地形成电流回路，否则测电笔氖管不亮。普通测电笔可以检验 60~500V 范围内的电压，在该范围内，电压越高，测电笔氖管越亮，低于 60V，氖管不亮。为了安全起见，不要用普通测电笔检测高于 500V 的电压。

2. 用途

在使用测电笔前，应先检查一下测电笔是否正常，即用测电笔测量带电线路，如果氖管能正常发光，表明测电笔正常。

测电笔的主要用途如下：

1）判断电压的有无。在测试被测物时，如果测电笔氖管亮，表示被测物有电压存在，且电压不低于60V。用测电笔测试电动机、变压器、电动工具、洗衣机和电冰箱等电气设备的金属外壳，如果氖管发光，说明该设备的外壳已带电（电源相线与外壳短路）。

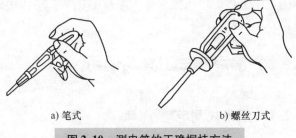

a) 笔式　　　　　　　b) 螺丝刀式

图 2-10　测电笔的正确握持方法

2）判断电压的高低。在测试时，被测电压越高，氖管发出的光越亮，有经验的人可以根据光线强弱判断出大致的电压范围。

3）判断相线和零线。测电笔测相线时氖管会亮，而测零线时氖管不亮。

4）判断交流电和直流电。在用测电笔测试带电体时，如果氖管的两个电极同时发光，说明所测为交流电，如果氖管的两个电极中只有一个电极发光，说明所测为直流电。

5）判断直流电的正、负极。将测电笔连接在直流电的正负极之间，如图 2-11 所示，即测电笔的探头接直流电的一个极，金属笔挂接一个极，氖管发光的一端对应着直流电的负极。

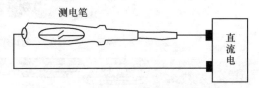

图 2-11　用测电笔判断直流电的正、负极

2.2.2　数显式测电笔

数显式测电笔又称感应式测电笔，它不但可以测试**物体是否带电**，还能显示出**大致的电压范围**，另外有些数显式测电笔可以**检验出绝缘导线断线位置**。

1. 外形

数显式测电笔的外形与各部分名称如图 2-12 所示。图 2-12 所示的测电笔上标有"12-240V AC.DC"，表示该测电笔可以测量 12～240V 范围内的交流或直流电压，测电笔上的两个按键均为金属材料，测量时手应按住按键不放，以形成电流回路。通常直接测量按键距离显示屏较远，而感应测量按键距离显示屏更近。

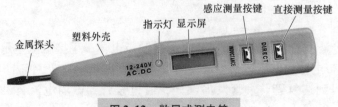

图 2-12　数显式测电笔

2. 使用

（1）直接测量法

直接测量法是指**将测电笔的探头直接接触被测物来判断是否带电的测量方法**。

在使用直接测量法时，将测电笔的金属探头接触被测物，同时手按住直接测量按键（DIRECT）不放，如果被测物带电，测电笔上的指示灯会变亮，同时显示屏显示所测电压的大致值，一些测电笔可显示 12V、36V、55V、110V 和 220V 五段电压值，显示屏最后的显示数值为所测电压值（未至高端显示值的 70% 时，显示低端值），比如测电笔的最后显示值为 110V，实际电压可能在 77～154V 之间。

（2）感应测量法

感应测量法是指**将测电笔的探头接近但不接触被测物，利用电压感应来判断被测物是否带电的测量方法**。在使用感应测量法时，将测电笔的金属探头靠近但不接触被测物，同时手按住感应测量按键（INDUCTANCE），如果被测物带电，测电笔上的指示灯会变亮，同时显示屏有高压符号显示。

感应测量法非常适合判断绝缘导线内部断线位置。在测试时，手按住测电笔的感应测量按键，将测电笔的探头接触导线绝缘层，如果指示灯亮，表示当前位置的内部芯线带电，如图 2-13a 所示，然后保持探头接触导线的绝缘层，并往远离供电端的方向移动，当指示灯突然熄灭、高压符号消失，表明当前位置存在断线，如图 2-13b 所示。

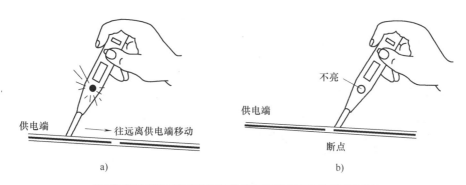

图 2-13　利用感应测量法找出绝缘导线的断线位置

感应测量法可以找出绝缘导线的断线位置，也可以对绝缘导线进行相、零线判断，还可以检查微波炉辐射及泄漏情况。

2.2.3　校验灯

1. 制作

校验灯是用**灯泡连接两根导线制作而成的**，校验灯的制作如图 2-14 所示，校验灯使用额定电压为 220V、功率为 15～200W 的灯泡，导线用单芯线，并将芯线的头部弯折成钩状，既可以碰触线路，也可以钩住线路。

2. 使用举例

校验灯的使用如图 2-15 所示。在使用校验灯时，断开相线上的熔断器，将校验灯串在熔断器位置，并将支路的 S_1、S_2、S_3 开关都断开，可能会出现以下情况：

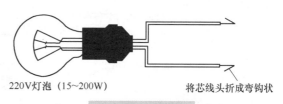

220V 灯泡（15～200W）　　将芯线头折成弯钩状

图 2-14　校验灯

1）校验灯不亮，说明校验灯之后的线路无短路故障。

2）校验灯很亮（亮度与直接接在 220V 电压一样），说明校验灯之后的线路出现相线与零线短路，校验灯两端有 220V 电压。

3）将某支路的开关闭合（如闭合 S_1），如果校验灯会亮，但亮度较暗，说明该支路正常，校验灯亮度暗是因为校验灯与该支路的灯泡串联起来接在 220V 之间，校验灯两端的电压低于 220V。

4）将某支路的开关闭合（如闭合 S_1），如果校验灯很亮，说明该支路出现短路（灯泡 HL_1 短路），校验灯两端有 220V 电压。

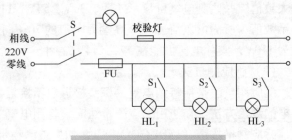

图 2-15　校验灯使用举例

当校验灯与其他电路串联时，其他电路功率越大，该电路的等效电阻会越小，校验灯两端的电压越高，灯泡会亮一些。

2.3　电烙铁与焊接技能

2.3.1　电烙铁

现在大量的电气设备内部具有电子电路，高水平的电工技术人员应具备电子电路检修能力。电烙铁是一种焊接工具，它是电路装配和检修不可缺少的工具，元器件的安装和拆卸都要用到，学会正确使用电烙铁是提高实践能力的重要内容。

1. 结构

电烙铁主要由烙铁头、套管、烙铁芯（发热体）、手柄和导线等组成，电烙铁的结构如图 2-16 所示。当烙铁心通过导线获得供电后会发热，发热的烙铁心通过金属套管加热烙铁头，烙铁头的温度达到一定值时就可以进行焊接操作。

2. 种类

电烙铁的种类很多，常见的有内热式电烙铁、外热式电烙铁、恒温电烙铁和吸锡电烙铁等。

（1）内热式电烙铁

内热式电烙铁是指**烙铁头套在发热体外部**的电烙铁。内热式电烙铁具有体积小、重量轻、预热时间短，一般用于小元器件的焊接。其功率一般较小，发热元件易损坏。

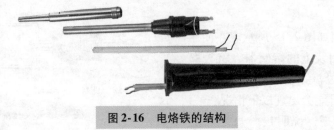

图 2-16　电烙铁的结构

内热式电烙铁的烙铁心采用镍铬电阻丝绕在瓷管上制成，一般 20W 电烙铁其电阻为 2.4kΩ 左右，35W 电烙铁其电阻为 1.6kΩ 左右。常用的内热式电烙铁的功率与对应温度见

表 2-1。

表 2-1　常用的内热式电烙铁的功率与对应温度

电烙铁功率/W	20	25	45	75	100
烙铁头温度/℃	350	400	420	440	450

（2）外热式电烙铁

外热式电烙铁是指**烙铁头安装在发热体内部**的电烙铁。外热式电烙铁的烙铁头长短可以调整，烙铁头越短，烙铁头的温度就越高，烙铁头有凿式、尖锥形、圆面形和半圆沟形等不同的形状，可以适应不同焊接面的需要。

（3）恒温电烙铁

恒温电烙铁是一种**利用温度控制装置来控制通电时间使烙铁头保持恒温**的电烙铁。

恒温电烙铁一般用来焊接温度不宜过高、焊接时间不宜过长的元器件。有些恒温电烙铁还可以调节温度，温度调节范围一般为200～450℃。

（4）吸锡电烙铁

吸锡电烙铁是将**活塞式吸锡器与电烙铁融于一体**的拆焊工具。在使用吸锡电烙铁时，先用带孔的烙铁头将元器件引脚上的焊锡熔化，然后让活塞运动产生吸引力，将元器件引脚上的焊锡吸入带孔的烙铁头内部，这样无焊锡的元器件就很容易拆下。

3. 选用

在选用电烙铁时，可按以下原则进行选择：

1）在选用电烙铁时，烙铁头的形状要适应被焊接件物面要求和产品装配密度。对于焊接面小的元器件，可选用尖嘴电烙铁，对于焊接面大的元器件，可选用扁嘴电烙铁。

2）在焊接集成电路、晶体管及其他受热易损坏的元器件时，一般选用20W内热式或25W外热式电烙铁。

3）在焊接较粗的导线和同轴电缆时，一般选用50W内热式或者45～75W外热式电烙铁。

4）在焊接很大元器件时，如金属底盘接地焊片，可选用100W以上的电烙铁。

2.3.2　焊料与助焊剂

1. 焊料

焊锡是电子产品焊接采用的主要焊料。焊锡是在易熔金属锡中加入一定比例的铅和少量其他金属制成，其熔点低、流动性好、对元器件和导线的附着力强、机械强度高、导电性好、不易氧化、抗腐蚀性好，并且焊点光亮美观。

2. 助焊剂

助焊剂可分为无机助焊剂、有机助焊剂和树脂助焊剂，它能溶解去除金属表面的氧化物，并在焊接加热时包围金属的表面，使之和空气隔绝，防止金属在加热时氧化，另外还能降低焊锡的表面张力，有利于焊锡的湿润。**松香是焊接时采用的主要助焊剂**。

2.3.3　印制电路板

各种电子设备都是由一个个元器件连接起来组成的。用规定的符号表示各种元器件，并且将这些元器件连接起来就构成了这种电子设备的电路原理图。通过电路原理图可以了解电子设备的工作原理和各元器件之间的连接关系。

在实际装配电子设备时，如果将一个个元器件用导线连接起来，除了需要大量的连接导线外还很容易出现连接错误，出现故障时检修也极为不便。为了解决这个问题，人们就将大多数连接导线做在一块塑料板上，在装配时只要将一个个元器件安装在塑料板相应的位置，再将它们与导线连接起来就能组装成一台电子设备，这里的塑料板称为印制电路板，之所以叫它印制电路板是因为塑料板上的导线是印制上去的，印制到塑料板上的不是油墨而是薄薄的铜层，铜层常称为铜箔。

印制电路板背面上的粗线为铜箔，圆孔用来插入元器件引脚，在此处还可以用焊锡将元器件引脚与铜箔焊接在一起。印制电路板正面，上面有很多圆孔，可以在该面将元器件引脚插入圆孔，在背面将其引脚与铜箔焊接起来。图 2-17 是一个电子产品的印制电路板背面和正面图。

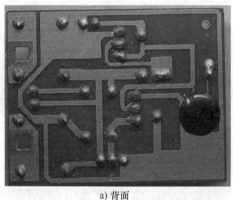

a) 背面　　　　　　　　　　　　b) 正面

图 2-17　一个电子产品的印制电路板

印制电路板上的电路不像原理电路那么有规律，下面以图 2-18 为例来说明印制电路板电路和原理图的关系。

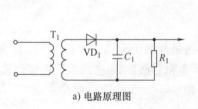

a) 电路原理图

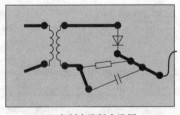

b) 印制电路板电路图

图 2-18　检波电路

图 2-18a 为检波电路的电路原理图，图 2-18b 为检波电路的印制板电路，表面看好像两个电路不一样，但实际上两个电路完全一样。原理电路更注重直观性，故元器件排列更有规律，而印制板电路更注重实际应用，在设计制作印制板电路时除了要求电气连接上与原理电路完全一致外，还要考虑各元器件之间的干扰和引线长短等问题，故印制板电路排列好像杂乱无章，但如果将印制板电路还原成原理电路，就会发现它与原理图是完全一样的。

2.3.4　元器件的焊接与拆卸

1. 焊拆前的准备工作

元器件的焊接与拆卸需要用**电烙铁**。电烙铁在使用前要做一些准备工作，如图 2-19 所示。

a) 除氧化层　　　　　　　　b) 蘸助焊剂　　　　　　　　c) 挂锡

图 2-19　电烙铁使用前的准备工作

在使用电烙铁焊接时，要做好以下准备工作：

第一步：除氧化层。为了焊接时烙铁头能很容易粘上焊锡，在使用电烙铁前，可用小刀或锉刀轻轻除去烙铁头上的氧化层，氧化层刮掉后会露出金属光泽，该过程如图 2-30a 所示。

第二步：蘸助焊剂。烙铁头氧化层去除后，给电烙铁通电使烙铁头发热，再将烙铁头沾上松香（电子市场有售），会看见烙铁头上有松香蒸气，该过程如图 2-19b 所示。松香的作用是防止烙铁头在高温时氧化，并且增强焊锡的流动性，使焊接更容易进行。

第三步：挂锡。当烙铁头沾上松香达到足够温度时，烙铁头上有松香蒸气冒出，用焊锡在烙铁头的头部涂抹，在烙铁头的头部涂了一层焊锡，该过程如图 2-19c 所示。给烙铁头挂锡的好处是保护烙铁头不被氧化，并使烙铁头更容易焊接元器件，一旦烙铁头"烧死"，即烙铁头温度过高使烙铁头上的焊锡蒸发掉，烙铁头被烧黑氧化，焊接元器件就很难进行，这时又需要刮掉氧化层再挂锡才能使用。所以当电烙铁较长时间不使用时，应拔掉电源防止电烙铁"烧死"。

2. 元器件的焊接

焊接元器件时，首先要将待焊接的元器件引脚上的氧化层轻轻刮掉，然后给电烙铁通电，发热后沾上松香，当烙铁头温度足够时，将烙铁头以 45°角度压在印制板待元器件引脚旁的铜箔上，然后再将焊锡丝接触烙铁头，焊锡丝熔化后成液态，会流到元器件引脚四周，这时将烙铁头移开，焊锡冷却就将元器件引脚与印制板铜箔焊接在一起了。元器件的焊接如图 2-20 所示。

焊接元器件时烙铁头接触印制电路板和元器件时间**不要太长**，以免损坏印制电路板和元器件，焊接过程要在 1.5～4s 时间内完成，焊接时要求焊

图 2-20　元器件的焊接

点光滑且焊锡分布均匀。

3. 元器件的拆卸

在拆卸印制电路板上的元器件时，将电烙铁的烙铁头接触元器件引脚处的焊点，待焊点处的焊锡熔化后，在电路板另一面将该元件引脚拔出，然后再用同样的方法焊下另一引脚。这种方法拆卸三个以下引脚的元器件很方便，但拆卸四个以上引脚的元器件（如集成电路）就比较困难了。

拆卸四个以上引脚的元器件可使用吸锡电烙铁，也可用普通电烙铁借助不锈钢空心套管或注射器针头（电子市场有售）来拆卸。不锈钢空心套管和注射器针头如图2-21所示。多引脚元器件的拆卸方法如图2-22所示，用烙铁头接触该元器件某一引脚焊点，当该脚焊点的焊锡熔化后，将大小合适的注射器针头套在该引脚上并旋转，让元器件引脚与电路板焊锡铜箔脱离，然后将烙铁头移开，稍后拔出注射器针头，这样元器件引脚就与印制电路板铜箔脱离开来，再用同样的方法使元器件其他引脚与电路板铜箔脱离，最后就能将该元器件从电路板上拔下来了。

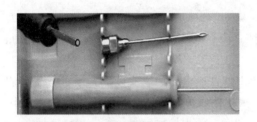

图2-21　不锈钢空心套管和注射器针头

图2-22　用不锈钢空心套管拆卸多引脚元器件

2.4　导线的选择

导线的种类很多，通常可分为两大类：裸导线和绝缘导线。裸导线是不带绝缘层的导线，一般用作电能的传输，由于无绝缘层，故需要架设在位置高的地方。出于安全考虑，室内配电线路主要采用绝缘导线，很少采用裸导线。

2.4.1　绝缘导线的种类

绝缘导线是在金属导线（如铜、铝）外面加上绝缘层构成。绝缘导线主要有<u>漆包线、普通绝缘导线和护套绝缘导线</u>。

1. 漆包线

<u>漆包线是在铜线的外面涂上绝缘漆构成的，绝缘漆就是它的绝缘层</u>，由于很多绝缘漆颜色与铜相似，因此很容易将漆包线当成裸铜线。漆包线如图2-23所示。

电动机、变压器、继电器、接触器和电工仪表等设备中的线圈通常是由<u>漆包线</u>绕制而成的。漆包线的线径和截面积是由

图2-23　漆包线

铜导线来决定的，线径越粗、截面积越大，允许流过电流不同，表 2-2 列出了一些不同规格漆包线的有关参数。

表 2-2　一些不同规格漆包线的有关参数

线径 /mm	线截面积 /mm²	相当英制号	每千米电阻/Ω	最大安全电流/A	线径 /mm	线截面积 /mm²	相当英制号	每千米电阻/Ω	最大安全电流/A
4.00	12.50	8	1.32	36.6	0.40	0.125	27	135.9	0.39
3.55	10.00	9	1.68	29.6	0.36	0.10	28	172.1	0.31
3.15	8.00	10	2.11	23.3	0.32	0.08	30	217.4	0.22
2.80	6.30	11	2.63	19.3	0.28	0.063	32	273.9	0.17
2.50	5.00	12	3.32	15.4	0.25	0.05	33	357.0	0.14
2.24	4.00	13	4.22	12.1	0.22	0.04	34	431.5	0.12
2.00	3.15	14	5.31	9.2	0.20	0.032	36	558.0	0.083
1.80	2.50	15	6.71	7.4	0.18	0.025	37	691.5	0.066
1.60	2.00	16	8.44	5.9	0.16	0.020	38	873	0.051
1.40	1.60	17	10.65	4.5	0.14	0.016	39	1140	0.039
1.12	1.00	18	16.96	3.1	0.125	0.012	40	1389	0.033
1.00	0.80	19	21.39	2.3	0.112	0.010	41	1751	0.028
0.90	0.63	20	26.95	1.9	0.10	0.008	42	2240	0.023
0.80	0.50	21	35.00	1.5	0.09	0.0063	43	2860	0.019
0.71	0.40	22	42.75	1.1	0.08	0.0052	44	3508	0.015
0.63	0.31	23	53.95	0.9	0.07	0.004	45	4308	0.011
0.56	0.25	24	67.95	0.7	0.06	0.003	46	5470	0.0083
0.50	0.20	25	85.10	0.6	0.05	0.002	47	6900	0.0057
0.45	0.16	26	103.3	0.46	0.04	0.0014	48	8700	0.0037

2. 普通绝缘导线

普通绝缘导线由金属芯线和绝缘层组成。根据绝缘层不同，可分为塑料绝缘导线和橡胶绝缘导线；根据芯线材料不同，可分为铜芯绝缘导线和铝芯绝缘导线；根据芯线的数量不同，可分为单股和多股绝缘导线；根据导线的形式不同，可分为绝缘双绞线和绝缘平行线。常见种类的绝缘导线如图 2-24 所示。

3. 护套绝缘导线

护套绝缘导线是在普通绝缘导线的基础上再外套一个绝缘护套构成的。护套绝缘导线如图 2-25 所示。

2.4.2　绝缘导线的型号

绝缘导线通常会在线体或标签上标有型号，用来说明导线的种类等参数。绝缘导线型号含义说明如下：

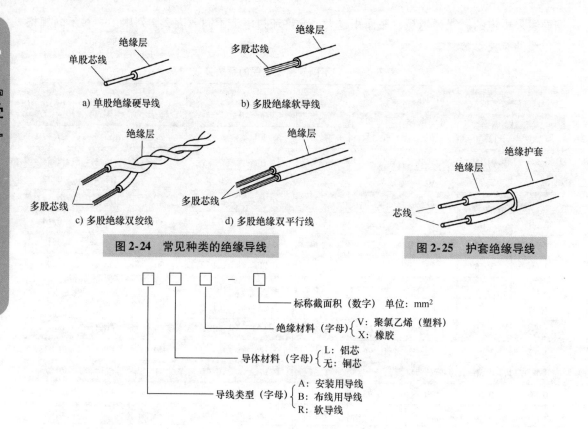

图 2-24 常见种类的绝缘导线

图 2-25 护套绝缘导线

2.4.3 绝缘导线的选择

在选用绝缘导线时，主要考虑导线的**安全电流、机械强度和额定电压**。

（1）安全电流

导线流过电流时会发热，电流越大，发出热量越多，热量通过绝缘层散发出去，如果散发的热量等于导线发出的热量，导线的温度不再上升，若流过导线的电流过大而产生大量的热量，这些热量又不能被绝缘层都散发，导线的温度就会上升，绝缘层就容易老化，甚至损坏引出触电或火灾事故。

安全电流是指**导线温度达到绝缘层最高允许值（规定为 65℃）不再上升时的导线通过电流**。当流过绝缘导线的电流超过安全电流时，绝缘层温度也会超过最高允许值而易损坏。安全电流大小除了与导线截面积有关（如截面积越大，导线电阻越小，产生的热量越少，安全电流越大），还与绝缘层有很大的关系，绝缘层散热性能越好，导线安全电流越大，因此芯线截面积相同的普通单绝缘层导线较护套绝缘导线安全电流大，单股绝缘导线较多股绝缘导线安全电流大。

在选择绝缘导线时，导线的安全电流应**大于所接负载的总电流**，一般为**1.5～2 倍**。

表 2-3 和表 2-4 分别列出了不同截面积芯线的塑料绝缘导线和橡胶绝缘导线在不同情况下的安全电流大小。从任意一个表中都可以看出，同截面积芯线的绝缘导线，采用明线敷设、穿管敷设（安装时将导线放在套管中）和护套线形式敷设时的安全电流不同，散热好的明线敷设时的安全电流最大，多芯护套线敷设时的安全电流最小。另外将两个表进行比

较，还可以发现同截面积芯线的塑料绝缘导线较橡胶绝缘导线安全电流要大。

表2-3 不同截面积芯线的塑料绝缘导线在不同的情况下的安全电流大小

截面积/mm²	明线敷设/A		穿管敷线/A						护套线/A			
			二根		三根		四根		二芯		三及四芯	
	铜	铝	铜	铝	铜	铝	铜	铝	铜	铝	铜	铝
0.2	3								3		2	
0.3	5								4.5		3	
0.4	7								6		4	
0.5	8								7.5		5	
0.6	10								8.5		6	
0.7	12								10		8	
0.8	15								11.5		10	
1	18		15		14		13		14		11	
1.5	22	17	18	13	16	12	15	11	18	14	12	10
2	26	30	20	15	17	13	16	12	20	16	14	12
2.5	30	23	26	20	25	19	23	17	22	19	19	15
3	32	24	29	22	27	20	25	19	25	21	22	17
4	40	30	38	29	33	25	30	23	33	25	25	20
5	45	34	42	31	37	28	34	25	37	28	28	22
6	50	39	44	34	41	31	37	28	41	31	31	24
8	63	48	56	43	49	39	43	34	51	39	40	30
10	75	55	68	51	56	42	49	37	63	48	48	37
16	100	75	80	61	72	55	64	49				
20	110	85	90	70	80	65	74	56				
25	130	100	100	80	90	75	85	65				
35	160	125	125	96	110	84	105	75				
50	200	155	163	125	142	109	120	89				
70	255	200	202	156	182	141	161	125				
95	310	240	243	187	227	175	197	152				

（2）机械强度

安装绝缘导线时，除了要考虑导线的安全电流外，在某些情况下还要考虑其机械强度。机械强度是指<u>导线承受拉力、扭力和重力等的能力</u>。例如，遇到图2-26所示的线路安装时就需要考虑导线的机械强度。

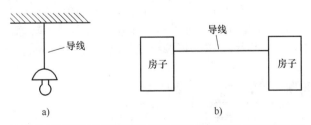

图2-26 线路安装时需要考虑导线的机械强度的情况

表 2-4　不同截面积芯线的橡胶绝缘导线在不同的情况下的安全电流大小

截面积 /mm²	明线敷设/A		穿管敷线/A						护套线/A			
			二根		三根		四根		二芯		三及四芯	
	铜	铝	铜	铝	铜	铝	铜	铝	铜	铝	铜	铝
0.2									3		2	
0.3									4		3	
0.4									5.5		3.5	
0.5									7		4.5	
0.6									8		5.5	
0.7									9		7.5	
0.8									10.5		9	
1.0	17		14		13		12		12		10	
1.5	20	15	16	12	15	11	14	10	15	12	11	8
2	24	18	18	14	16	12	15	11	17	15	12	10
2.5	28	21	24	18	23	17	21	16	19	16	16	13
3	30	22	27	20	25	18	23	17	21	18	19	14
4	37	28	35	26	30	23	27	21	28	21	21	17
5	41	31	39	28	34	26	30	23	33	24	24	19
6	46	36	40	31	38	29	34	26	35	26	26	21
8	58	44	50	40	45	36	40	31	44	33	34	26
10	69	51	63	47	50	39	45	34	54	41	41	32
16	92	69	74	56	66	50	59	45				
20	100	78	83	65	74	60	68	52				
25	120	92	92	74	83	69	78	60				
35	148	115	115	88	100	78	97	70				
50	185	143	150	115	130	100	110	82				
70	230	185	186	144	168	130	149	115				
95	290	225	220	170	210	160	180	140				
120	355	270	260	200	220	173	210	165				
150	400	310	290	230	260	207	240	188				

在图 2-26a 中，选择的绝缘导线要能承受灯具的重力，在图 b 中，选择的绝缘导线除了要能承受自身重力形成的拉力外，由于安装在室外，所以还要考虑到一些外界因素形成的力（如风力等）。

（3）额定电压

导线的绝缘层一般都有一定的耐压范围，超出这个范围绝缘性能下降。选择导线时要根据线路的电压来选择相应额定电压的绝缘导线。常用的绝缘导线的额定电压有**250V、500V和1000V**等，如线路实际电压为 220V，可选择额定电压为 250V 的绝缘导线。

2.5　导线的剥削、连接和绝缘恢复

2.5.1　导线绝缘层的剥削

在连接绝缘导线前，需要先去掉导线连接处的绝缘层而露出金属芯线，再进行连接，剥

离的绝缘层的长度为**50～100mm**，通常线径小的导线剥离**短些**，线径粗的剥离**长些**。绝缘导线种类较多，绝缘层的剥离方法也有所不同。

1. 硬导线绝缘层的剥离

对于截面积在 0.4mm^2 以下的硬绝缘导线，可以使用**钢丝钳（俗称老虎钳）**剥离绝缘层，具体如图 2-27 所示，其过程如下：

1）左手捏住导线，右手拿钢丝钳，将钳口钳住剥离处的导线，切不可用力过大，以免切伤内部芯线。

2）左、右手分别朝相反方向用力，绝缘层就会沿钢丝钳运动方向脱离。

如果剥离绝缘层时不小心伤及内部芯线，较严重时需要剪掉切伤部分导线，重新按上述方法剥离绝缘层。

对于截面积在 0.4mm^2 以上的硬绝缘导线，可以使用**电工刀**剥离绝缘层，具体如图 2-28 所示，其过程如下：

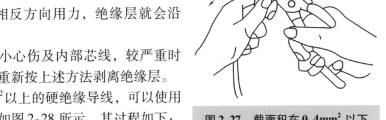

图 2-27　截面积在 0.4mm^2 以下的硬绝缘导线绝缘层的剥离

1）左手捏住导线，右手拿电工刀，将刀口以 45°切入绝缘层，不可用力过大，以免切伤内部芯线，如图 2-28a 所示。

2）刀口切入绝缘层后，让刀口和芯线保持 25°，推动电工刀，将部分绝缘层削去，如图 2-28b 所示。

3）将剩余的绝缘层反向扳过来，如图 2-28c 所示，然后用电工刀将剩余的绝缘层齐根削去。

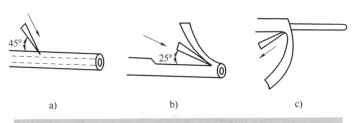

图 2-28　截面积在 0.4mm^2 以上的硬绝缘导线绝缘层的剥离

2. 软导线绝缘层的剥离

剥离软导线的绝缘层可使用**钢丝钳或剥线钳**，但不可使用**电工刀**，因为软导线芯线由多股细线组成，用电工刀剥离很易切断部分芯线。用钢丝钳剥离软导线绝缘层的方法与剥离硬导线的绝缘层操作方法一样，这里只介绍如何用剥线钳剥离绝缘层，如图 2-29 所示，具体操作过程如下：

1）将剥线钳钳入需剥离的软导线。

2）握住剥线钳手柄作圆周运行，让钳口在导线的绝缘层上切成一个圆周，注意不要切伤内部芯线。

3）往外推动剥线钳，绝缘层就会随钳口移动方向脱离。

3. 护套线绝缘层的剥离

护套线除了内部有绝缘层外，在外面还有护套，在剥离护套线绝缘层时，先要**剥离护套**，再剥离**内部的绝缘层**。剥离护套常用**电工刀**，剥离内部的绝缘层根据情况可使用**钢丝**

钳、剥线钳或电工刀。护套线绝缘层的剥离如图 2-30 所示。具体过程如下：

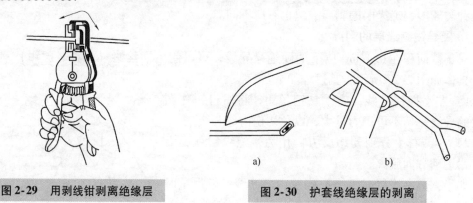

图 2-29　用剥线钳剥离绝缘层　　　　图 2-30　护套线绝缘层的剥离

1）将护套线平放在木板上，然后用电工刀尖从中间划开护套，如图 2-30a 所示。

2）将护套线折弯，再用电工刀齐根削去，如图 2-30b 所示。

3）根据护套线内部芯线的类型，用钢丝钳、剥线钳或电工刀剥离内部绝缘层。若芯线是较粗的硬导线，可使用电工刀；若是细硬导线，可使有钢丝钳；若是软导线，则使用剥线钳。

2.5.2　导线与导线的连接

当导线长度不够或接分支线路时，需要将导线与导线连接起来。导线连接部位是线路的薄弱环节，正确进行导线连接可以增强线路的**安全性、可靠性**，使用电设备能稳定可靠的运行。在连接导线前，要求先去除芯线上的**污物和氧化层**。

1. 铜芯导线之间的连接

（1）单股铜芯导线的直线连接

单股铜芯导线的直线连接如图 2-31 所示。具体过程如下：

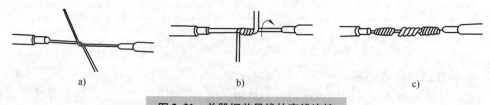

图 2-31　单股铜芯导线的直线连接

1）将去除绝缘层和氧化层的两根单股导线作 X 形相交，如图 2-31a 所示。

2）将两根导线向两边紧密斜着缠绕 2~3 圈，如图 2-31b 所示。

3）将两根导线扳直，再各向两边绕 6 圈，多余的线头用钢丝钳剪掉，连接好的导线如图 2-31c 所示。

（2）单股铜芯导线的 T 字形分支连接

单股铜芯导线的 T 字形分支连接如图 2-32 所示。具体过程如下：

1）将除去绝缘层和氧化层的支路芯线与主干芯线十字相交，然后将支路芯线在主干芯线上绕一圈并跨过支路芯线（即打结），再在主干线上缠绕 8 圈，如图 2-32a 所示，将多余的支路芯线剪掉。

2）对于截面积小的导线，也可以不打结，直接将支路芯线在主干芯线缠绕几圈，如图 2-32b 所示。

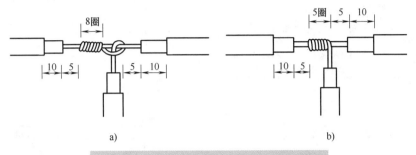

图 2-32 单股铜芯导线的 T 字形分支连接

（3）7 股铜芯导线的直线连接

7 股铜芯导线的直线连接如图 2-33 所示。具体过程如下：

1）将去除绝缘层和氧化层的两根导线 7 股芯线散开，并将绝缘层旁约 2/5 的芯线段绞紧，如图 2-33a 所示。

2）将两根导线分散开的芯线隔根对叉，如图 2-33b 所示，然后压平两端对叉的线头，并将中间部分钳紧，如图 2-33c 所示。

3）将一端的 7 股芯线按 **2、2、3 分成三组**，再把第一组的 2 根芯线扳直（即与主芯线垂直），如图 2-33d 所示，然后按顺时针方向在主芯线上紧绕 2 圈，再将余下的扳到主芯线上，如图 2-33e 所示。

4）将第二组的 2 根芯线扳直，然后按顺时针方向在第一组芯线及主芯线上紧绕 2 圈，如图 2-33f 所示。

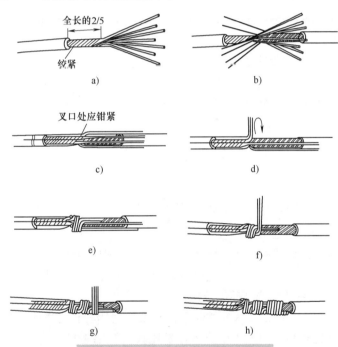

图 2-33 7 股铜芯导线的直线连接

5）将第三组的 3 根芯线扳直，然后按顺时针方向在第一、二组芯线及主芯线上紧绕 2 圈，如图 2-33g 所示，三组芯线绕好后把多余的部分剪掉，已绕好一端的导线如图 2-33h 所示。

6）按同样的方法缠绕另一端的芯线。

（4）7 股铜芯导线的 T 字形分支连接

7 股铜芯导线的 T 字形分支连接如图 2-34 所示。具体过程如下：

1）将去除绝缘层和氧化层的分支线 7 股芯线散开，并将绝缘层旁约 1/8 的芯线段绞紧，如图 2-34a 所示。

2）将分支线 7 股芯线按 3、4 分成两组，并叉入主干线，如图 2-34b 所示。

3）将 3 股的一组芯线在主芯线上按顺时针方向紧绕 3 圈，再将余下的剪掉，如图 2-34c 所示。

4）将 4 股的一组芯线在主芯线上按顺时针方向紧绕 4 圈，再将余下的剪掉，如图 2-34d 所示。

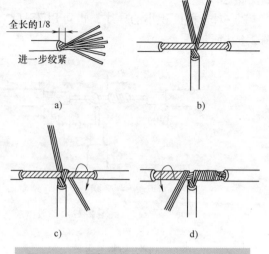

图 2-34　7 股铜芯导线的 T 字形分支连接

（5）不同直径铜导线的连接

不同直径的铜导线连接如图 2-35 所示，具体过程是，将细导线的芯线在粗导线的芯线上绕 5 ~ 6 圈，然后将粗芯线弯折压在缠绕细芯线上，再把细芯线在弯折的粗芯线上绕 3 ~ 4 圈，将多余的细芯线剪去。

（6）多股软导线与单股硬导线的连接

多股软导线与单股硬导线的连接如图 2-36 所示，具体过程是，先将多股软导线拧紧成一股芯线，然后将拧紧的芯线在硬导线上缠绕 7 ~ 8 圈，再将硬导线折弯压紧缠绕的软芯线。

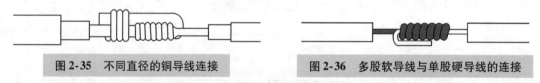

图 2-35　不同直径的铜导线连接　　**图 2-36　多股软导线与单股硬导线的连接**

（7）多芯导线的连接

多芯导线的连接如图 2-37 所示。从图中可以看出，多芯导线之间的连接关键在于各芯线连接点应相互错开，这样可以防止芯线连接点之间短路。

2. 铝芯导线之间的连接

铝芯导线由于采用铝材料作芯线，而铝材料易氧化而在表面形成氧化铝，氧化铝的电阻率又比较高，如果线路安装要求比较高，铝芯导线之间一般不采用铜芯导线之间的连接方法，而常用**铝压接管**（见图 2-38）进行连接。

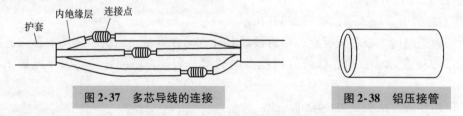

图 2-37　多芯导线的连接　　**图 2-38　铝压接管**

用压接管连接铝芯导线方法如图 2-39 所示。具体操作过程如下：

1）将待连接的两根铝芯线穿入压接管，并穿出一定的长度，如图 2-39a 所示，芯线截

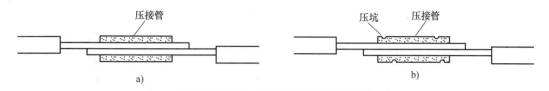

图 2-39　用压接管连接铝芯导线

面积越大，穿出越长。

　　2）用压接钳对压接管进行压接，如图 2-39b 所示，铝芯线的截面积越大则要求压坑越多。如果需要将三根或四根铝芯线压接在一起，可按图 2-40 所示方法进行。

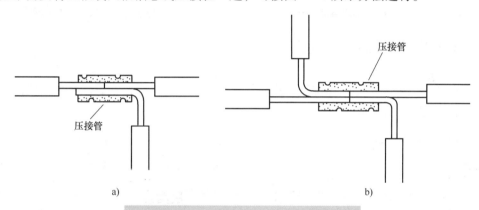

图 2-40　用压接管连接三根或四根铝芯线

3. 铝芯导线与铜芯导线的连接

　　当铝和铜接触时容易发生电化腐蚀，所以铝芯导线和铜芯导线**不能直接连接，连接时需要用到铜铝压接管**，这种套管是由铜和铝制作而成的，如图 2-41 所示。

图 2-41　铜铝压接管

　　铝芯导线与铜芯导线的连接方法如图 2-42 所示，具体操作过程如下：

　　1）将铝芯线从压接管的铝端穿入，芯线不要超过**压接管的铜材料端**，铜芯线从压接管的铜端穿入，芯线不要超过**压接管的铝材料端**。

　　2）用压接钳压挤压接管，将铜芯线与压接管的铜材料端压紧，铝芯线与压接管的铝材料端压紧。

2.5.3　导线与接线柱之间的连接

1. 导线与针孔式接线柱的连接

　　导线与针孔式接线柱的连接方法如图 2-43 所示。具体操作过程是，旋松接线柱上的螺钉，再将芯线插入针孔式接线柱内，然后旋紧螺钉，如果芯线较细，可把它折成两股再插入接线柱。

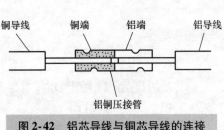

图 2-42　铝芯导线与铜芯导线的连接

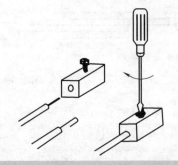

图 2-43　导线与针孔式接线柱的连接

2. 导线与螺钉平压式接线柱的连接

导线与螺钉平压式接线柱的连接如图 2-44 所示。具体操作过程是，将导线的芯线弯成圆环状，保证芯线处于平分圆环位置，然后将圆环套在螺钉上，再往螺母上旋紧螺钉，芯线就被紧压在螺钉和螺母之间。

2.5.4　导线绝缘层的恢复

导线芯线连接好后，为了安全起见，需要在芯线上缠绕绝缘材料，即恢复导线的绝缘层。缠绕的绝缘材料主要有**黄蜡胶带、黑胶带和涤纶薄膜胶带**。

在导线上缠绕绝缘带的方法如图 2-45 所示。具体过程如下：

1）从导线的左端绝缘层约两倍胶带宽处开始缠绕黄蜡胶带，如图 2-45a 所示，缠绕时，胶带保持与导线成 55°的角度，并且缠绕时胶带要压住上圈胶带的 1/2，如图 2-45b 所示，缠绕到导线右端绝缘层约两倍胶带宽处停止。

图 2-44　导线与螺钉平压式接线柱的连接

2）在导线右端将黑胶带与黄蜡胶带粘贴连接好，如图 2-45c 所示，然后从右往左斜向缠绕黑胶带，缠绕方法与黄蜡胶带相同，如图 2-45d 所示，缠绕至导线左端黄蜡胶带的起始端结束。

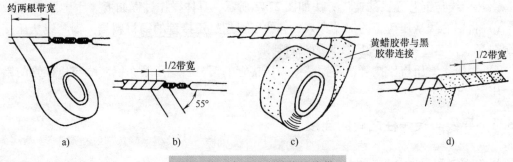

图 2-45　在导线上缠绕绝缘带

第3章

电工电子仪表的使用 ◄◄◄◄

3.1 指针万用表的使用

指针万用表是一种广泛使用的电子测量仪表，它由一只灵敏度很高的直流电流表（微安表）作表头，再加上档位开关和相关电路组成。指针万用表可以测量电压、电流、电阻，还可以测量电子元器件的好坏。指针万用表种类很多，使用方法大同小异，本节以 MF-47 型万用表为例进行介绍。

3.1.1 面板介绍

MF-47 型万用表的面板如图 3-1 所示。从面板上可以看出，指针万用表面板主要由**刻度盘、档位开关、旋钮和插孔构成**。

1. 刻度盘

刻度盘用来指示**被测量值的大小**，它由 1 根表针和 6 条刻度线组成。刻度盘如图 3-2 所示。

第 1 条标有"Ω"字样的为欧姆刻度线。在测量电阻阻值时查看该刻度线。这条刻度线最右端刻度表示的阻值最小，为 0，最左端刻度表示的阻值最大，为∞（无穷大）。在未测量时表针指在左端无穷处。

第 2 条标有"V"（左方）和"mA"（右方）字样的为交直流电压/直流电流刻度线。在测量交、直流电压

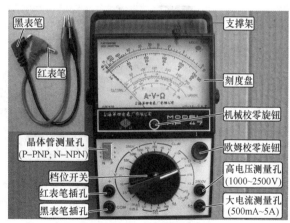

图 3-1 MF-47 型万用表的面板

和直流电流时都查看这条刻度线。该刻度线最左端刻度表示最小值，最右端刻度表示最大值，在该刻度线下方标有三组数，它们的最大值分别是 250、50 和 10，当选择不同档位时，要将刻度线的最大刻度看作该档位最大量程数值（其他刻度也要相应变化）。如档位开关置于"50V"档测量时，表针若指在第 2 条刻度线最大刻度处，表示此时测量的电压值为 50V

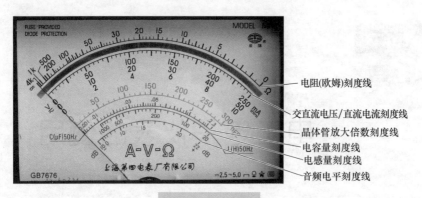

图 3-2　刻度盘

（而不是 10V 或 250V）。

第 3 条标有"**hFE**"字样的为晶体管放大倍数刻度线。在测量晶体管放大倍数时查看这条刻度线。

第 4 条标有"**C（μF）**"字样的为电容量刻度线。在测量电容容量时查看这条刻度线。

第 5 条标有"**L（H）**"字样的为电感量刻度线。在测量电感的电感量时查看这条刻度线。

第 6 条标有"**dB**"字样的为音频电平刻度线。在测量音频信号电平时查看这条刻度线。

2. 档位开关

档位开关的功能是选择不同的测量档位。档位开关如图 3-3 所示。

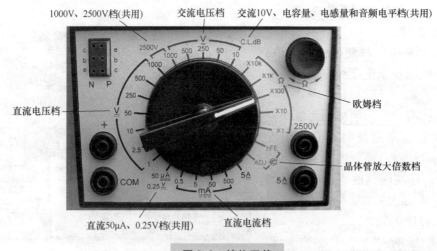

图 3-3　档位开关

3. 旋钮

万用表面板上有两个旋钮：机械校零旋钮和欧姆校零旋钮，如图 3-1 所示。

机械校零旋钮的功能是**在测量前将表针调到电压/电流刻度线的"0"刻度处**。欧姆校零旋钮的功能是**在使用欧姆档测量时，将表针调到欧姆刻度线的"0"刻度处**。两个旋钮的详细调节方法在后面将会介绍。

4. 插孔

万用表面板上有 4 个独立插孔和一个 6 孔组合插孔，如图 3-1 所示。

标有"＋"字样的为红表笔插孔；标有"COM（或 -）"字样的为黑表笔插孔；标有"5A"字样的为大电流插孔，当测量 500mA ~ 5A 范围内的电流时，红表笔应插入该插孔；标有"2500V"字样的为高电压插孔，当测量 1000 ~ 2500V 范围内的电压时，红表笔应插入此插孔。6 孔组合插孔为晶体管测量插孔，标有"N"字样的 3 个孔为 NPN 型晶体管的测量插孔，标有"P"字样的 3 个孔为 PNP 型晶体管的测量插孔。

3.1.2 使用前的准备工作

指针万用表在使用前，需要安装电池、机械校零和安插表笔。

1. 安装电池

在使用万用表前，需要给万用表安装电池，若不安装电池，欧姆档和晶体管放大倍数档将无法使用，但电压、电流档仍可使用。MF-47 型万用表需要**9V** 和 **1.5V** 两个电池，其中 9V 电池供给 $R \times 10k$ 档使用，1.5V 电池供给 $R \times 10k$ 档以外的欧姆档和晶体管放大倍数测量档使用。安装电池时，一定要注意电池的极性，不能装错。

2. 机械校零

在出厂时，大多数厂家已对万用表进行了机械校零，对于某些原因造成表针未调零时，可自己进行机械调零。机械调零过程如图 3-4 所示。

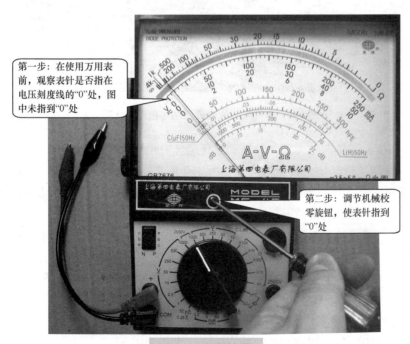

图 3-4　机械校零

3. 安插表笔

万用表有红、黑两根表笔，在测量时，红表笔要插入**标有"＋"字样**的插孔，黑表笔要插入**标有"－"字样**的插孔。

3.1.3　测量直流电压

MF-47 型万用表的直流电压档具体又分为 0.25V、1V、2.5V、10V、50V、250V、500V、1000V 和 2500V 档。

下面通过测量一节干电池的电压值来说明直流电压的测量操作，测量如图 3-5 所示，具体过程如下：

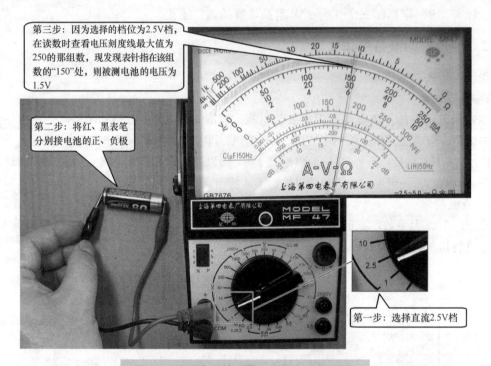

图 3-5　直流电压的测量（测量电池的电压）

1）选择档位。测量前先大致估计被测电压可能有的最大值，再根据档位应高于且最接近被测电压的原则选择档位，若无法估计，可先选最高档测量，再根据大致测量值重新选取合适低档位测量。一节干电池的电压一般在 1.5V 左右，根据档位应高于且最接近被测电压的原则，选择 2.5V 档最为合适。

2）红、黑表笔接被测电压。红表笔接被测电压的高电位处（即电池的正极），黑表笔接被测电压的低电位处（即电池的负极）。

3）读数。在刻度盘上找到旁边标有 "V" 字样的刻度线（即第 2 条刻度线），该刻度线有最大值分别是 250、50、10 的三组数对应，因为测量时选择的档位为 2.5V，所以选择最大值为 250 的那一组数进行读数，但需将 250 看成 2.5，该组其他数值作相应的变化。现观察表针指在 "150" 处，则被测电池的直流电压大小为 1.5V。

补充说明如下：

1）如果测量 1000~2500V 范围内的电压时，档位开关应置于 1000V 档位，红表笔要插在 2500V 专用插孔中，黑表笔仍插在 "COM" 插孔中，读数时选择最大值为 250 的那一组数。

2）直流电压 0.25V 档与直流电流 50μA 档是共用的，在测直流电压时选择该档可以测量 0～0.25V 范围内的电压，读数时选择最大值为 250 的那一组数，在测直流电流时选择该档可以测量 0～50μA 范围内的电流，读数时选择最大值为 50 的那一组数。

3.1.4　测量交流电压

MF-47 型万用表的交流电压档具体又分为 10V、50V、250V、500V、1000V 和 2500V 档。

下面通过测量市电电压的大小来说明交流电压的测量操作，测量如图 3-6 所示。具体过程如下所述：

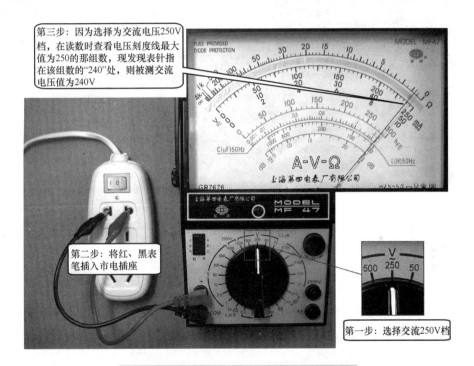

图 3-6　交流电压的测量（测量市电电压）

1）选择档位。市电电压一般在 220V 左右，根据档位应高于且最接近被测电压的原则，选择 250V 档最为合适。

2）红、黑表笔接被测电压。由于交流电压无正、负极性之分，故红、黑表笔可随意分别插在市电插座的两个插孔中。

3）读数。交流电压与直流电压共用刻度线，读数方法也相同。因为测量时选择的档位为 250V，所以选择最大值为 250 的那一组数进行读数。现观察表针指在刻度线的"240"处，则被测市电电压的大小为 240V。

3.1.5　测量直流电流

MF-47 型万用表的直流电流档具体又分为 **50μA、0.5mA、5mA、50mA、500mA** 和 **5A** 档。

下面以测量流过灯泡的电流大小为例来说明直流电流的测量操作，直流电流的测量操作如图 3-7 所示。具体过程如下所述：

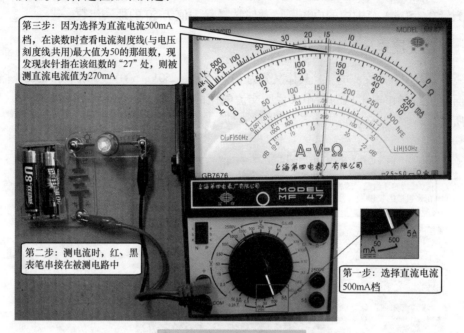

第三步：因为选择为直流电流500mA档，在读数时查看电流刻度线(与电压刻度线共用)最大值为50的那组数，现发现表针指在该组数的"27"处，则被测直流电流值为270mA

第二步：测电流时，红、黑表笔串接在被测电路中

第一步：选择直流电流500mA档

图 3-7　直流电流的测量

1）选择档位。灯泡工作电流较大，这里选择直流 500mA 档。

2）断开电路，将万用表红、黑表笔串接在电路的断开处，红表笔接断开处的高电位端，黑表笔接断开处的另一端。

3）读数。直流电流与直流电压共用刻度线，读数方法也相同。因为测量时选择的档位为 500mA 档，所以选择最大值为 50 的那一组数进行读数。现观察表针指在刻度线 27 的位置，那么流过灯泡的电流为 270mA。

如果流过灯泡的电流大于 500mA，可将**红表笔插入 5A 插孔，档位仍置于 500mA 档**。

> **注意**：测量电路的电流时，一定要**断开电路，并将万用表串接在电路断开处**，这样电路中的电流才能流过万用表，万用表才能指示被测电流的大小。

3.1.6　测量电阻

测量电阻的阻值时需要选择欧姆档。MF-47 型万用表的欧姆档具体又分为 **×1Ω、×10Ω、×10Ω、×1kΩ 和 ×10kΩ** 档。

下面通过测量一只电阻的阻值来说明欧姆档的使用，测量如图 3-8 所示。具体过程如下：

1）选择档位。测量前先估计被测电阻的阻值大小，选择合适的档位。档位选择的原则是，在测量时尽可能让表针指在欧姆刻度线的中央位置，因为表针指在刻度线中央时的测量值最准确，若不能估计电阻的阻值，可先选高档位测量，如果发现阻值偏小时，再换成合适的低档位重新测量。现估计被测电阻阻值为几百欧至几千欧，选择档位 ×

100Ω 较为合适。

2）~4）欧姆校零。档位选好后要进行欧姆校零，欧姆校零过程如图 3-8a、b 所示，先将红、黑表笔短路，观察表针是否指到欧姆刻度线的"0"处，若表针未指在"0"处，可调节欧姆校零旋钮，直到将表针调到"0"处为止，如果无法将表针调到"0"处，一般为万用表内部电池用旧所致，需要更换新电池。

5）红、黑表笔接被测电阻。电阻没有正、负之分，红、黑表笔可随意接在被测电阻两端。

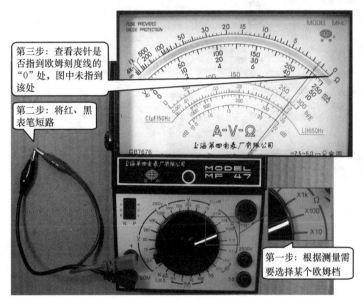

第三步：查看表针是否指到欧姆刻度线的"0"处，图中未指到该处

第二步：将红、黑表笔短路

第一步：根据测量需要选择某个欧姆档

a) 欧姆校零一

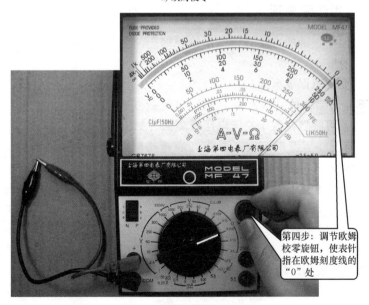

第四步：调节欧姆校零旋钮，使表针指在欧姆刻度线的"0"处

b) 欧姆校零二

图 3-8　电阻的测量

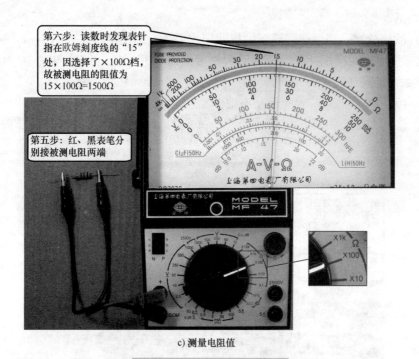

第六步：读数时发现表针指在欧姆刻度线的"15"处，因选择了×100Ω档，故被测电阻的阻值为15×100Ω=1500Ω

第五步：红、黑表笔分别接被测电阻两端

c) 测量电阻值

图 3-8　电阻的测量（续）

6）读数。读数时查看表针在欧姆刻度线所指的数值，然后将该数值与档位数相乘，得到的结果即为该电阻的阻值。在图 3-8c 中，表针指在欧姆刻度线的"15"处，选择档位为×100Ω，则被测电阻的阻值为 15×100Ω=1500Ω=1.5kΩ。

3.1.7　万用表使用注意事项

万用表使用时要按正确的方法进行操作，否则会使测量值不准确，重则会烧坏万用表，甚至会触电危害人身安全。

万用表使用时要注意以下事项：

1）测量时不要选错档位，特别是不能用电流或欧姆档来测电压，这样极易烧坏万用表。万用表不用时，**可将档位置于交流电压最高档（如 1000V 档）。**

2）测量直流电压或直流电流时，要将红表笔接电源或电路的高电位，黑表笔接低电位，若表笔接错会使表针反偏，这时应马上互换红、黑表笔位置。

3）若不能估计被测电压、电流或电阻的大小，应<u>先用最高档，如果高档位测量值偏小，可根据测量值大小选择相应的低档位重新测量。</u>

4）测量时，手不要<u>接触表笔金属部位</u>，以免触电或影响测量精确度。

5）测量电阻阻值和晶体管放大倍数时要进行<u>欧姆校零</u>，如果旋钮无法将表针调到欧姆刻度线的"0"处，一般为万用表内部电池用旧，可更换新电池。

3.2　数字万用表

数字万用表与指针万用表相比，具有**测量准确度高、测量速度快、输入阻抗大、过载能**

力强和功能多等优点，所以它与指针万用表一样，在电工电子技术测量方面得到广泛的应用。数字万用表的种类很多，但使用基本相同，下面以广泛使用且价格便宜的 DT-830 型数字万用表为例来说明数字万用表的使用。

数字万用表的面板上主要有**显示屏、档位开关和各种插孔**。DT-830 型数字万用表面板如图 3-9 所示。

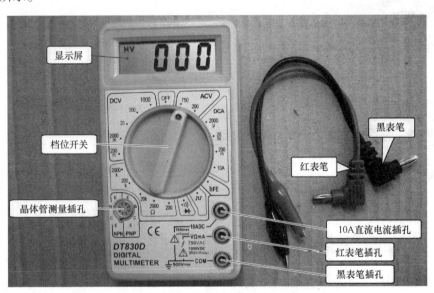

图 3-9　DT-830 型数字万用表的面板

显示屏用来显示被测量的数值，它可以显示 4 位数字，但最高位只能显示到 1，其他位可显示 0~9。

档位开关的功能是选择不同的测量档位，它包括直流电压档、交流电压档、直流电流档、欧姆档、二极管测量档和晶体管放大倍数测量档。

数字万用表的面板上有 3 个独立插孔和 1 个 6 孔组合插孔。标有"COM"字样的为黑表笔插孔，标有"VΩmA"的为红表笔插孔，标有"10ADC"的为直流大电流插孔，在测量 200mA~10A 范围内的直流电流时，红表笔要插入该插孔。6 孔组合插孔为晶体管测量插孔。

使用数字万用表测量直流电压、直流电流和电阻的方法及步骤与指针万用表基本相同，所不同的是数字万用表是直接显示数值。此外，在测量还要注意档位的选择。

3.3　电能表

电能表又称电度表，是**一种用来计算用电量（电能）的测量仪表**。电能表可分为单相电能表和三相电能表，分别用在单相和三相交流电路中。

3.3.1　电能表的结构与原理

根据工作方式不同，电能表可分为**感应式和电子式**两种。电子式电能表是利用电子电路驱动计数机构来对电能进行计数的，而感应式电能表是利用电磁感应产生力矩来驱动计数机构对电能进行计数的。感应式电能表由于成本低、结构简单而被广泛应用。

单相电能表（感应式）的外形及内部结构如图 3-10 所示。

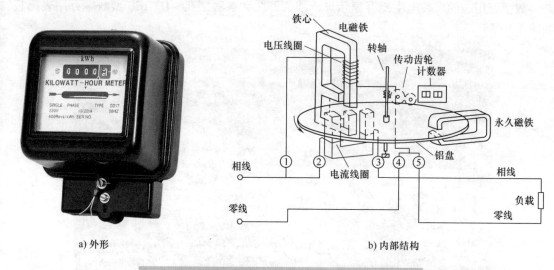

a) 外形　　　　　　　　　b) 内部结构

图 3-10　单相电能表（感应式）的外形及内部结构

从图 3-10b 中可以看出，单相电能表内部垂直方向有一个铁心，铁心中间夹有一个铝盘，铁心上绕着线径小、匝数多的电压线圈，在铝盘的下方水平放置着一个铁心，铁心上绕有线径粗、匝数少的电流线圈。当电能表按图示的方法与电源及负载连接好后，电压线圈和电流线圈均有电流通过而都产生磁场，它们的磁场分别通过垂直和水平方向的铁心作用于铝盘，铝盘受力转动，铝盘中央的转轴也随之转动，它通过传动齿轮驱动计数器计数。如果电源电压高、流向负载的电流大，两个线圈产生的磁场强，铝盘转速快，通过转轴、齿轮驱动计数器的计数速度快，计数出来的电能更多。永久磁铁的作用是让铝盘运转保持平衡。

三相三线式电能表内部结构如图 3-11 所示。从图中可以看出，三相三线式电能表有两组与单相电能表一样的元件，这两组元件共用一根转轴、减速齿轮和计数器，在工作时，两组元件的铝盘共同带动转轴运转，通过齿

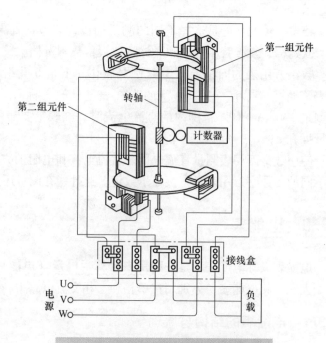

图 3-11　三相三线式电能表内部结构

轮驱动计数器进行计数。

三相四线式电能表的结构与三相三线式电能表类似，但它内部有三组元件共同来驱动计数机构。

3.3.2　电能表的接线方式

电能表在使用时，要与线路正确连接才能正常工作，如果连接错误，轻则会出现电能计数错误，重则会烧坏电能表。在接线时，除了要注意一般的规律外，还要认真查看电能表接线说明图，按照说明图来接线。

1. 单相电能表的接线

单相电能表的接线如图3-12所示。

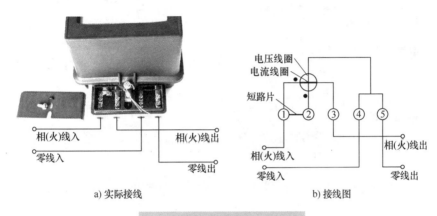

a) 实际接线　　　　　　　　　b) 接线图

图 3-12　单相电能表的接线

图3-12b中圆圈上的粗水平线表示电流线圈，其线径粗、匝数小、阻值小（接近0Ω），在接线时，要串接在电源相线和负载之间；圆圈上的细垂直线表示电压线圈，其线径细、匝数多、阻值大（用万用表欧姆档测量时约几百至几千欧），在接线时，要接在电源相线和零线之间。另外，电能表电压线圈、电流线圈的电源端（该端一般标有圆点）应共同接电源进线。

2. 三相电能表的接线方式

三相电能表可分为三相三线式电能表和三相四线式电能表，它们的接线方式如图3-13所示。

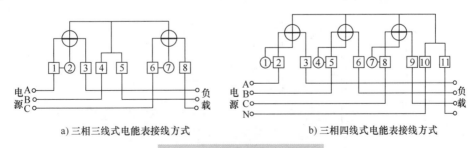

a) 三相三线式电能表接线方式　　　　b) 三相四线式电能表接线方式

图 3-13　单相电能表的接线

3.3.3 电子式电能表

电子式电能表内部采用电子电路构成测量电路来对电能进行测量，与机械式电能表比较，电子式电能表具有**精度高、可靠性好、功耗低、过载能力强、体积小**和**重量轻**等优点。有的电子式电能表采用一些先进的电子测量电路，故可以实现很多智能化的电能测量功能。常见的电子式电能表有普通的电子式电能表、电子式预付费电能表和电子式多费率电能表等。

电子式电能表与机械式电能表如图 3-14 所示。两种电能表可以从以下几个方面进行区别：

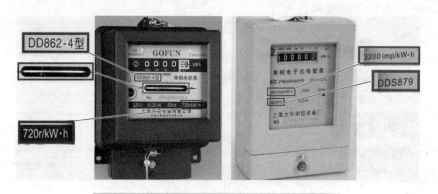

图 3-14 机械电能表和电子式电能表的区别

1）查看面板上有无铝盘。电子式电能表没有铝盘，而机械式电能表面板上可以看到铝盘。

2）查看面板型号。电子式电能表型号的第 3 位含有字母 S，而机械式电能表没有，如 DDS633 为电子式电能表。

3）查看电表常数单位。电子式电能表的电表常数单位为 imp/kW·h（脉冲数/千瓦时），机械式电能表的电表常数单位为 r/kW·h（转数/千瓦时）。

3.3.4 电能表型号与铭牌含义

1. 型号含义

电能表的型号一般由 6 部分组成，各部分意义如下：

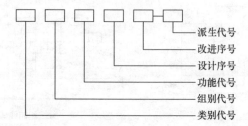

1）类别代号：D—电能表。

2）组别代号：A—安培小时计；B—标准；D—单相电能表；F—伏特小时计；J—直流；

S—三相三线；T—三相四线；X—无功。

3）功能代号：F—分时计费；S—电子式；Y—预付费式；D—多功能；M—脉冲式；Z—最大需量。

4）设计序号：一般用数字表示。

5）改进序号：一般用汉语拼音字母表示。

6）派生代号：T—湿热、干热两用；TH—湿热专用；TA—干热专用；G—高原用；H—船用；F—化工防腐。

电能表的形式和功能很多，各厂家在型号命名上也不尽完全相同，大多数电能表只用两个字母表示其功能和用途。一些特殊功能或电子式的电能表多用三个字母表示其功能和用途。

举例如下：

1）DD28 表示单相电能表。D—电能表，D—单相，28—设计序号。

2）DS862 表示三相三线有功电能表。D—电能表，S—三相三线，86—设计序号，2—改进序号。

3）DX8 表示无功电能表。D—电能表，X—无功，8—设计序号。

4）DTD18 表示三相四线有功多功能电能表。D—电能表，T—三相四线，D—多功能，18—设计序号。

2. 铭牌含义

电能表铭牌通常含有以下内容：

1）计量单位名称或符号。有功电表为"kW·h（千瓦时）"，无功电表为"kvarh（千乏时）"。

2）电能计数器窗口。整数位和小数位用不同颜色区分，窗口各字轮均有倍乘系数，如 ×1000、×100、×10、×1、×0.1。

3）标定电流和额定最大电流。标定电流（又称基本电流）是用于确定电能表有关特性的电流值，该值越小，电能表越容易启动；额定最大电流是指仪表能满足规定计量准确度的最大电流值。当电能表通过的电流在标定电流和额定最大电流之间时，电能计量准确，当电流小于标定电流值或大于额定最大电流值时，电能计量准确度会下降。一般情况下，不允许流过电能表的电流长时间大于额定最大电流。

4）工作电压。电能表所接电源的电压。单相电能表以电压线路接线端的电压表示，如 220V；三相三线电能表以相数乘以线电压表示，如 3×380V；三相四线电能表以相数乘以相电压/线电压表示，如 3×220/380V。

5）工作频率。电能表所接电源的工作频率。

6）电表常数。它是指电能表记录的电能和相应的转数或脉冲数之间关系的常数。机械式电能表以 r/kW·h（转数/千瓦时）为单位，表示计量 1kW·h（1 度电）电能时的铝盘的转数，电子式电能表以 imp/kW·h（脉冲数/千瓦时）为单位。

7）型号。

8）制造厂名。

图 3-15 是一个单相机械电能表，其铭牌含义见标注。

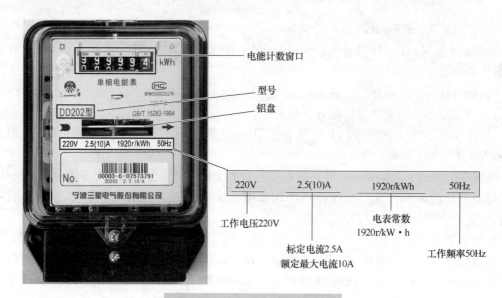

图 3-15　电能表铭牌含义说明

3.4　钳形表

钳形表又称钳形电流表，它是一种测量**电气线路电流大小**的仪表。与电流表和万用表相比，钳形表的优点是**在测电流时不需要断开电路**。钳形表可分为指针式钳形表和数字式钳形表两类，指针式钳形表是利用内部电流表的表针摆动来指示被测电流的大小；数字式钳形表是利用数字测量电路将被测电流处理后，再通过显示器以数字的形式将电流大小显示出来。

3.4.1　钳形表的结构与测量原理

钳形表有指针式和数字式之分，这里以指针式为例来说明钳形表的结构与工作原理。指针式钳形表的结构如图 3-16 所示。从图中可以看出，指针式钳形表主要由**铁心、线圈、电流表、量程旋钮和扳手**等组成。

在使用钳形表时，按下扳手，铁心开口张开，从开口处将导线放入铁心中央，再松开扳手，铁心开口闭合。当有电流流过导线时，导线周围会产生磁场，磁场的磁力线沿铁心穿过线圈，线圈立即产生电流，该电流经内部一些元器件后流进电流表，电流表表针摆动，指示电流的大小。流过导线的电流越大，导线产生的磁场越大，穿过线圈的磁力线越多，线圈产生的电流就越大，流进电流表的电流就越大，表针摆动幅度越大，则指示的电流值越大。

3.4.2　指针式钳形表的使用

1. 实物外形

早期的钳形表仅能测电流，而现在常用的钳形表大多数已将钳形表和万用表结合起来，不但可以测电流，还能测电压和电阻，图 3-17 所示的钳形表都具有这些功能。

2. 使用方法

（1）准备工作

在使用钳形表测量前，要做好以下准备工作：

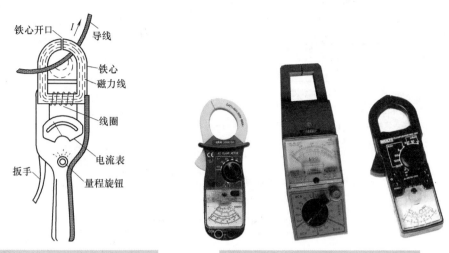

图 3-16　指针式钳形表的结构　　　　图 3-17　一些常见的指针式钳形表

1）安装电池。早期的钳形表仅能测电流，不需安装电池，而现在的钳形表不但能测电流、电压，还能测电阻，因此要求表内安装电池。安装电池时，打开电池盖，将大小和电压值符合要求的电池装入钳形表的电池盒，安装时要注意电池的极性与电池盒标注相同。

2）机械校零。将钳形表平放在桌面上，观察表针是否指在电流刻度线的 "0" 刻度处，若没有，可用螺丝刀调节刻度盘下方的机械校零旋钮，将表针调到 "0" 刻度处。

3）安装表笔。如果仅用钳形表测电流，可不安装表笔；如果要测量电压和电阻，则需要给钳形表安装表笔。安装表笔时，红表笔插入标 " + " 的插孔，黑表笔插入标 " – " 或标 "COM" 的插孔。

（2）用钳形表测电流

使用钳形表测电流，一般按以下操作步骤进行：

1）估计被测电流大小的范围，选取合适的电流档位。选择的电流档应大于被测电流，若无法估计电流范围，可先选择大电流档测量，测得偏小时再选择小电流档。

2）钳入被测导线。在测量时，按下钳形表上的扳手，张开铁心，钳入一根导线，如图 3-18a 所示，表针摆动，指示导线流过的电流大小。

测量时要注意，不能将两根导线同时钳入，图 3-18b 所示的测量方法是错误的。这是因为两根导线流过的电流大小相等，但方向相反，两根导线产生的磁场方向是相反的，相互抵消，钳形表测出的电流值将为 0，如果不为 0，则说明两根导线流过的电流不相等，负载存在漏电（一根导线的部分电流经绝缘性能差的物体直接到地，没有全部流到另一根线上），此时钳形表测出值为漏电电流值。

3）读数。在读数时，观察并记下表针指在 "ACA（交流电流）" 刻度线的数值，再配合档位数进行综合读数。例如图 3-18a 所示的测量中，表针指在 ACA 刻度线的 3.5 处，此时档位为电流 50A 档，读数时要将 ACA 刻度线最大值 5 看成 50，3.5 则为 35，即被测导线流过的电流值为 35A。

如果被测导线的电流较小，**可以将导线在钳形表的铁心上绕几圈再测量**。如图 3-19 所示，将导线在铁心绕了 2 圈，这样测出的电流值是导线实际电流的 2 倍，图中表针指在 3.5

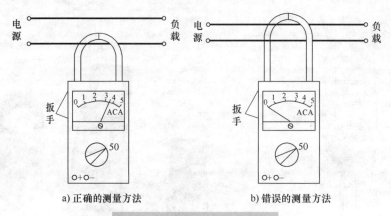

a) 正确的测量方法　　　b) 错误的测量方法

图3-18　钳形表的测量方法

处，档位开关置于"5A"档，导线的实际电流应为 $3.5/2 = 1.75\text{A}$。

现在的大多数钳形表可以在不断开电路的情况下测量电流，还能像万用表一样测电压和电阻。钳形表在测电压和电阻时，需要安装表笔，用表笔接触电路或元器件来进行测量，具体测量方法与万用表一样，这里不再叙述。

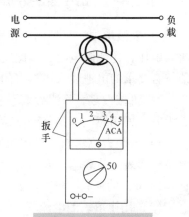

图3-19　钳形表测量小电流的方法

3. 使用注意事项

在使用钳形表时，为了安全和测量准确，需要注意以下事项：

1）在测量时要估计被测电流大小，选择合适的档位，不要用低档位测量大电流。若无法估计电流大小，可先选高档位，如果表针偏转偏小，应选合适的低档位重新测量。

2）在测量导线电流时，每次只能钳入一根导线，若钳入导线后发现有振动和碰撞声，应重新打开钳口，并开合几次，直至噪声消失为止。

3）在测大电流后再测小电流时，也需要开合钳口数次，以消除铁心上的剩磁，以免产生测量误差。

4）在测量时不要切换量程，以免切换时表内线圈瞬间开路，线圈感应出很高的电压而损坏表内的元器件。

5）在测量一根导线的电流时，应尽量让其他的导线远离钳形表，以免受这些导线产生的磁场影响，而使测量误差增大。

6）在测量裸露线时，需要用绝缘物将其他的导线隔开，以免测量时钳形表开合钳口引起短路。

3.4.3　数字式钳形表的使用

1. 实物外形及面板介绍

图3-20是一种常用的数字式钳形表，它除了有钳形表的无须断开电路就能测量交流电流的功能外，**还具有部分数字万用表的功能。**在使用数字万用表的功能时，需要**用到测量表笔。**

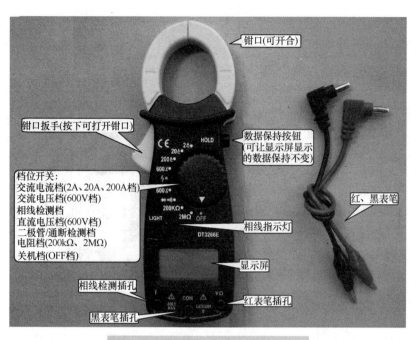

图 3-20　一种常用的数字式钳形表

『学』——打好筑基，做好准备

2. 使用方法

（1）测量交流电流

为了便于用钳形表测量用电设备的交流电流，可按图 3-21 所示制作一个电源插座，利用该插座测量电烙铁的工作电流的操作如图 3-22 所示。

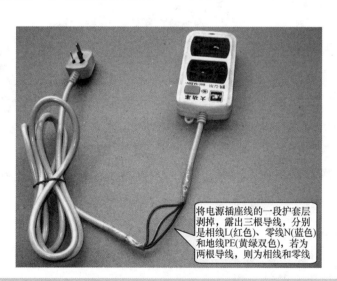

图 3-21　制作一个便于用钳形表测量用电设备的交流电流的电源插座

（2）测量交流电压

用钳形表测量交流电压需要用到测量表笔，测量操作如图 3-23 所示。

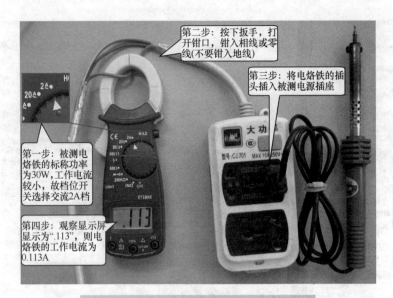

第二步：按下扳手，打开钳口，钳入相线或零线(不要钳入地线)

第三步：将电烙铁的插头插入被测电源插座

第一步：被测电烙铁的标称功率为30W，工作电流较小，故档位开关选择交流2A档

第四步：观察显示屏显示为".113"，则电烙铁的工作电流为0.113A

图 3-22　用钳形表测量电烙铁的工作电流

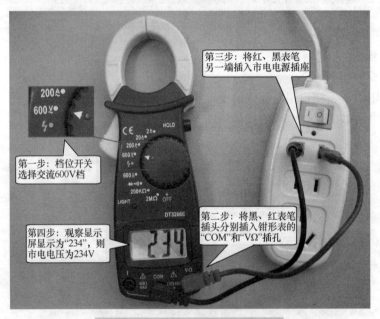

第三步：将红、黑表笔另一端插入市电电源插座

第一步：档位开关选择交流600V档

第二步：将黑、红表笔插头分别插入钳形表的"COM"和"VΩ"插孔

第四步：观察显示屏显示为"234"，则市电电压为234V

图 3-23　用钳形表测量交流电压

（3）判别相线

有的钳形表具有相线检测档，利用该档可以判别出相线。用钳形表的"相线检测"档判别相线的测量操作如图 3-24 所示。

如果数字式钳形表没有相线检测档，也可以用交流电压档来判别相线。在检测时，钳形表选择交流电压 20V 以上的档位，一只手捏着黑表笔的绝缘部位，另一只手将红表笔先后插入电源插座的两个插孔，同时观察显示屏显示的感应电压大小，以显示感应电压值大的一次为准，红表笔插入的为相线插孔。

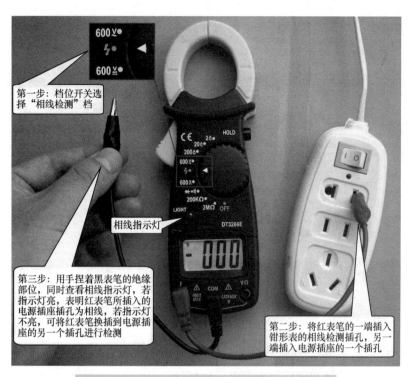

第一步：档位开关选择"相线检测"档

相线指示灯

第三步：用手捏着黑表笔的绝缘部位，同时查看相线指示灯，若指示灯亮，表明红表笔所插入的电源插座插孔为相线，若指示灯不亮，可将红表笔换插到电源插座的另一个插孔进行检测

第二步：将红表笔的一端插入钳形表的相线检测插孔，另一端插入电源插座的一个插孔

图 3-24　用钳形表的"相线检测"档判别相线

3.5　绝缘电阻表

绝缘电阻表是一种测量绝缘电阻的仪表，由于这种仪表的阻值单位通常为兆欧（MΩ），所以常称作兆欧表。绝缘电阻表主要用来**测量电气设备和电气线路**的绝缘电阻。绝缘电阻表可以测量绝缘导线的绝缘电阻，判断电气设备是否漏电等。有些万用表也可以测量兆欧级的电阻，但万用表本身提供的电压低，无法测量高压下电气设备的绝缘电阻，如有些设备在低压下绝缘电阻很大，但电压升高，绝缘电阻很小，漏电很严重，容易造成触电事故。

根据工作和显示方式不同，绝缘电阻表通常可分作三类：**手摇式绝缘电阻表、指针式绝缘电阻表和数字式绝缘电阻表**。

3.5.1　手摇式绝缘电阻表工作原理与使用

1. 实物外形（见图 3-25）

2. 工作原理

手摇式绝缘电阻表主要由磁电式比率计、手摇发电机和测量电路组成，其工作原理示意图如图 3-26 所示。

在使用手摇式绝缘电阻表测量时，将被测电阻按图示的方法接好，然后摇动手摇发电机，发电机产生几百伏至几千伏的高压，并从"+"端输出电流，电流分作 I_1、I_2 两路，I_1 经线圈 1、R_1 回到发电机的"−"端，I_2 经线圈 2、被测电阻 R_x 回到发电机的"−"端。

71

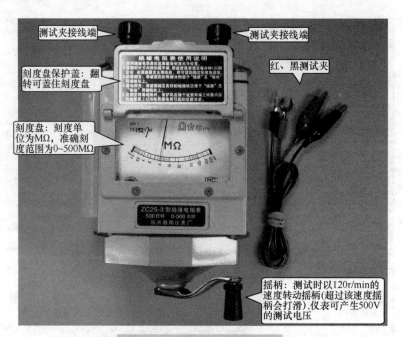

图 3-25　手摇式绝缘电阻表

线圈 1、线圈 2、表针和磁铁组成磁电式比率计。当线圈 1 流过电流时，会产生磁场，线圈产生的磁场与磁铁的磁场相互作用，线圈 1 逆时针旋转，带动表针往左摆动指向 ∞ 处；当线圈 2 流过电流时，表针会往右摆动指向 0。当线圈 1、2 都有电流流过时（两线圈参数相同），若 $I_1 = I_2$，即 $R_1 = R_x$ 时，表针指在中间；若 $I_1 > I_2$，即 $R_1 < R_x$ 时，表针偏左，指示 R_x 的阻值大；若 $I_1 < I_2$，即 $R_1 > R_x$ 时，表针偏右，指示 R_x 的阻值小。

在摇动发电机时，由于摇动时很难保证发电机匀速转动，所以发电机输出的电压和流出的电流是不稳定的，但因为流过两线圈的电流同时变化，如发电机输出电流小时，流过两线圈的电流都会变小，它们受力的比例仍保持不变，故不会影响测量结果。另外，由于发电机会发出几百伏至几千伏的高压，

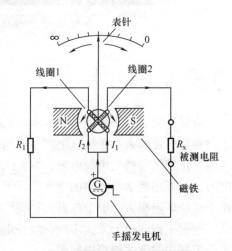

图 3-26　手摇式绝缘电阻表工作原理示意图

它经线圈加到被测物两端，这样测量能真实反映被测物在高压下的绝缘电阻大小。

3. 使用方法

（1）使用前的准备工作

手摇式绝缘电阻表在使用前，要做好以下准备工作：

1）接测量线。 手摇式绝缘电阻表有三个接线端：L 端（LINE：线路测试端）、E 端（EARTH：接地端）和 G 端（GUARD：防护屏蔽端）。如图 3-27 所示，在使用前将两根测试线分别接在手摇式绝缘电阻表的这两个接线端上。一般情况下，只需给 L 端和 E 端接测

试线，G 端一般情况下不用。

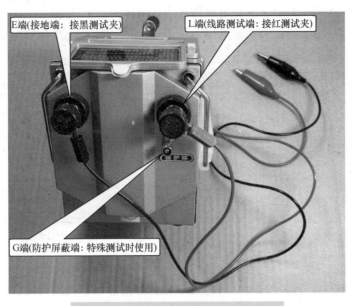

图 3-27　手摇式绝缘电阻表的接线端

2）进行开路实验。让 L 端、E 端之间开路，然后转动手摇式绝缘电阻表的摇柄，使转速达到额定转速（120r/min 左右），这时表针应指在"∞"处，如图 3-28a 所示。若不能指到该位置，则说明手摇式绝缘电阻表有故障。

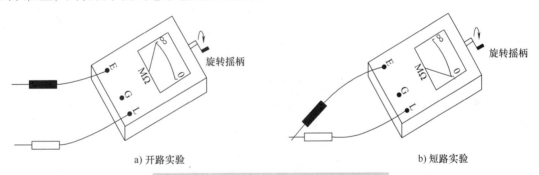

a) 开路实验　　　　　　　　　　　　　　　　b) 短路实验

图 3-28　手摇式绝缘电阻表测量前的实验

3）进行短路实验。将 L 端、E 端测量线短接，再转动手摇式绝缘电阻表的摇柄，使转速达到额定转速，这时表针应指在"0"处，如图 3-28b 所示。

若开路和短路实验都正常，就可以开始用手摇式绝缘电阻表进行测量了。

（2）使用方法

使用手摇式绝缘电阻表测量电气设备绝缘电阻，一般按以下步骤进行：

1）根据被测物额定电压大小来选择相应额定电压的手摇式绝缘电阻表。手摇式绝缘电阻表在测量时，内部发电机会产生电压，但并不是所有的手摇式绝缘电阻表产生的电压都相同，如 ZC25-3 型手摇式绝缘电阻表产生 500V 电压，而 ZC25-4 型手摇式绝缘电阻表能产生 1000V 电压。选择手摇式绝缘电阻表时，要注意其额定电压要较待测电气设备的额定电压高，例如额定电压为380V及以下的被测物，可选用额定电压为500V的手摇式绝缘电阻表来测量。有关手摇式绝缘电阻表的额定电压大小，可查看手摇式绝缘电阻表上的标注或说明书。一些不同额定电压下的被测物及选用的手摇式绝缘电阻表见表3-1。

表3-1　不同额定电压下的被测物及选用的手摇式绝缘电阻表

被测物	被测物的额定电压/V	所选绝缘电阻表的额定电压/V
线圈	<500	500
	≥500	1000
电力变压器和电动机绕组	≥500	1000～2500
发电机绕组	≤380	1000
电气设备	<500	500～1000
	≥500	2500

2）测量并读数。在测量时，切断被测物的电源，将L端与被测物的导体部分连接，E端与被测物的外壳或其他与之绝缘的导体连接，然后转动手摇式绝缘电阻表的摇柄，让转速保持在120r/min左右（允许有20%的转速误差），待表针稳定后进行读数。

（3）使用举例

1）测量电网线间的绝缘电阻。测量示意图如图3-29所示。测量时，先切断220V市电，并断开所有的用电设备的开关，再将手摇式绝缘电阻表的L端和E端测量线分别插入插座的两个插孔，然后摇动摇柄查看表针所指数值。图中表针指在400处，说明电源插座两插孔之间的绝缘电阻为400MΩ。

如果测得电源插座两插孔之间的绝缘电阻很小，如零点几兆欧，则有可能是插座两个插孔之间绝缘性能不好，也可能是两根电网线间绝缘变差，还有可能是用电设备的开关或插座绝缘不好。

2）测量用电设备外壳与线路间的绝缘电阻。这里以测洗衣机外壳与线路间的绝缘电阻为例来说明（电冰箱、空调器等设备的测量方法与之相同）。测量洗衣机外壳与线路间的绝缘电阻示意图如图3-30所示。

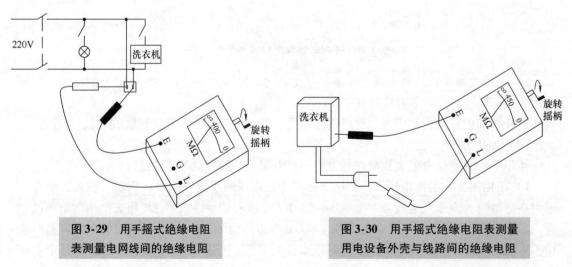

图3-29　用手摇式绝缘电阻表测量电网线间的绝缘电阻　　图3-30　用手摇式绝缘电阻表测量用电设备外壳与线路间的绝缘电阻

测量时，拔出洗衣机的电源插头，将手摇式绝缘电阻表的 L 端测量线接电源插头，E 端测量线接洗衣机外壳，这样测量的是洗衣机的电气线路与外壳之间的绝缘电阻。正常情况下这个阻值应很大，如果测得该阻值小，说明内部电气线路与外壳之间存在着较大的漏电电流，人接触外壳时会造成触电，因此要重点检查电气线路与外壳漏电的原因。

3）测量电缆的绝缘电阻。用手摇式绝缘电阻表测量电缆的绝缘电阻示意图如图 3-31 所示。

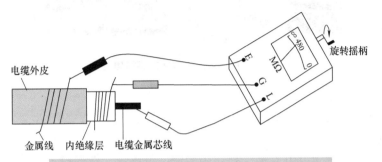

电缆外皮　　　　　旋转摇柄

金属线　内绝缘层　电缆金属芯线

图 3-31　用手摇式绝缘电阻表测量电缆的绝缘电阻

图中的电缆有三部分：电缆金属芯线、内绝缘层和电缆外皮。测这种多层电缆时一般要用到手摇式绝缘电阻表的 G 端。在测量时，分别各用一根金属线在电缆外皮和内绝缘层上绕几圈（这样测量时可使手摇式绝缘电阻表的测量线与外皮、内绝缘层接触更充分），再将 E 端测量线接电缆外皮缠绕的金属线，将 G 端测量线接内绝缘层缠绕的金属线，L 端则接电缆金属芯线。这样连接好后，摇动摇柄即可测量电缆的绝缘电阻。将内绝缘层与 G 端相连，目的是让内绝缘层上的漏电电流直接流入 G 端，而不会流入 E 端，避免了漏电电流影响测量值。

4. 使用注意事项

在使用手摇式绝缘电阻表测量时，要注意以下事项：

1）正确选用适当额定电压的手摇式绝缘电阻表。选用额定电压过高的手摇式绝缘电阻表测量易击穿被测物，选用额定电压低的手摇式绝缘电阻表测量则不能反映被测物的真实绝缘电阻。

2）测量电气设备时，一定要切断设备的电源。切断电源后要等待一定的时间再测量，目的是让电气设备放完残存的电。

3）测量时，手摇式绝缘电阻表的测量线不能绕在一起。这样做的目的是避免测量线之间的绝缘电阻影响被测物。

4）测量时，顺时针由慢到快摇动手柄，直至转速达 120r/min，一般在 1min 后读数（读数时仍要摇动摇柄）。

5）在摇动摇柄时，手不可接触测量线裸露部位和被测物，以免触电。

6）应将被测物表面擦拭干净，不得有污物，以免造成测量数据不准确。

3.5.2　数字式绝缘电阻表的使用

数字式绝缘电阻表是以**数字的形式直观显示被测绝缘电阻的大小**，它与指针式绝缘电阻表一样，测试高压都是由内部升压电路产生的。

1. 实物外形（见图 3-32）

图 3-32　几种常见的数字式绝缘电阻表

2. 使用方法

数字式绝缘电阻表种类很多，使用方法基本相同，下面以 VC60B 型数字式绝缘电阻表为例来说明。

VC60B 型数字式绝缘电阻表是一种使用轻便、量程广、性能稳定，并且能自动关机的测量仪器。这种仪表内部采用电压变换器，可以将 9V 的直流电压变换成 250V/500V/1000V 的直流电压，因此可以测量多种不同额定电压下的电气设备的绝缘电阻。

VC60B 型数字式绝缘电阻表的面板如图 3-33 所示。

（1）测量前的准备工作

在测量前，需要先做好以下准备工作：

1）安装 9V 电池。

2）安插测量线。VC60B 型数字式绝缘电阻表有四个测量线插孔：L端（线路测试端）、G 端（防护或屏蔽端）、E2 端（第 2 接地端）和 E1端（第 1 接地端）。先在 L 端和 G端各安插一条测量线（一般情况下G 端可不安插测量线），另一条测量线可根据仪表的测量电压来选择安插在 E2 端或 E1 端，当测量电压为250V 或 500V 时，测量线应安插在E2 端，当测量电压为 1000V 时，则应插在 E1 端。

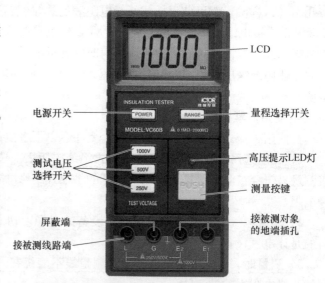

图 3-33　VC60B 型数字式绝缘电阻表的面板

（2）测量过程

VC60B 型数字式绝缘电阻表的一般测量步骤如下：

1）按下"POWER"（电源）开关。

2）选择测试电压。根据被测物的额定电压，按下 1000V、500V 或 250V 中的某一开关来选择测试电压，如被测物用在 380V 电压中，可按下 500V 开关，显示器左下角将会显示"500V"字样，这时仪表会输出 500V 的测试电压。

3）选择量程范围。操作"RANGE"（量程选择）开关，可以选择不同的阻值测量范围，在不同的测试电压下，操作"RANGE"开关选择的测量范围会不同，具体见表 3-2。如测试电压为 500V，按下"RANGE"开关时，仪表可测量 50～1000MΩ 范围内的绝缘电阻；"RANGE"开关处于弹起状态时，可测量 0.1～50MΩ 范围内的绝缘电阻。

表 3-2　不同测试电压下"RANGE"开关选择的测量范围

测 试 电 压	$250 \times (1 \pm 10\%)$ V	$500 \times (1 \pm 10\%)$ V	$1000 \times (1 \pm 10\%)$ V
量程 ▬	0.1～20MΩ	0.1～50MΩ	0.1～100MΩ
量程 ▬	20～500MΩ	50～1000MΩ	100～2000MΩ

4）将仪表的 L 端、E2 端或 E1 端测量线的探针与被测物连接。

5）按下"PUSH"键进行测量。测量过程中，不要松开"PUSH"键，此时显示器的数值会有变化，待稳定后开始读数。

6）读数。读数时要注意，显示器左下角为当前的测试电压，中间为测量的阻值，右下角为阻值的单位。读数完毕，松开"PUSH"键。

在测量时，如显示器显示"1"，表示测量值超出量程，可换高量程档（即按下"RANCE"开关）重新测量。

3.6　交流电压表

交流电压表是一种**用来测量交流电压有效值**的仪表。在强电领域，交流电压表常用来**测量监视线路的电压大小**。

3.6.1　外形

交流电压表有指针式和数字式两种，其外形如图 3-34 所示。

图 3-34　交流电压表

3.6.2　使用

1. 测量线电压和相电压

利用交流电压表测线电压和相电压分别如图 3-35a、b 所示。

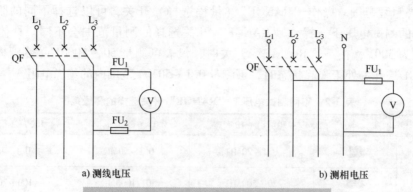

a) 测线电压   b) 测相电压

图 3-35　利用交流电压表测线电压和相电压

2. 一台交流电压表测量三相线电压

利用一台交流电压表测量三相线电压如图 3-36 所示。该测量采用了两个开关 SA_1、SA_2，当 SA_1 置于"1"、SA_2 置于"1"时，电压表测得为 L_2、L_3 之间的线电压，当 SA_1 置于"1"、SA_2 置于"2"时，电压表测得为 L_1、L_2 之间的线电压，当 SA_1 置于"2"、SA_2 置于"2"时，电压表测得为 L_1、L_3 之间的线电压。

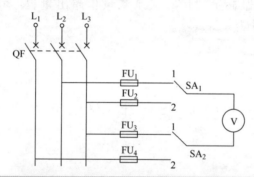

图 3-36　利用一台交流电压表测量三相线电压

3. 交流电压表配合电压互感器测量高电压

如果要用低量程交流电压表来测量高电压，可以使用电压互感器。交流电压表配合电压互感器测量高电压的测量线路如图 3-37 所示，使用电压互感器后，被测高压的实际值应为电压表的指示值×电压互感器的电压比。

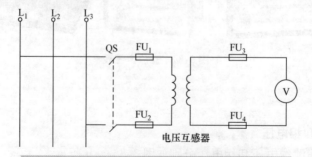

图 3-37　交流电压表配合电压互感器测量高电压

3.7　交流电流表

交流电流表是一种用来**测量交流电流有效值**的仪表。在强电领域，交流电流表常用来**测量线路的电流大小**。

3.7.1　外形

交流电流表有指针式和数字式两种，其外形如图 3-38 所示。

3.7.2　使用

1. 直接测量交流电流

利用交流电流表直接测量交流电流如图 3-39a、b 所示。

图 3-38　交流电流表

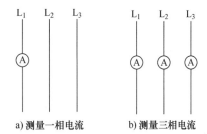

a) 测量一相电流　　　b) 测量三相电流

图 3-39　利用交流电流表直接测量交流电流

2. 利用电流互感器测量一相交流电流

利用电流互感器测量一相交流电流如图 3-40 所示。

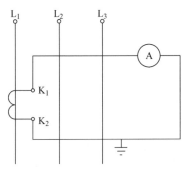

a) 原理图　　　　　　　　　　　b) 接线图

图 3-40　利用电流互感器测量一相交流电流

『学』——打好筑基，做好准备

3. 利用电流互感器测量三相交流电流

利用电流互感器测量三相交流电流如图 3-41 所示。

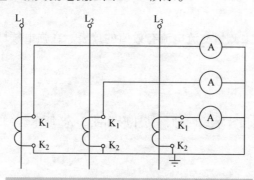

图 3-41　利用电流互感器测量三相交流电流

Chapter 4
第4章

电子元器件

◀◀ ◀◀

4.1 电阻器

电阻器是电子电路中最常用的元器件之一，电阻器简称电阻。电阻器种类很多，通常可以分为三类：**固定电阻器、电位器和敏感电阻器**。

4.1.1 固定电阻器

1. 外形与图形符号

固定电阻器是**一种阻值固定不变的电阻器**。常见固定电阻器的实物外形如图 4-1a 所示，固定电阻器的图形符号如图 4-1b 所示，在图 4-1b 中，上方为国家标准的电阻器符号，下方为国外常用的电阻器符号（在一些国外技术资料中常见）。

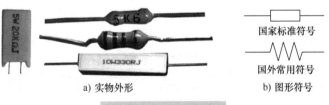

a) 实物外形　　　　　　b) 图形符号

图 4-1　固定电阻器

2. 功能

固定电阻器的主要功能有**降压、限流、分流和分压**。固定电阻器功能说明如图 4-2 所示。

（1）降压、限流

在图 4-2a 所示电路中，电阻器 R_1 与灯泡串联，如果用导线直接代替 R_1，加到灯泡两端的电压有 6V，流过灯泡的电流很大，灯泡将会很亮，串联 R_1 后，由于 R_1 上有 2V 电压，灯泡两端的电压就被降低到 4V，同时由于 R_1 对电流有阻碍作用，流过灯泡的电流也就减小。电阻器 R_1 在这里就起着降压、限流功能。

（2）分流

在图 4-2b 所示电路中，电阻器 R_2 与灯泡并联在一起，流过 R_1 的电流 I 除了一部分流过灯泡外，还有一路经 R_2 流回到电源，这样流过灯泡的电流减小，灯泡变暗。R_2 的这种功

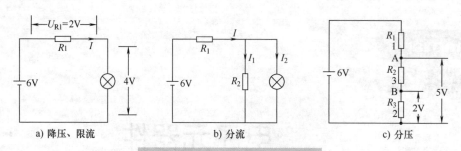

图 4-2　固定电阻器的功能说明

能称为分流。

（3）分压

在图 4-2c 所示电路中，电阻器 R_1、R_2 和 R_3 串联在一起，从电源正极出发，每经过一个电阻器，电压会降低一次，电压降低多少取决于电阻器阻值的大小，阻值越大，电压降低越多，图中的 R_1、R_2 和 R_3 将 6V 电压分成 5V 和 2V 的电压。

3. 标称阻值

为了表示阻值的大小，电阻器在出厂时会在表面标注阻值。标注在电阻器上的阻值称为**标称阻值。电阻器的实际阻值与标称阻值往往有一定的差距，这个差距称为偏差。**电阻器标称阻值和偏差的标注方法主要有**直标法**和**色环法**。

（1）直标法

直标法是指用**文字符号（数字和字母）**在电阻器上直接标注出阻值和偏差的方法。直标法的阻值单位有欧（Ω）、千欧（kΩ）和兆欧（MΩ）。

偏差大小表示一般有两种方式：**一是用罗马数字Ⅰ、Ⅱ、Ⅲ分别表示偏差为 ±5%、±10%、±20%，如果不标注偏差，则偏差为 ±20%；二是用字母来表示，**各字母对应的偏差见表 4-1，如 **J、K 分别表示偏差为 ±5%、±10%**。

表 4-1　字母与阻值偏差对照表

字　　母	对 应 偏 差
W	±0.05%
B	±0.1%
C	±0.25%
D	±0.5%
F	±1%
G	±2%
J	±5%
K	±10%
M	±20%
N	±30%

直标法常见形式主要有以下几种：

1）用"数值 + 单位 + 偏差"表示。例如标注 12kΩ ± 10%、12kΩ Ⅱ、12kΩ10%、12kΩK，虽然误差标注形式不同，但都表示电阻器的阻值为 12kΩ，偏差为 ±10%。

2）用单位代表小数点表示。例如 1k2 表示 1.2kΩ，3M3 表示 3.3MΩ，3R3（或 3Ω3）表示 3.3Ω，R33（或 Ω33）表示 0.33Ω。

3）用"数值+单位"表示。这种标注法没标出偏差，表示偏差为±20%。例如分别标注12kΩ、12k，表示的阻值都为12 kΩ，偏差为±20%。

4）用数字直接表示。一般1kΩ以下的电阻器采用这种形式，例如12表示12Ω，120表示120Ω。

（2）色环法

色环法是指**在电阻器上标注不同颜色圆环来表示阻值和偏差的方法**。图4-3所示的两个电阻器就采用了色环法来标注阻值和偏差，其中一只电阻器上有四条色环，称为四环电阻器，另一只电阻器上有五条色环，称为五环电阻器，五环电阻器的阻值精度较四环电阻器更高。

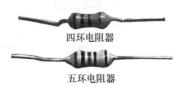

四环电阻器

五环电阻器

图4-3 色环电阻器

1）色环含义。要正确识读色环电阻器的阻值和偏差，须先了解各种色环代表的意义。色环电阻器各色环代表的意义见表4-2。

表4-2 色环电阻器各色环代表的意义

颜 色	第1色环有效数	第2色环有效数	第3色环倍乘数	第4色环允许偏差数
棕	1	1	10^1	±1%
红	2	2	10^2	±2%
橙	3	3	10^3	—
黄	4	4	10^4	—
绿	5	5	10^5	±0.5%
蓝	6	6	10^6	±0.25%
紫	7	7	10^7	±0.1%
灰	8	8	10^8	—
白	9	9	10^9	—
黑	0	0	$10^0=1$	—
金	—	—	10^{-1}	±5%
银	—	—	10^{-2}	±10%
无色	—	—	—	±20%

2）四环电阻器的识读。四环电阻器阻值和偏差的识读如图4-4所示。四环电阻器的识读具体过程如下。

第一步：判别色环排列顺序。四环电阻器色环顺序判别规律如下：

① 四环电阻器的**第四条色环为偏差环，一般为金色或银色**，因此如果靠近电阻器一个引脚的色环颜色为金、银色，该色环必为第四环，从该环向另一引脚方向排列的三条色环顺序依次为三、二、一。

② 对于色环标注标准的电阻器，**一般第四环与第三环间隔较远**。

第二步：识读色环。按照**第一、二环为有效数环，第三环为倍乘数环，第四环为偏差数环**，再对照表4-2各色环代表的数字识读出色环电阻器的阻值和偏差。

③ 五环电阻器的识读。五环电阻器阻值和偏差的识读方法与四环电阻器基本相同，不同在于五环电阻器的**第一、二、三环为有效数环，第四环为倍乘数环，第五环为偏差数环**。另外，五环电阻器的偏差数环颜色除了有金色、银色外，还可能是棕、红、绿、蓝和紫色。五环电阻器的识读如图4-5所示。

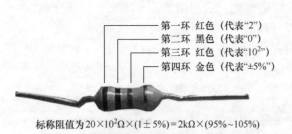

第一环 红色（代表"2"）
第二环 黑色（代表"0"）
第三环 红色（代表"10^2"）
第四环 金色（代表"±5%"）

标称阻值为 $20×10^2Ω×(1±5\%)=2kΩ×(95\%～105\%)$

图 4-4　四环电阻器阻值和偏差的识读

第一环 红色（代表"2"）
第二环 红色（代表"2"）
第三环 黑色（代表"0"）
第四环 红色（代表"10^2"）
第五环 棕色（代表"±1%"）

标称阻值为 $220×10^2Ω×(1±1\%)=22kΩ×(99\%～101\%)$

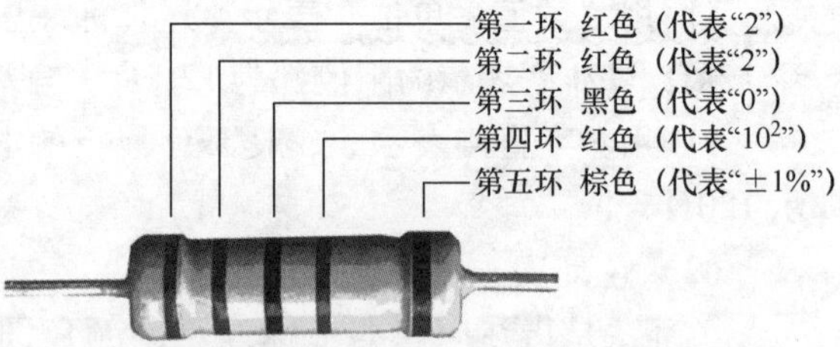

图 4-5　五环电阻器阻值和偏差的识读

4. 额定功率

额定功率是指**在一定的条件下电阻器长期使用允许承受的最大功率**。电阻器额定功率越大，**允许流过的电流越大。**

固定电阻器的额定功率要按国家标准进行标注，其标称系列有 1/8W、1/4W、1/2W、1W、2W、5W 和 10W 等。小电流电路一般采用功率为 1/8～1/2W 的电阻器，而大电流电路常采用 1W 以上的电阻器。

电阻器额定功率的识别方法主要有以下几点：

1）对于标注了功率的电阻器，可根据标注的功率值来识别功率大小。图 4-6a 所示的电阻器标注的额定功率值为 10W，阻值为 330Ω，偏差为 ±5%。

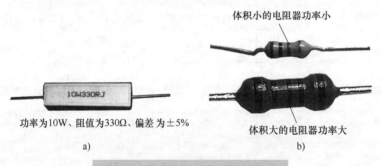

体积小的电阻器功率小

功率为10W、阻值为330Ω、偏差 为±5%

体积大的电阻器功率大

a)　　　　　　　　　　b)

图 4-6　根据标注和体积识别功率

2）对于没有标注功率的电阻器，可根据长度和直径来判别其功率大小。长度和直径值越大，功率越大，图 4-6b 中体积一大一小两个色环电阻器，体积大的电阻器的功率更大。

3）在电路图中，为了表示电阻器的功率大小，一般会在电阻器符号上标注一些标志。电阻器上标注的标志与对应功率值如图 4-7 所示，1W 以下用线条表示，1W 以上的直接用数字表示功率大小（旧标准用罗马数字表示）。

5. 常见故障及检测

固定电阻器常见故障有**开路、短路和变值**。检测固定电阻器使用万用表的**欧姆档**。

在检测时，先识读出电阻器上的标称阻值，然后选用合适的档位并进行欧姆校零，测量时为了减小测量误差，应尽量让万用表表针指在欧姆刻度线中央，若表针在刻度线上过于偏左或偏右时，应切换更大或更小的档位重新测量。

固定电阻器的检测如图 4-8 所示（以测量一只标称阻值为 2kΩ 的色环电阻器为例），具体步骤如下所述：

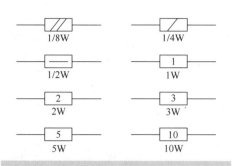

图4-7 电路图中电阻器的功率标注方法

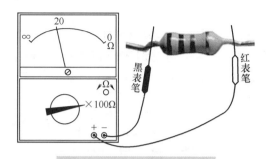

图4-8 固定电阻器的检测

第一步：将万用表的档位开关拨至×100Ω档。

第二步：进行欧姆校零。将红、黑表笔短路，观察表针是否指在欧姆刻度线的"0"刻度处，若未指在该处，应调节欧姆校零旋钮，让表针准确指在"0"刻度处。

第三步：将红、黑表笔分别接电阻器的两个引脚，再观察表针指在欧姆刻度线的位置，图中表针指在刻度"20"，那么被测电阻器的阻值为 $20 \times 100\Omega = 2000\Omega = 2k\Omega$。

若万用表测量出来的阻值与电阻器的标称阻值相同，说明该电阻器正常（若测量出来的阻值与电阻器的标称阻值有些偏差，但在偏差允许范围内，电阻器也算正常）；若测量出来的阻值为∞，说明电阻器开路；若测量出来的阻值为0，说明电阻器短路；若测量出来的阻值大于或小于电阻器的标称阻值，并超出偏差允许范围，说明电阻器变值。

4.1.2 电位器

1. 外形与图形符号

电位器是一种<u>阻值可以通过调节而变化的电阻器</u>，又称可变电阻器。常见电位器的实物外形及其图形符号如图4-9所示。

a) 实物外形   b) 图形符号

图4-9 电位器

2. 结构与原理

电位器种类很多，但结构基本相同，电位器的结构示意图如图4-10所示。

从图4-10中可看出，电位器有A、C、B三个引出极，在A、B极之间连接着一段电阻体，该电阻体的阻值用 R_{AB} 表示，对于一个电位器，R_{AB} 值是固定不变的，该值为电位器的标称阻值，C极连接一个导体滑动片，该滑动片与电阻体接触，A极与C极之间电阻体的阻值用 R_{AC} 表示，B极与C极之间电阻体的阻值用 R_{BC} 表示，$R_{AC} + R_{BC} = R_{AB}$。

当转轴逆时针旋转时，滑动片往B极滑动，R_{BC} 减小，R_{AC} 增大；当转轴顺时针旋转时，滑动片往A极滑动，R_{BC} 增大，R_{AC} 减小，当滑动片移到A极时，$R_{AC} = 0$，而 $R_{BC} = R_{AB}$。

『思』——解答疑难，清除障碍

3. 应用

电位器与固定电阻器一样，都具有**降压、限流和分流**的功能，不过由于电位器具有阻值可调性，故它可随时**调节阻值来改变降压、限流和分流的程度**。电位器的应用说明如图4-11所示。

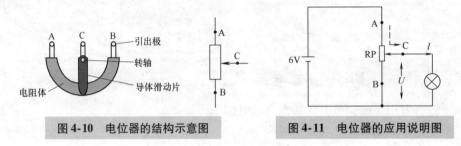

图 4-10　电位器的结构示意图　　　　图 4-11　电位器的应用说明图

在图4-11所示电路中，电位器 RP 的滑动端与灯泡连接，当滑动端向下移动时，灯泡会变暗。灯泡变暗的原因有以下几点：

1）当滑动端下移时，AC 段的阻体变长，R_{AC} 增大，对电流阻碍增大，流经 AC 段阻体的电流减小，从 C 端流向灯泡的电流也随之减少，同时由于 R_{AC} 增大使 AC 段阻体降压增大，加到灯泡电压 U 降低。

2）当滑动端下移时，在 AC 段阻体变长的同时，BC 段阻体变短，R_{BC} 减小，流经 AC 段的电流除了一路从 C 端流向灯泡时，还有一路经 BC 段阻体直接流回电源负极，由于 BC 段电阻变短，分流增大，使 C 端输出流向灯泡的电流减小。

图4-11所示电路中的电位器 AC 段的电阻起限流、降压作用，而 CB 段的电阻起分流作用。

4.1.3　敏感电阻器

敏感电阻器是**指阻值随某些条件改变而变化的电阻器**。敏感电阻器种类很多，常见的有热敏电阻器、光敏电阻器、压敏电阻器、湿敏电阻器、气敏电阻器、力敏电阻器和磁敏电阻器等。

1. 热敏电阻器

（1）外形与图形符号

热敏电阻器是**一种对温度敏感的电阻器，当温度变化时其阻值也会随之变化**。热敏电阻器实物外形和图形符号如图4-12所示。

（2）种类

热敏电阻器种类很多，但通常可分为负温度系数（NTC）热敏电阻器（简称 NTC）和正温度系数（PTC）热敏电阻器（简称 PTC）两大类。

1）NTC。NTC 阻值**随温度升高而减小**。NTC 是由氧化锰、氧化钴、氧化镍、氧化铜和氧化铝等金属氧化物为主要原料制作而成的。根据使用温度条件不同，NTC 可分为低温（-60～300℃）、中温（300～600℃）、高温（>600℃）三种。

NTC 的温度每升高1℃，**阻值会减小 1%～6%**，阻值减小程度视不同型号而定。NTC 广泛用于温度补偿和温度自动控制电路，如电冰箱、空调器、温室等温控系统常采用 NTC 作为测温元件。

2）PTC。PTC 阻值**随温度升高而增大**。PTC 是在钛酸钡中掺入适量的稀土元素制作而成。

PTC 可分为**缓慢型和开关型**。缓慢型 PTC 的温度每升高 1℃，**其阻值会增大 0.5% ~ 8%**。开关型 PTC 有一个转折温度（又称居里点温度，钛酸钡材料 PTC 的居里点温度一般为 120℃左右），当温度低于居里点温度时，**阻值较小，并且温**

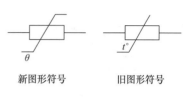

a) 实物外形

b) 图形符号

新图形符号　　　旧图形符号

图 4-12　热敏电阻器

度变化时阻值基本不变（相当于一个闭合的开关），一旦温度超过居里点温度，**其阻值会急剧增大（相当于开关断开）**。缓慢型 PTC 常用在温度补偿电路中，开关型 PTC 由于具有开关性质，常用在开机瞬间接通而后又马上断开的电路中，如彩色电视机的消磁电路和电冰箱的压缩机起动电路就用到开关型 PTC。

（3）应用

热敏电阻器具有温度变化而阻值变化的特点，一般用在与温度有关的电路中。

1）NTC 的应用。在图 4-13a 所示电路中，R_2（NTC）与灯泡相距很近，当开关 S 闭合后，流过 R_1 的电流分作两路，一路流过灯泡，另一路流过 R_2。由于开始 R_2 温度低，阻值大，经 R_2 分掉的电流小，灯泡流过的电流大而很亮。因为 R_2 与灯泡距离近，受灯泡的烘烤而温度上升，阻值变小，分掉的电流增大，流过灯泡的电流减小，灯泡变暗，回到正常亮度。

2）PTC 的应用。在图 4-13b 所示电路中，当合上开关 S 时，有电流流过 R_1（开关型 PTC）和灯泡，由于开始 R_1 温度低，阻值小（相当于开关闭合），流过电流大，灯泡很亮，随着电流流过 R_1，R_1 温度升高，当 R_1 温度达到居里点温度时，R_1 的阻值急剧增大（相当于开关断开），流过的电流很小，灯泡无法被继续点亮而熄灭，在此之后，流过的小电流维持 R_1 为高温高阻值，灯泡一直处于熄灭状

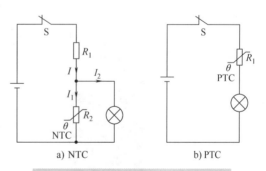

a) NTC

b) PTC

图 4-13　热敏电阻器的应用说明图

态。如果要灯泡重新亮，可先断开 S，然后等待几分钟，让 R_1 冷却下来，然后闭合 S，灯泡会亮一下又熄灭。

（4）检测

热敏电阻器检测分两步，只有两步测量均正常才能说明热敏电阻器正常，在这两步测量时还可以判断出电阻器的类型（NTC 或 PTC）。

热敏电阻器的检测过程如图 4-14 所示。热敏电阻器的检测步骤如下所述：

1）**测量常温下（25℃左右）的标称阻值**。根据标称阻值选择合适的欧姆档，图中的热敏电阻器的标称阻值为 25Ω，故选择 $R \times 1\Omega$ 档，将红、黑表笔分别接热敏电阻器两个电极，然后在刻度盘上查看测得阻值的大小。

若阻值与标称阻值一致或接近，说明热敏电阻器正常；若阻值为0，说明热敏电阻器短路；若阻值为无穷大，说明热敏电阻器开路；若阻值与标称阻值偏差过大，说明热敏电阻器性能变差或损坏。

2）**改变温度测量阻值**。用火焰靠近热敏电阻器（不要让火焰接触电阻器，以免烧坏电阻器），如图4-14b所示，让火焰的热量对热敏电阻器进行加热，然后将红、黑表笔分别接触热敏电阻器两个电极，再在刻度盘上查看测得阻值的大小。

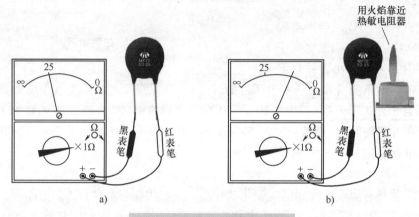

图4-14　热敏电阻器的检测

若阻值与标称阻值比较有变化，说明热敏电阻器正常；若阻值往大于标称阻值方向变化，说明热敏电阻器为PTC；若阻值往小于标称阻值方向变化，说明热敏电阻器为NTC；若阻值不变化，说明热敏电阻器损坏。

2. 光敏电阻器

光敏电阻器是**一种对光线敏感的电阻器，当照射的光线强弱变化时，阻值也会随之变化，通常光线越强，阻值越小**。光敏电阻器外形与图形符号如图4-15所示。

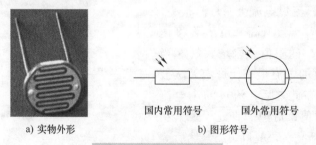

国内常用符号　　国外常用符号

a) 实物外形　　　　b) 图形符号

图4-15　光敏电阻器

根据光的敏感性不同，光敏电阻器可分为可见光光敏电阻器（硫化镉材料）、红外光光敏电阻器（砷化镓材料）和紫外光光敏电阻器（硫化锌材料）。其中硫化镉材料制成的可见光光敏电阻器应用最广泛。

3. 压敏电阻器

压敏电阻器是**一种对电压敏感的特殊电阻器**，当两端电压低于标称电压时，其阻值**接近无穷大**，当两端电压超过标称电压值时，**阻值急剧变小**，如果两端电压回落至标称电压值以下时，其阻值**又恢复到接近无穷大**。压敏电阻器外形与图形符号如图4-16所示。

4. 湿敏电阻器

湿敏电阻器是**一种对湿度敏感的电阻器**，当湿度变化时其阻值**也会随之变化**。湿敏电阻器外形与图形符号如图4-17所示。湿敏电阻器可为正湿度系数湿敏电阻器（阻值随湿度增大而增大）和负湿度系数湿敏电阻器（阻值随湿度增大而减小）。

| a) 实物外形 | b) 图形符号 | a) 实物外形 | b) 图形符号 |

图4-16　压敏电阻器　　　　**图4-17　湿敏电阻器**

5. 气敏电阻器

气敏电阻器是**一种对某种或某些气体敏感的电阻器**，当空气中某种或某些气体含量发生变化时，置于其中的气敏电阻器**阻值就会发生变化**。气敏电阻器的外形与图形符号如图4-18所示。

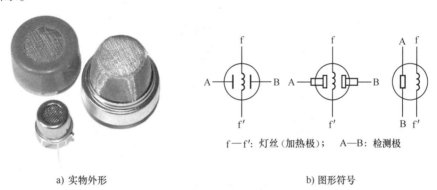

f—f′: 灯丝（加热极）；　　A—B: 检测极

a) 实物外形　　　　　　　　　　　　b) 图形符号

图4-18　气敏电阻器

6. 力敏电阻器

力敏电阻器是**一种对压力敏感的电阻器**，当施加给它的压力变化时，其阻值**也会随之变化**。力敏电阻器外形与图形符号如图4-19所示。

7. 磁敏电阻器

磁敏电阻器是**一种对磁场敏感的电阻器**，当施加给它的磁场强弱发生变化时，其**阻值也会随之变化**。磁敏电阻器外形与图形符号如图4-20所示。磁敏电阻器有**正磁性和负磁性**之分，正磁性磁敏电阻器的阻值**随磁场增强而增大**，负磁性磁敏电阻器的阻值**随磁场增强而减小**。

『思』——解答疑难，清除障碍

89

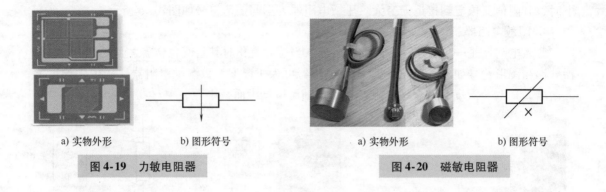

a) 实物外形   b) 图形符号

图 4-19 力敏电阻器

a) 实物外形   b) 图形符号

图 4-20 磁敏电阻器

4.2 电感器

4.2.1 外形与图形符号

将导线在绝缘支架上绕制一定的匝数（圈数）就构成了电感器。常见的电感器的实物外形如图 4-21a 所示。根据绕制的支架不同，电感器可分为**空心电感器（无支架）、磁心电感器（磁性材料支架）和铁心电感器（硅钢片支架）**，它们的图形符号如图 4-21b 所示。

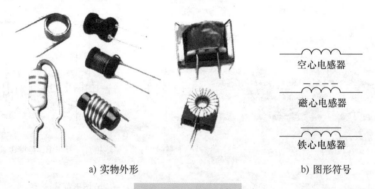

空心电感器

磁心电感器

铁心电感器

a) 实物外形   b) 图形符号

图 4-21 电感器

4.2.2 主要参数与标注方法

1. 主要参数

（1）电感量

电感器由线圈组成，当电感器通过电流时就会产生磁场，电流越大，**产生的磁场越强，穿过电感器的磁场（又称为磁通量 Φ）就越大**。实验证明，穿过电感器的磁通量 Φ 和电感器通入的电流 I 呈正比。**磁通量 Φ 与电流的比值称为自感系数**，又称电感量 L，用公式表示为

$$L = \frac{\Phi}{I}$$

电感量的基本单位为亨利（简称亨），用字母 H 表示，此外还有毫亨（mH）和微亨

（μH），它们之间的关系是

$$1H = 10^3 mH = 10^6 \mu H$$

电感器的电感量大小主要与**线圈的匝数（圈数）、绕制方式和磁心材料**等有关。线圈匝数越多、绕制的线圈越密集，电感量就越大；有磁心的电感器比无磁心的电感量大；电感器的磁心磁导率越高，电感量也就越大。

（2）偏差

偏差是指**电感器上标称电感量与实际电感量的差距**。对于精度要求高的电路，电感器的允许偏差范围通常为 $\pm 0.2\% \sim \pm 0.5\%$，一般的电路可采用偏差为 $\pm 10\% \sim \pm 15\%$ 的电感器。

（3）品质因数

品质因数也称 Q 值，是衡量电感器质量的主要参数。品质因数是指**当电感器两端加某一频率的交流电压时，其感抗 X_L 与直流电阻 R 的比值**。用公式表示为

$$Q = \frac{X_L}{R}$$

从上式可以看出，感抗越大或直流电阻越小，品质因数越大。电感器对交流信号的阻碍称为感抗，其单位为欧姆（Ω）。电感器的感抗大小与**电感量有关，电感量越大，感抗越大**。

提高品质因数既可通过**提高电感器的电感量**来实现，也可通过**减小电感器线圈的直流电阻**来实现。例如粗线圈绕制而成的电感器，直流电阻较小，其 Q 值高；有磁心的电感器较空心电感器的电感量大，其 Q 值也高。

2. 参数标注方法

电感器的参数标注方法主要有直标法和色标法。

（1）直标法

电感器采用直标法标注时，一般会在外壳上标注**电感量、偏差和额定电流值**。

在标注电感量时，通常会将电感量值及单位直接标出。在标注偏差时，分别用 I、II、III 表示 $\pm 5\%$、$\pm 10\%$、$\pm 20\%$。在标注额定电流时，用 A、B、C、D、E 分别表示 50mA、150mA、300mA、0.7A 和 1.6A。

（2）色标法

色标法是**采用色点或色环标在电感器上来表示电感量和偏差的方法**。色码电感器采用色标法标注，其电感量和偏差标注方法同色环电阻器，单位为 μH。色码电感器电感量的识别如图 4-22 所示。

色码电感器的各种颜色含义及代表的数值与**色环电阻器**相同，具体见表 4-2。色码电感器颜色的排列顺序方

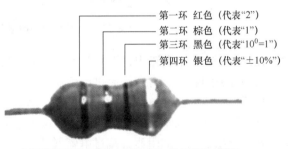

第一环 红色（代表"2"）
第二环 棕色（代表"1"）
第三环 黑色（代表"$10^0=1$"）
第四环 银色（代表"$\pm 10\%$"）

电感量为 $21 \times 1\mu H \times (1 \pm 10\%) = 21\mu H \times (90\% \sim 110\%)$

图 4-22 色码电感器电感量的识别

法也与色环电阻器相同。色码电感器与色环电阻器识读不同仅在于单位不同，色码电感器单位为 μH。图 4-22 所示的色码电感器上标注"红棕黑银"表示电感量为 $21\mu H$，偏差为 $\pm 10\%$。

『思』——解答疑难，清除障碍

4.2.3 性质

电感器的主要性质有**"通直阻交"**和**"阻碍变化的电流"**。

1."通直阻交"特性

电感器的"通直阻交"是指**电感器对通过的直流信号阻碍很小**，直流信号可以很容易通过电感器，而交流信号通过时会受到很大的阻碍。

电感器对通过的交流信号有较大的阻碍，这种阻碍称为感抗，感抗用 X_L 表示，感抗的单位是欧姆（Ω）。电感器的感抗大小与自身的电感量和交流信号的频率有关，感抗大小可以用以下公式计算：

$$X_L = 2\pi fL$$

式中，X_L 表示感抗，单位为 Ω；f 表示交流信号的频率，单位为 Hz；L 表示电感器的电感量，单位为 H。

由上式可以看出，交流信号的频率越高，电感器对交流信号的感抗越大；电感器的电感量越大，对交流信号感抗也越大。

2."阻碍变化的电流"特性

当变化的电流流过电感器时，电感器会产生**自感电动势来阻碍变化的电流**。下面以图4-23所示的两个电路来说明电感器这个性质。

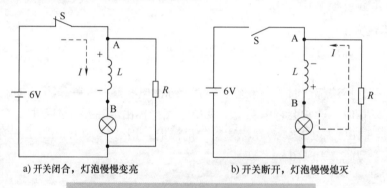

a) 开关闭合，灯泡慢慢变亮   b) 开关断开，灯泡慢慢熄灭

图4-23 电感器"阻碍变化的电流"说明图

在图4-23a 所示电路中，当开关 S 闭合时，灯泡不是马上亮起来，而是慢慢亮起来。这是因为当开关闭合后，有电流流过电感器，这是一个增大的电流（从无到有），电感器马上产生自感电动势来阻碍电流增大，其极性是 A 正 B 负，该电动势使 A 点电位上升，电流从 A 点流入较困难，也就是说电感器产生的这种电动势就对电流有阻碍作用。由于电感器产生 A 正 B 负自感电动势的阻碍，流过电感器的电流不能一下子增大，而是慢慢增大，所以灯泡慢慢变亮，当电流不再增大（即电流大小恒定）时，电感器上的电动势消失，灯泡亮度也就不变了。

在图4-23b 中，如果将开关 S 断开，灯泡不是马上熄灭，而是慢慢暗下来。这是因为当开关断开后，流过电感器的电流突然变为0，也就是说流过电感器的电流突然变小（从有到无），电感器马上产生 A 负 B 正的自感电动势，由于电感器、灯泡和电阻器 R 连接成闭合回路，电感器的自感电动势会产生电流流过灯泡，电流方向是，电感器 B 正→灯泡→电阻器 R→电感器 A 负，开关断开后，该电流维持灯泡继续发光，随着电感器上的电动势逐渐降低，流过灯泡的电流慢慢减小，灯泡也就慢慢变暗。

从上面的电路分析可知，只要流过电感器的电流发生变化（不管是增大还是减小），电感器**都会产生自感电动势**，电动势的方向**总是阻碍电流的变化**。

4.2.4 种类

电感器种类较多，下面主要介绍几种典型的电感器。

1. 可调电感器

可调电感器是指**电感量可以调节的电感器**。可调电感器图形符号如图4-24a所示，常见的可调电感器实物外形如图4-24b所示。

可调电感器是通过调节磁心在

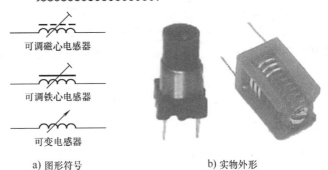

a) 图形符号   b) 实物外形

图4-24 可调电感器

线圈中的位置来改变电感量，磁心进入线圈内部越多，电感器的电感量越大。如果电感器没有磁心，可以通过减少或增多线圈的匝数来降低或提高电感器的电感量。另外，改变线圈之间的**疏密程度**也能调节电感量。

2. 高频扼流圈

高频扼流圈又称高频阻流圈，是**一种电感量很小的电感器**，常用在**高频电路中**，其图形符号如图4-25a所示。

a) 图形符号   b) 高频扼流圈在电路中的作用

图4-25 高频扼流圈

高频扼流圈又分为空心和磁心，空心高频扼流圈多用较粗铜线或镀银铜线绕制而成，可以通过**改变匝数或匝距来**改变电感量；磁心高频扼流圈用铜线在磁心材料上绕制一定的匝数构成，其电感量可以通过**调节磁心在线圈中的位置**来改变。

高频扼流圈在电路中的作用是"阻高频，通低频"。如图4-25b所示，当高频扼流圈输入高、低频信号和直流信号时，高频信号**不能通过，只有低频信号和直流信号能通过**。

3. 低频扼流圈

低频扼流圈又称低频阻流圈，是一种**电感量很大的电感器**，常用在**低频电路中**，其图形符号如图4-26a所示。

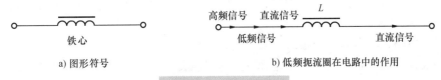

a) 图形符号   b) 低频扼流圈在电路中的作用

图4-26 低频扼流圈

低频扼流圈是用较细的漆包线在铁心（硅钢片）或铜心上绕制很多匝数制成的。低频扼流圈在电路中的作用是"**通直流，阻低频**"。如图4-26b所示，当低频扼流圈输入高、低频信号和直流信号时，高、低频信号均不能通过，只有直流信号才能通过。

4. 色码电感器

色码电感器是**一种高频电感线圈，它是在磁心上绕上一定匝数的漆包线，再用环氧树脂或塑料封装而制成的**。色码电感器的工作频率范围一般在10kHz ~ 200MHz，电感量在0.1 ~ 3300μH。色码电感器是具有固定电感量的电感器，其电感量标注和识读方法与色环电阻器相同，但色码电感器的电感量单位为μH。

4.2.5 检测

电感器的电感量和Q值一般用专门的电感测量仪和Q表来测量，一些功能齐全的万用表也具有电感量测量功能。电感器常见的故障有开路和线圈匝间短路。电感器实际上就是线圈，由于线圈的电阻一般比较小，测量时一般用万用表的$R \times 1\Omega$档，电感器的检测如图4-27所示。

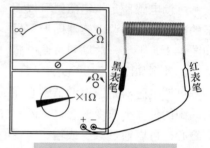

图4-27 电感器的检测

线径粗、匝数少的电感器电阻小，接近于0Ω，线径细、匝数多的电感器阻值较大。在测量电感器时，万用表可以很容易检测出是否开路（开路时测出的电阻为无穷大），但很难判断它是否匝间短路，因为电感器匝间短路时电阻减小很少，解决方法是，当怀疑电感器匝数有短路，万用表又无法检测出来时，可更换新的同型号电感器，故障排除则说明原电感器已损坏。

4.3 电容器

4.3.1 结构、外形与图形符号

电容器是一种可以存储电荷的元件。**相距很近且中间有绝缘介质（如空气、纸和陶瓷等）的两块导电极板就构成了电容器**。电容器的结构、外形与图形符号如图4-28所示。

4.3.2 主要参数

1. 容量与允许偏差

电容器能存储电荷，其**存储电荷的多少称为容量**。这一点与蓄电池类似，不过蓄电池存储电荷的能力比电容器大得多。电容器的容量越大，存储的电荷越多。**电容器的容量大小与下面的因素有关**。

1）两导电极板相对面积。相对面积越大，容量越大。

2）两极板之间的距离。极板相距越近，容量越大。

3）两极板中间的绝缘介质。在极板相对面积和距离相同的情况下，绝缘介质不同的电容器，其容量不同。

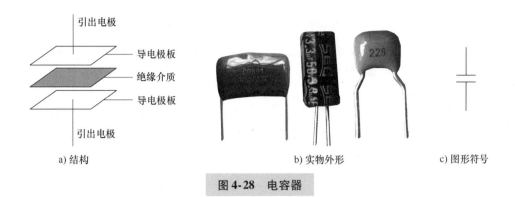

图 4-28　电容器

电容器容量的单位有**法拉（F）、毫法（mF）、微法（μF）、纳法（nF）和皮法（pF）**，它们的关系是

$$1F = 10^3 mF = 10^6 \mu F = 10^9 nF = 10^{12} pF$$

标注在电容器上的容量称为**标称容量**。允许偏差是指**电容器标称容量与实际容量之间允许的最大偏差范围**。

2. 额定电压

额定电压又称电容器的耐压值，它是指**在正常条件下电容器长时间使用两端允许承受的最高电压**。一旦加到电容器两端的电压超过额定电压，两极板之间的绝缘介质容易被击穿而失去绝缘能力，造成两极板直接短路。

3. 绝缘电阻

电容器两极板之间隔着绝缘介质，绝缘电阻用来表示绝缘介质的绝缘程度。绝缘电阻越大，表明**绝缘介质绝缘性能越好**，如果绝缘电阻比较小，绝缘介质绝缘性能下降，就会出现一个极板上的电流会通过绝缘介质流到另一个极板上，这种现象称为漏电。由于绝缘电阻小的电容器存在着漏电，故不能继续使用。

一般情况下，无极性电容器的绝缘电阻为无穷大，而有极性电容器（电解电容器）绝缘电阻也很大，但一般达不到无穷大。

4.3.3　性质

1. "充电"和"放电"性质

"充电"和"放电"是电容器非常重要的性质，下面以图 4-29 所示的电路来说明该性质。

（1）充电

在图 4-29a 所示电路中，当开关 S_1 闭合后，从电源正极输出电流经开关 S_1 流到电容器的金属极板 E 上，在极板 E 上聚集了大量的正电荷，由于金属极板 F 与极板 E 相距很近，又因为同性相斥，所以极板 F 上的正电荷受到很近的极板 E 上正电荷产生的电场排斥而流走，这些正电荷汇合形成电流到达电源的负极，极板 F 上就剩下很多负电荷，结果在电容器的上、下极板就存储了大量的上正下负的电荷（注：金属极板 E、F 常态时不呈电性，但极板上都有大量的正、负荷，只是正、负电荷数相等呈中性）。

电源输出电流流经电容器，在电容器上获得大量电荷的过程称为电容器的"充电"。

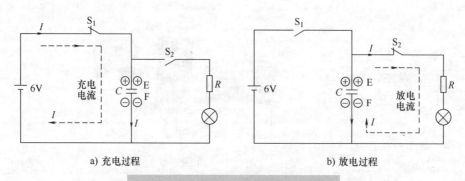

a) 充电过程　　　　　　　　　　　　　　b) 放电过程

图 4-29　电容器充、放电性质说明图

（2）放电

在图 4-29b 所示电路中，先闭合开关 S_1，让电源对电容器 C 充得上正下负的电荷，然后断开 S_1，再闭合开关 S_2，电容器上的电荷开始释放，电荷流经的途径是，电容器极板 E 上的正电荷流出→开关 S_2→电阻器 R→灯泡→极板 F，中和极板 F 上的负电荷。大量的电荷移动形成电流，该电流经灯泡，灯泡发光。随着极板 E 上的正电荷不断流走，正电荷的数量慢慢减少，流经灯泡的电流减少，灯泡慢慢变暗，当极板 E 上先前充得的正电荷全放完后，无电流流过灯泡，灯泡熄灭，此时极板 F 上的负电荷也完全被中和，电容器两极板上先前充得的电荷消失。

<u>电容器一个极板上的正电荷经一定的途径流到另一个极板，中和该极板上负电荷的过程</u><u>称为电容器的"放电"</u>。

电容器充电后两极板上存储了电荷，两极板之间也就有了电压，这就像杯子装水后有水位一样。电容器极板上的电荷数与两极板之间的电压有一定的关系，具体可这样概括：在容量不变的情况下，电容器存储的电荷数与<u>两端电压</u>成正比，即

$$Q = CU$$

式中，Q 表示电荷数，单位为库仑（C）；C 表示容量，单位为法拉（F）；U 表示电容器两端的电压，单位为伏特（V）。这个公式可以从以下几个方面来理解：

1）在容量不变的情况下（C 不变），电容器充得电荷越多（Q 增大），两端电压越高（U 增大）。这就像杯子大小不变时，杯子中装的水越多，杯子的水位越高一样。

2）若向容量一大一小的两只电容器充相同数量的电荷（Q 不变），那么容量小的电容器两端的电压更高（C 小 U 大）。这就像往容量一大一小的两只杯子装入同样多的水时，小杯子中的水位更高一样。

2. "隔直"和"通交"性质

电容器的"隔直"和"通交"是指<u>直流不能通过电容器，而交流能通过电容器</u>。下面以图 4-30 所示的电路来说明电容器的"隔直"和"通交"性质。

（1）隔直

在图 4-30a 所示电路中，电容器与直流电源连接，当开关 S 闭合后，直流电源开始对电容器充电，充电途径是，电源正极→开关 S→电容器上极板获得大量正电荷→通过电荷的排斥作用（电场作用），下极板上的大量正电荷被排斥流出形成电流→灯泡→电源的负极，有电流流过灯泡，灯泡亮。随着电源对电容器不断充电，电容器两端电荷越来越多，两端电压

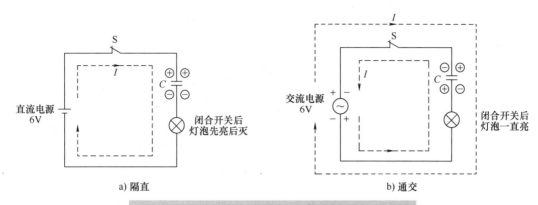

图 4-30   电容器的 "隔直" 和 "通交" 性质说明图

越来越高，当电容器两端电压与电源电压相等时，电源不能再对电容器充电，无电流流到电容器上极板，下极板也就无电流流出，无电流流过灯泡，灯泡熄灭。

以上过程说明：**在刚开始时直流可以对电容器充电而通过电容器，该过程持续时间很短，充电结束后，直流就无法通过电容器，这就是电容器的 "隔直" 性质。**

（2）通交

在图 4-30b 所示电路中，电容器与交流电源连接，通过第 1 章知识可知，交流电的极性是经常变化的，故图 4-30b 所示的交流电源的极性也是经常变化的，一段时间极性是上正下负，下一段时间极性变为下正上负。开关 S 闭合后，当交流电源的极性是上正下负时，交流电源从上端输出电流，该电流对电容器充电，充电途径是，交流电源上端→开关 S→电容器→灯泡→交流电源下端，有电流流过灯泡，灯泡发光，同时交流电源对电容器充得上正下负的电荷；当交流电源的极性变为上负下正时，交流电源从下端输出电流，它经过灯泡对电容器反充电，电流途径是，交流电源下端→灯泡→电容器→开关 S→交流电源上端，有电流流过灯泡，灯泡发光，同时电流对电容器充得上负下正的电荷，这次充得的电荷极性与先前充得的电荷极性相反，它们相互中和抵消，电容器上的电荷消失。当交流电源极性重新变为上正下负时，又可以对电容器进行充电，以后不断重复上述过程。

从上面的分析可以看出，**由于交流电源的极性不断变化，使得电容器充电和反充电（中和抵消）交替进行，从而始终有电流流过电容器，这就是电容器 "通交" 性质。**

（3）电容器对交流有阻碍作用

电容器虽然能通过交流，但对交流也有一定的阻碍，这种阻碍称之为**容抗**，用 X_C 表示，容抗的单位是**欧姆（Ω）**。在图 4-31 所示电路中，两个电路中的交流电源电压相等，灯泡也一样，但由于电容器的容抗对交流阻碍作用，故图 4-31b 中的灯泡要暗一些。

电容器的容抗与**交流信号频率、电容器的容量**有关，交流信号频率**越高**，电容器对交流信号的**容抗越小**，电容器容量**越大**，它对交流信号的容抗**越小**。在图 4-31b 所示电路中，若交流电频率不变，当电容器容量越大，灯泡越亮；或者电容器容量不变，交流电频率越高，灯泡越亮。容抗可用以下式子来计算：

$$X_C = \frac{1}{2\pi f C}$$

式中，X_C 表示容抗；f 表示交流信号频率；π 为常数 3.14。

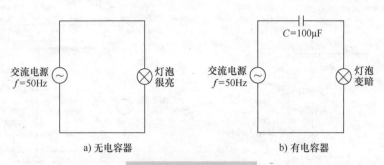

图 4-31 容抗说明图

在图 4-31b 所示电路中，若交流电源的频率 $f=50\mathrm{Hz}$，电容器的容量 $C=100\mu\mathrm{F}$，那么该电容器对交流电的容抗为

$$X_\mathrm{C}=\frac{1}{2\pi fC}=\frac{1}{2\times3.14\times50\mathrm{Hz}\times100\times10^{-6}\mathrm{F}}\approx31.8\Omega$$

4.3.4 种类

1. 固定电容器

固定电容器是指**容量固定不变的电容器**。固定电容器可分为**无极性电容器和有极性电容器**。

（1）无极性电容器

无极性电容器的引脚**无正、负极之分**。无极性电容器的图形符号如图 4-32a 所示，常见无极性电容器外形如图 4-32b 所示。**无极性电容器的容量小，但耐压高**。

（2）有极性电容器

有极性电容器又称电解电容器，引脚**有正、负极之分**。有极性电容器的图形符号如图 4-33a 所示，常见有极性电容器外形如图 4-33b 所示。**有极性电容器的容量大，但耐压较低**。

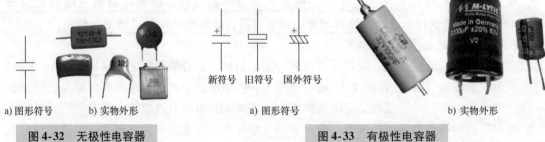

a) 图形符号   b) 实物外形

图 4-32 无极性电容器

新符号 旧符号 国外符号

a) 图形符号   b) 实物外形

图 4-33 有极性电容器

有极性电容器引脚有正、负极之分，在电路中不能乱接，若正、负极位置接错，轻则电容器不能正常工作，重则电容器炸裂。有极性电容器正确的连接方法是，电容器正极接**电路中的高电位**，负极接**电路中的低电位**。

（3）有极性电容器的极性判别

由于有极性电容器有正、负极之分，在电路中又不能乱接，所以在使用有极性电容器前需要判别出正、负极。有极性电容器的正、负极判别方法如下所述：

1）对于未使用过的新电容，可以根据引脚长短来判别。**引脚长的为正极，引脚短的为负极**。

2）根据电容器上标注的极性判别。**电容器上标"＋"为正极，标"－"为负极**。

3）用万用表判别。万用表拨至 $R \times 10 k\Omega$ 档，测量电容器两极之间阻值，正、反各测一次，如图 4-34a 所示，每次测量时表针都会先向右摆动，然后慢慢往左返回，待表针稳定不移动后再观察阻值大小，两次测量会出现阻值一大一小，以**阻值大**的那次为准，如图 4-34b 所示，黑表笔接的为正极，红表笔接的为负极。

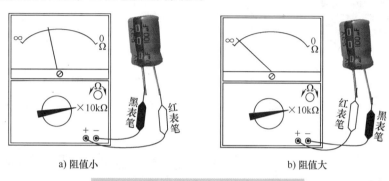

a) 阻值小　　　　　　　　　b) 阻值大

图 4-34　用万用表检测电容器的极性

2. 可变电容器

可变电容器又称可调电容器，是**指容量可以调节的电容器**。可变电容器可分为**微调电容器、单联电容器和多联电容器等**。

（1）微调电容器

1）外形与图形符号。微调电容器又称半可变电容器，通常是指**不带调节手柄的可变电容器**。微调电容器的外形和图形符号如图 4-35 所示。

2）结构原理。微调电容器是由一片动片和一片定片构成。微调电容器的结构示意图如图 4-36 所示，动片与转轴连接在一起，当转动转轴时，动片也随之转动，动、定片的相对面积就会发生变化，电容器的容量就会变化。

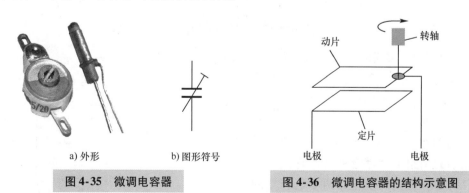

a) 外形　　　　b) 图形符号

图 4-35　微调电容器

图 4-36　微调电容器的结构示意图

（2）单联电容器

1）外形与图形符号。单联电容器是**由多个连接在一起的金属片作定片，以多个与金属**

转轴连接的金属片作动片构成。单联电容器的外形和图形符号如图 4-37 所示。

2）结构原理。单联电容器的结构示意图如图 4-38 所示，它是以多个连接在一起的金属片作定片，而将多个与金属转轴连接的金属片作动片，再将定片与动片的金属片交叉且相互绝缘叠在一起，当转动转轴时，各个定片与动片之间的相对面积就会发生变化，整个电容器的容量就会变化。

『思』——解答疑难，清除障碍

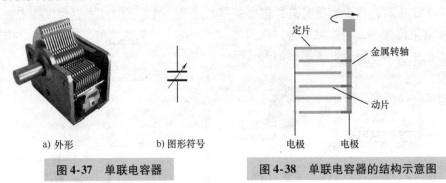

a) 外形　　　　　　b) 图形符号

图 4-37　单联电容器　　　　　　**图 4-38　单联电容器的结构示意图**

（3）多联电容器

1）外形与图形符号。多联电容器是指将**两个或两个以上的可变电容器结合在一起并且可同时调节的电容器**。常见的多联电容器有双联电容器和四联电容器，多联电容器的外形和图形符号如图 4-39 所示。

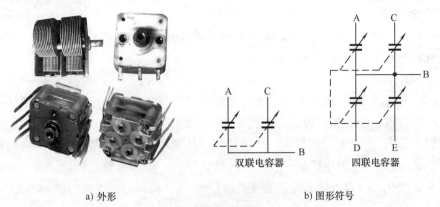

a) 外形　　　　　　　　　　　　　　b) 图形符号

图 4-39　多联电容器

2）结构原理。多联电容器虽然种类较多，但结构大同小异，下面以双联电容器为例进行说明。双联电容器的结构示意图如图 4-40 所示，双联电容器由两组动片和两组定片构成，两组动片都与金属转轴相连，而两组定片都是独立的，当转动转轴时，与转轴联动的两组动片都会移动，它们与各自对应定片的相对面积会同时变化，两个电容器的容量被同时调节。

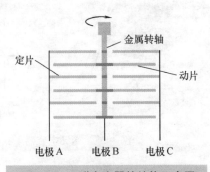

图 4-40　双联电容器的结构示意图

4.3.5 电容器的串联与并联

在使用电容器时，如果无法找到合适容量或耐压的电容器，可将多个电容器进行并联或串联来得到需要的电容器。

1. 电容器的并联

电容器并联是指**两个或两个以上电容器头头相接，尾尾相接**，如图 4-41 所示。

电容器并联后的总容量增大，总容量等于**所有并联电容器的容量之和**，以图 4-41a 所示电路为例，并联后总容量为

$$C = C_1 + C_2 + C_3 = 5\mu F + 5\mu F + 10\mu F = 20\mu F$$

电容器并联后的总耐压以**耐压最小的电容器**的耐压为准，仍以图 4-41a 所示电路为例，C_1、C_2、C_3 耐压不同，其中 C_1 的耐压最小，故并联后电容器的总耐压以 C_1 耐压 6.3V 为准，加在并联电容器两端的电压不能超过 6.3V。

根据上述原则，图 4-41a 所示电路可等效为图 4-41b 所示电路。

2. 电容器的串联

两个或两个以上的电容器在电路中头尾相连就是电容器的串联，如图 4-42 所示。

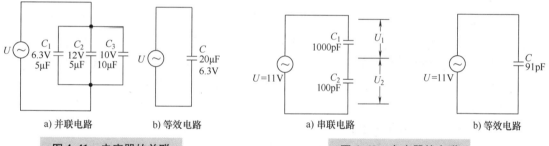

图 4-41　电容器的并联　　　　图 4-42　电容器的串联

电容器串联后总容量减小，总容量比**容量最小电容器**的容量还小。电容器串联后总容量的计算规律是，总容量的倒数等于各电容器容量倒数之和，这与电阻器的并联计算相同，以图 4-42a 所示电路为例，电容器串联后的总容量计算公式为

$$\frac{1}{C} = \frac{1}{C_1} + \frac{1}{C_2} \Rightarrow C = \frac{C_1 C_2}{C_1 + C_2} = \frac{1000pF \times 100pF}{1000pF + 100pF} \approx 91pF$$

所以图 4-42a 所示电路与图 4-42b 所示电路是等效的。

电容器串联后总耐压增大，总耐压较**耐压最低的电容器**的耐压要高。在电路中，串联的各电容器两端承受的电压与容量成反比，即容量越大，在电路中承受电压越低，这个关系可用公式表示：

$$\frac{C_1}{C_2} = \frac{U_2}{U_1}$$

以图 4-42a 所示电路为例，C_1 的容量是 C_2 容量的 10 倍，用上述公式计算可知，C_2 两端承受的电压 U_2 应是 C_1 两端承受电压 U_1 的 10 倍，如果交流电压为 11V，则 $U_1 = 1V$，$U_2 = 10V$，若 C_1、C_2 都是耐压为 6.3V 的电容器，就会出现 C_2 首先被击穿短路（因为它两端承受了 10V 电压），11V 电压马上全部加到 C_1 两端，接着 C_1 被击穿损坏。

当电容器串联时，容量小的电容器应选用耐压**接近或等于电源电压的**，这是因为当电容器串联在电路中时，容量小的电容器在电路中承担的电压较容量大的电容器承担的电压大得多。

4.3.6　容量与偏差的标注方法

1. 容量的标注方法

电容器容量的标注方法很多，下面介绍一些常用的容量标注方法。

（1）直标法

直标法是指**在电容器上直接标出容量值和容量单位**。电解电容器常采用直标法，图4-43a所示的电容器的容量为2200μF，耐压为63V，偏差为±20%，图4-43b所示的电容器的容量为68nF，J表示偏差为±5%。

（2）小数点标注法

容量较大的无极性电容器常采用**小数点标注法**。小数点标注法的容量单位是μF。

有的电容器用μ、n、p来表示小数点，同时指明容量单位。例如，p1、4n7、3μ3分别表示容量0.1pF、4.7nF、3.3μF，如果用R表示小数点，单位则为μF，如R33表示容量是0.33μF。

（3）整数标注法

容量较小的无极性电容器常采用**整数标注法**，单位为pF。若整数末位是0，如标"330"则表示该电容器容量为330pF；若整数末位不是0，如标"103"，则表示容量为10×10^3pF。如果整数末尾是9，不是表示10^9，而是表示10^{-1}，如339表示3.3pF。

（4）色码标注法

色码标注法是指**用不同颜色的色环、色带或色点表示容量大小**的方法，色码标注法的单位为pF。电容器的色码标注法与色环电阻器相同，第1、2色码分别表示**第1、2位有效数**，第3色码表示**倍乘数**，第4色码表示**偏差数**。

图4-44a所示的电容器往引脚方向，色码依次为"棕红橙"，表示容量为$12 \times 10^3 = 12000$pF$=0.012$μF，图4-44b所示的电容器只有两条色码"红橙"，较宽的色码要当成两条相同的色码，该电容器的容量为$22 \times 10^3 = 22000$pF$=0.022$μF。

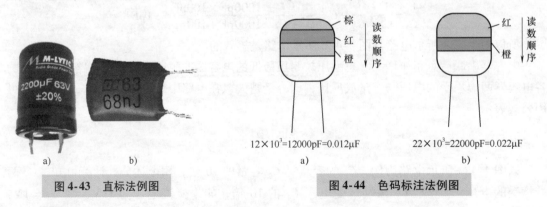

图4-43　直标法例图　　　　图4-44　色码标注法例图

2. 偏差表示法

电容器偏差表示法主要有罗马数字表示法、字母表示法和直接表示法。

（1）罗马数字表示法

罗马数字表示法是<u>在电容器上标注罗马数字来表示偏差大小</u>。这种方法用0、Ⅰ、Ⅱ、Ⅲ分别表示偏差<u>**±2%、±5%、±10%和±20%**</u>。

（2）字母表示法

字母表示法是<u>在电容器上标注字母来表示偏差的大小</u>。字母及其代表的偏差数见表4-3。例如某电容器上标注"K"，表示偏差为±10%。

表4-3 字母及其代表的偏差数

字　　母	允　许　偏　差	字　　母	允　许　偏　差
L	±0.01%	B	±0.1%
D	±0.5%	V	±0.25%
F	±1%	K	±10%
G	±2%	M	±20%
J	±5%	N	±30%
P	±0.02%	不标注	±20%
W	±0.05%		

（3）直接表示法

直接表示法是指<u>在电容器上直接标出偏差数值</u>。如标注"68pF±5pF"表示偏差为±5pF，标注"±20%"表示偏差为±20%，标注"0.033/5"表示偏差为±5%（%号被省掉）。

4.3.7 常见故障及检测

电容器常见的故障有<u>开路、短路和漏电</u>。

1. 无极性电容器的检测

检测时，万用表拨至 $R \times 10k\Omega$ 或 $R \times 1k\Omega$ 档（对于容量小的电容器选 $R \times 10k\Omega$ 档），测量电容器两引脚之间的阻值。如果电容器正常，表针先往右摆动，然后慢慢返回到无穷大处，容量越小向右摆动的幅度越小，该过程如图4-45所示。表针摆动过程实际上就是万用表内部电池通过表笔对被测电容器充电过程，被测电容器容量越小充电越快，表针摆动幅度越小，充电完成后表针就停在无穷大处。

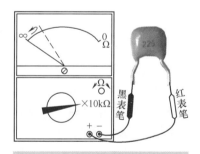

图4-45 无极性电容器的检测

若检测时表针始终停在无穷大处不动，说明电容器不能充电，该电容器开路；若表针能往右摆动，也能返回，但回不到无穷大，说明电容器能充电，但绝缘电阻小，该电容器漏电；若表针始终指在阻值小或0处不动，说明电容器不能充电，并且绝缘电阻很小，该电容器短路。

> **注意：**对于容量小于 $0.01\mu F$ 的正常电容器，在测量时表针可能不会摆动，故无法用万用表判断是否开路，但可以判别是否短路和漏电。如果怀疑容量小的电容器开路，万用表又无法检测时，可找相同容量的电容器代换，如果故障消失，就说明原电容器开路。

2. 有极性电容器的检测

万用表拨至 $R \times 1k\Omega$ 或 $R \times 10k\Omega$ 档（对于容量很大的电容器，可选择 $R \times 100\Omega$ 档），测量电容器正、反向电阻。如果电容器正常，在测正向电阻（黑表笔接电容器正极引脚，红表笔接负极引脚）时，表针先向右作大幅度摆动，然后慢慢返回到无穷大处（用 $R \times 10k\Omega$ 档测量可能到不了无穷大处，但非常接近也是正常的），如图 4-46a 所示；在测反向电阻时，表针也是先向右摆动，也能返回，但一般回不到无穷大处，如图 4-46b 所示。即正常有极性电容器的正向电阻大，反向电阻小，它的检测过程与判别正、负极是一样的。

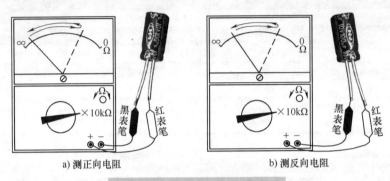

a) 测正向电阻　　　　　　　　　b) 测反向电阻

图 4-46　有极性电容器的检测

若正、反向电阻均为无穷大，表明电容器开路；若正、反向电阻都很小，说明电容器漏电；若正、反向电阻均为 0，说明电容器短路。

4.4　二极管

4.4.1　半导体

导电性能介于**导体与绝缘体**之间的材料称为半导体材料，常见的半导体材料有**硅、锗和硒**等。利用半导体材料可以制作各种各样的半导体器件，如二极管、晶体管、场效应晶体管和晶闸管等都是由半导体材料制作而成的。

1. 半导体的特性

半导体的主要特性有以下几种：

1）掺杂性。当往纯净的半导体中掺入少量某些物质时，半导体的导电性就会大大增强。二极管、晶体管就是用掺入杂质的半导体制成的。

2）热敏性。当温度上升时，半导体的导电能力会增强，利用该特性可以将某些半导体制成热敏器件。

3）光敏性。当有光线照射半导体时，半导体的导电能力也会显著增强，利用该特性可以将某些半导体制成光敏器件。

2. 半导体的类型

半导体主要有三种类型：**本征半导体、N 型半导体和 P 型半导体**。

1）本征半导体。纯净的半导体称为本征半导体，它的导电能力是很弱的，在纯净的半导体中掺入杂质后，导电能力会大大增强。

2）N 型半导体。在纯净半导体中掺入五价杂质（原子核最外层有五个电子的物质，如磷、砷和锑等）后，半导体中会有大量带负电荷的电子（因为半导体原子核最外层一般只有四个电子，所以可理解为当掺入五价元素后，半导体中的电子数偏多），这种电子偏多的半导体称为"N 型半导体"。

3）P 型半导体。在纯净半导体中掺入三价杂质（如硼、铝和镓）后，半导体中电子偏少，有大量的空穴（可以看作正电荷）产生，这种空穴偏多的半导体称为"P 型半导体"。

4.4.2 二极管

1. PN 结的形成

当 P 型半导体（含有大量的正电荷）和 N 型半导体（含有大量的电子）结合在一起时，P 型半导体中的正电荷向 N 型半导体中扩散，N 型半导体中的电子向 P 型半导体中扩散，于是在 P 型半导体和 N 型半导体中间就形成一个特殊的薄层，这个薄层称之为 PN 结，该过程如图 4-47 所示。

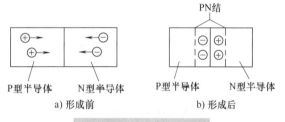

从含有 PN 结的 P 型半导体和 N 型半导体两端各引出一个电极并封装起来就构成了二极管。与 P 型半导体连接的电极称为正极（或阳极），用 "＋" 或 "A" 表示，与 N 型半导体连接的电极称为负极（或阴极），用 "－" 或 "K" 表示。

图 4-47　PN 结的形成

2. 二极管结构、图形符号和外形

二极管内部结构、图形符号和实物外形如图 4-48 所示。

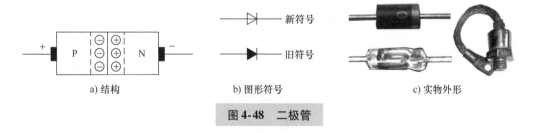

a) 结构　　　　　b) 图形符号　　　　　c) 实物外形

图 4-48　二极管

3. 二极管的性质

（1）性质说明

下面通过分析图 4-49 所示的两个电路来详细介绍二极管的性质。

在图 4-49a 所示电路中，当闭合开关 S 后，发现灯泡会发光，表明有电流流过二极管，二极管导通；而在图 4-49b 所示电路中，当开关 S 闭合后灯泡不亮，说明无电流流过二极管，二极管不导通。通过观察这两个电路中二极管的接法可以发现：在图 4-49a 所示电路中，二极管的正极通过开关 S 与电源的正极连接，二极管的负极通过灯泡与电源负极相连；在图 4-49b 所示电路中，二极管的负极通过开关 S 与电源的正极连接，二极管的正极通过灯

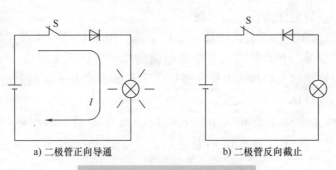

a) 二极管正向导通   b) 二极管反向截止

图 4-49   二极管的性质说明图

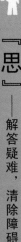

泡与电源负极相连。

由此可以得出这样的结论：**当二极管正极与电源正极连接，负极与电源负极相连时，二极管能导通，反之二极管不能导通。二极管这种单方向导通的性质称为二极管的单向导电性。**

（2）伏安特性曲线

在电子工程技术中，常采用伏安特性曲线来说明元器件的性质。伏安特性曲线又称电压电流特性曲线，它用来说明**元器件两端电压与通过电流的变化规律。**

二极管的伏安特性曲线用来说明**加到二极管两端的电压 U 与通过电流 I 之间的关系。**二极管的伏安特性曲线如图 4-50a 所示，图 4-50b、c 则是为解释伏安特性曲线而画的电路。

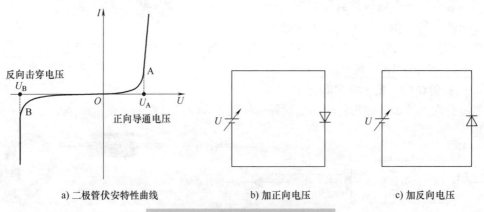

a) 二极管伏安特性曲线   b) 加正向电压   c) 加反向电压

图 4-50   二极管的伏安特性曲线

在图 4-50a 所示的坐标图中，第一象限内的曲线表示二极管的正向特性，第三象限内的曲线则表示二极管的反向特性。下面从两方面来分析伏安特性曲线。

1）正向特性。正向特性是指给二极管加正向电压（二极管正极接高电位，负极接低电位）时的特性。在图 4-50b 所示电路中，电源直接接到二极管两端，此电源电压对二极管来说是正向电压。将电源电压 U 从 0V 开始慢慢调高，在刚开始时，由于电压 U 很低，流过二极管的电流极小，可认为二极管没有导通，只有当正向电压达到图 4-50a 所示的电压 U_A 时，流过二极管的电流急剧增大，二极管才会导通。这里的电压 U_A 称为正向导通电压，又称门电压（或阈值电压），不同材料的二极管，其门电压是不同的，硅材料二极管的门电压为 0.5 ~ 0.7V，锗材料二极管的门电压为 0.2 ~ 0.3V。

从上面的分析可以看出，二极管的正向特性是，**当二极管加正向电压时不一定能导通，只有正向电压达到门电压时，二极管才能导通。**

2）反向特性。反向特性是指给二极管加反向电压（二极管正极接低电位，负极接高电位）时的特性。在图4-50c所示电路中，电源直接接到二极管两端，此电源电压对二极管来说是反向电压。将电源电压U从0V开始慢慢调高，在反向电压不高时，没有电流流过二极管，二极管不能导通。当反向电压达到图4-50a所示电压U_B时，流过二极管的电流急剧增大，二极管反向导通了，这里的电压U_B称为反向击穿电压。反向击穿电压一般很高，远大于正向导通电压，不同型号的二极管反向击穿电压不同，低的十几伏，高的有几千伏。普通二极管反向击穿导通后通常是损坏性的，所以反向击穿导通的普通二极管一般不能再使用。

从上面的分析可以看出，二极管的反向特性是，**当二极管加较低的反向电压时不能导通，但反向电压达到反向击穿电压时，二极管会反向击穿导通。**

4. 二极管的主要参数

（1）最大整流电流I_F

二极管长时间使用时允许流过的最大正向平均电流称为最大整流电流，或称为二极管的额定工作电流。当流过二极管的电流大于最大整流电流时，容易被烧坏。二极管的最大整流电流与**PN结面积、散热条件**有关。PN结面积大的面接触型二极管的I_F大，点接触型二极管的I_F小；金属封装二极管的I_F大，而塑封二极管的I_F小。

（2）最高反向工作电压U_R

最高反向工作电压是指**二极管正常工作时两端能承受的最高反向电压**。最高反向工作电压一般为**反向击穿电压的一半**。在高压电路中需要采用U_R大的二极管，否则二极管易被击穿损坏。

（3）最大反向电流I_R

最大反向电流是指**二极管两端加最高反向工作电压时流过的反向电流**。该值越小，二极管的**单向导电性越佳**。

（4）最高工作频率f_M

最高工作频率是指**二极管在正常工作条件下的最高频率**。如果加给二极管的信号频率高于该频率，二极管将不能正常工作，f_M的大小通常与二极管的PN结面积有关，PN结面积越大，f_M越低，故点接触型二极管的f_M较高，而面接触型二极管的f_M较低。

5. 二极管的极性判别

二极管引脚有正、负极之分，在电路中乱接轻则不能正常工作，重则损坏二极管。二极管极性判别可采用下面一些方法。

（1）根据标注或外形判断极性

为了让人们更好区分出二极管正、负极，有些二极管会在表面标注一定的标志来指示正、负极，有些特殊的二极管，从外形也可看出正、负极。图4-51所示左上方的二极管表面标有二极管符号，其中三角形端对应的电极为正极，另一端为负极；左下方的二极管标有白色圆环的一端为负极；右方的二极管金属螺栓为负极，另一端为正极。

（2）用指针万用表判断极性

对于没有标注极性或无明显外形特征的二极管，可用指针万用表的欧姆档来判断极性。万用表拨至$R \times 100\Omega$或$R \times 1k\Omega$档，测量二极管两个引脚之间的阻值，正、反各测一次，

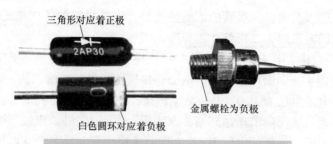

图 4-51　根据标注或外形判断二极管的极性

会出现阻值一大一小，如图 4-52 所示，以阻值小的一次为准，黑表笔接的为二极管的正极，红表笔接的为二极管的负极。

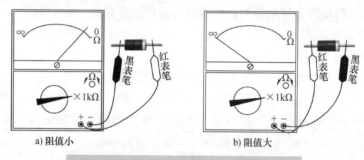

a) 阻值小　　　　　　　　　　　　　b) 阻值大

图 4-52　用指针万用表判断二极管的极性

（3）用数字万用表判断极性

数字万用表与指针万用表一样，也有欧姆档，但由于两者测量原理不同，数字万用表欧姆档无法判断二极管的正、负极（因为测量正、反向电阻时阻值都显示无穷大符号"1"），不过数字万用表有一个二极管专用测量档，可以用该档来判断二极管的极性。用数字万用表判断二极管极性如图 4-53 所示。

a) 未导通　　　　　　　　　　　　b) 导通

图 4-53　用数字万用表判断二极管的极性

在检测判断时，将数字万用表拨至"➤⊢"档（二极管专用测量档），然后红、黑表笔分别接被测二极管的两极，正、反各测一次，测量会出现一次显示"1"，如图 4-53a 所示，另一次显示 100～800 的数字，如图 4-53b 所示，以显示 100～800 数字的那次测量为准，红表笔接的为二极管的正极，黑表笔接的为二极管的负极。

在图 4-53 所示测量中，显示"1"表示二极管未导通，显示"585"表示二极管已导通，并且二极管当前的导通电压为 585mV（即 0.585V）。

6. 二极管常见的故障及检测

二极管常见故障有开路、短路和性能不良。

在检测二极管时，将万用表拨至 $R \times 1k\Omega$ 档，测量二极管正、反向电阻，测量方法与极性判断相同。正常锗材料二极管正向阻值在 $1k\Omega$ 左右，反向阻值在 $500k\Omega$ 以上；正常硅材料二极管正向电阻在 $1 \sim 10k\Omega$，反向电阻为无穷大（注：不同型号万用表测量值略有差距）。也就是说，正常二极管的正向电阻小、反向电阻很大。

若测得二极管正、反电阻均为 0，说明二极管短路；若测得二极管正、反向电阻均为无穷大，说明二极管开路；若测得正、反向电阻差距小（即正向电阻偏大，反向电阻偏小），说明二极管性能不良。

4.4.3 发光二极管

1. 外形与图形符号

发光二极管是一种电-光转换器件，能将电信号转换成光。图 4-54a 所示是一些常见的发光二极管的实物外形，图 4-54b 所示为发光二极管的图形符号。

2. 性质

发光二极管在电路中需要正接才能工作。下面以图 4-55 所示的电路来说明发光二极管的性质。

a) 实物外形　　　　　b) 图形符号

图 4-54　发光二极管　　　　　　**图 4-55　发光二极管的性质说明图**

在图 4-55 所示中，可调电源 E 通过电阻器 R 将电压加到发光二极管 VL 两端，电源正极对应 VL 的正极，负极对应 VL 的负极。将电源 E 的电压由 0 开始慢慢调高，发光二极管两端电压 U_{VL} 也随之升高，在电压较低时发光二极管并不导通，只有 U_{VL} 达到一定值时，发光二极管才导通，此时的电压 U_{VL} 称为发光二极管的导通电压。发光二极管导通后有电流流过就开始发光，流过的电流越大，发出的光越强。

不同颜色的发光二极管，其导通电压一般不同，红外线发光二极管最低，略高于 1V，红光二极管为 $1.5 \sim 2V$，黄光二极管为 2V 左右，绿光二极管为 $2.5 \sim 2.9V$，高亮度蓝光、白光二极管导通电压一般达到 3V 以上。发光二极管正常工作时的电流较小，小功率的发光二极管工作电流一般为 $5 \sim 30mA$，若流过发光二极管的电流过大，容易被烧坏。发光二极管的反向耐压也较低，一般在 10V 以下。

3. 检测

发光二极管的检测包括极性检测和好坏检测。

（1）极性检测

对于未使用过的发光二极管，引脚长的为**正极**，引脚短的为**负极**。发光二极管与普通二极管一样具有单向导电性，即正向电阻小，反向电阻大。根据这一点可以用万用表来判别发光二极管的极性。

由于发光二极管的导通电压在 1.5V 以上，而万用表选择 $R \times 1\Omega \sim R \times 1k\Omega$ 档时，内部使用 1.5V 电池，它所提供的电压无法使发光二极管正向导通，故检测发光二极管极性时，万用表应选择 $R \times 10k\Omega$ 档，红、黑表笔分别接发光二极管两个引脚，正、反各测一次，两次测量阻值会出现一大一小，以阻值小的那次为准，黑表笔接的引脚为正极，红表笔接的引脚为负极。

（2）好坏检测

在检测发光二极管好坏时，万用表选择 $R \times 10k\Omega$ 档，测量两个引脚之间的正、反向电阻。若发光二极管正常，正向电阻小，反向电阻大（接近无穷大）；若正、反向电阻均为无穷大，则**发光二极管开路**；若正、反向电阻均为 0，则**发光二极管短路**；若反向电阻偏小，则**发光二极管反向漏电**。

4.4.4 光敏二极管

1. 外形与图形符号

光敏二极管是**一种光-电转换器件，能将光转换成电信号**。图 4-56a 所示是一些常见光敏二极管的实物外形，图 4-56b 所示为光敏二极管的图形符号。

2. 性质

光敏二极管**在电路中需要反向连接才能正常工作**。下面以图 4-57 所示的电路来说明光敏二极管的性质。在图 4-57 所示电路中，当无光线照射时，光敏二极管 VLC 不导通，无电流流过发光二极管 VLE，VLE 不亮。如果用光线照射 VLC，VLC 反向导通，电源输出的电流经 VLC 流过发光二极管 VLE，VLE 亮，照射光敏二极管的光越强，光敏二极管导通程度越深，自身的电阻变得越小，经它流到发光二极管的电流越大，发光二极管发出的光越亮。

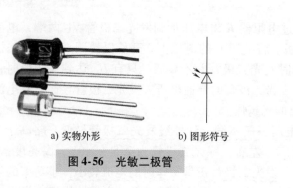

a) 实物外形　　b) 图形符号

图 4-56　光敏二极管

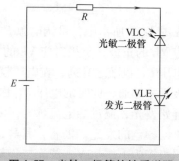

图 4-57　光敏二极管的性质说明

4.4.5 稳压二极管

1. 外形与图形符号

稳压二极管又称齐纳二极管或反向击穿二极管，在电路中起**稳压作用**。稳压二极管的实物外形和图形符号如图4-58所示。

2. 工作原理

在电路中，稳压二极管可以稳定电压。**要让稳压二极管起稳压作用，须将它反接在电路中（即稳压二极管的负极接电路中的高电位处，正极接低电位处），**稳压二极管在电路中正接时的性质与普通二极管相同。下面以图4-59所示的电路来说明稳压二极管的稳压原理。

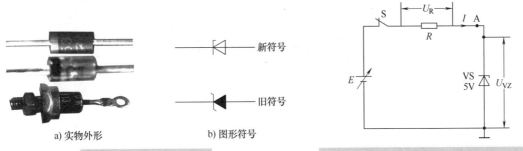

a) 实物外形　　　　b) 图形符号

图 4-58　稳压二极管

图 4-59　稳压二极管的稳压原理说明图

图4-59电路中的稳压二极管VZ的稳压值为5V，若电源电压低于5V，当闭合开关S时，VZ反向不能导通，无电流流过电阻器R，$U_R = IR = 0$，电源电压在经电阻器R时，R上没有电压降，故A点电压与电源电压相等，VZ两端的电压U_{VZ}与电源电压也相等，例如$E = 4V$时，U_{VZ}也为4V，电源电压在0~5V变化时，U_{VZ}会随之变化。也就是说，当加到稳压二极管两端电压低于它的稳压值时，稳压二极管处于截止状态，无稳压功能。

若电源电压超过稳压二极管稳压值，如$E = 8V$，当闭合开关S时，8V电压通过电阻器R送到A点，该电压超过稳压二极管的稳压值，VZ马上反向击穿导通，有电流流过电阻器R和稳压二极管VZ，电流在流过电阻器R时，R上会有3V的电压降（即$U_R = 3V$），稳压二极管VZ两端的电压$U_{VZ} = 5V$。若调节电源E使电压由8V上升到10V时，由于电压的升高，流过R和VZ的电流都会增大，因流过R的电流增大，R上的电压U_R也随之增大，由3V上升到5V，而稳压二极管VZ上的电压维持5V不变。

稳压二极管的稳压原理可概括为：当外加电压低于稳压二极管稳压值时，稳压二极管不能导通，无稳压功能；当外加电压高于稳压二极管稳压值时，稳压二极管反向击穿导通，两端电压保持不变，其大小等于稳压值（注：为了保护稳压二极管并使其具有良好的稳压效果，必须要给稳压二极管串接限流电阻）。

3. 应用

稳压二极管在电路通常有两种应用连接方式，如图4-60所示。

在图4-60a所示电路中，输出电压U_o取自稳压二极管VZ两端，故$U_o = U_{VZ}$，当电源电压上升时，由于稳压二极管的稳压作用，U_{VZ}稳定不变，输出电压U_o也不变。也就是说，在电源电压变化的情况下，稳压二极管两端电压仍保持不变，该稳定不变的电压可供给其他电路，使电路能稳定正常工作。

在图4-60b所示电路中，输出电压取自限流电阻器R两端，当电源电压上升时，稳压二极管两端电压U_{VZ}不变，限流电阻器R两端电压上升，故输出电压U_o也上升。稳压二极管按这种接法是不能为电路提供稳定电压的。

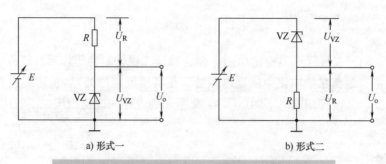

a) 形式一　　　　　　　　　b) 形式二

图 4-60　稳压二极管在电路中的两种应用连接形式

4.5　晶体管

4.5.1　外形与图形符号

晶体管俗称三极管，是**一种具有放大功能的半导体器件**。图 4-61a 所示是一些常见的晶体管实物外形，晶体管的图形符号如图 4-61b 所示。

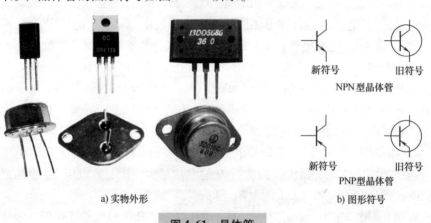

新符号　　　　旧符号

NPN 型晶体管

新符号　　　　旧符号

PNP 型晶体管

a) 实物外形　　　　　　　　　b) 图形符号

图 4-61　晶体管

4.5.2　结构

晶体管有**PNP 型和 NPN 型两种**。PNP 型晶体管的构成如图 4-62 所示。

将两个 P 型半导体和一个 N 型半导体按图 4-62a 所示的方式结合在一起，两个 P 型半导体中的正电荷会向中间的 N 型半导体中移动，N 型半导体中的负电荷会向两个 P 型半导体移动，结果在 P、N 型半导体的交界处形成 PN 结，如图 4-62b 所示。

在两个 P 型半导体和一个 N 型半导体上通过连接导体各引出一个电极，然后封装起来就构成了晶体管。晶体管三个电极分别称为**集电极（用 c 或 C 表示）、基极（用 b 或 B 表示）和发射极（用 e 或 E 表示）**。PNP 型晶体管的图形符号如图 4-62c 所示。

晶体管内部有两个 PN 结，其中基极和发射极之间的 PN 结称为**发射结**，基极与集电极之间的 PN 结称为**集电结**。两个 PN 结将晶体管内部分作三个区，与发射极相连的区称为发射区，与基极相连的区称为基区，与集电极相连的区称为集电区。发射区的半导体掺入杂质

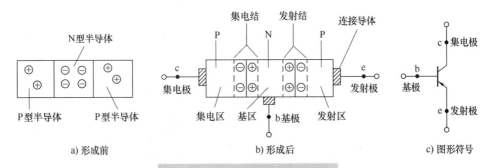

图 4-62 PNP 型晶体管的构成

多，故有大量的电荷，便于发射电荷；集电区掺入的杂质少且面积大，便于收集发射区送来的电荷；基区处于两者之间，发射区流向集电区的电荷要经过基区，故基区可控制发射区流向集电区电荷的数量，基区就像设在发射区与集电区之间的关卡。

NPN 型晶体管的构成与 PNP 型晶体管类似，是由两个 N 型半导体和一个 P 型半导体构成。具体如图 4-63 所示。

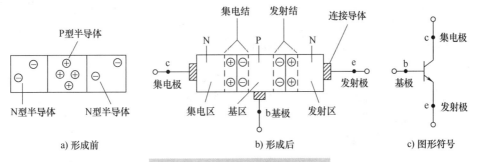

图 4-63 NPN 型晶体管的构成

4.5.3 电流、电压规律

单独的晶体管是无法正常工作的，在电路中需要为晶体管各极提供电压，让它内部有电流流过，这样的晶体管才具有放大能力。**为晶体管各极提供电压的电路称为偏置电路。**

1. PNP 型晶体管的电流、电压规律

图 4-64a 所示为 PNP 型晶体管的偏置电路，从图 4-64b 所示电路中可以清楚地看出晶体管内部电流情况。

（1）电流关系

在图 4-64 所示电路中，当闭合电源开关 S 后，电源输出的电流马上流过晶体管，晶体管导通。**流经发射极的电流称为 I_e 电流，流经基极的电流称 I_b 电流，流经集电极的电流称为 I_c 电流。**

从图 4-64b 可以看出，流入晶体管的 I_e 电流在内部分成 I_b 和 I_c 电流，即发射极流入的 I_e 电流在内部分成 I_b 和 I_c 电流，分别从基极和发射极流出。

不难看出，PNP 型晶体管的 I_e、I_b、I_c 电流的关系是 $I_b + I_c = I_e$，并且 I_c 电流要远大于 I_b 电流。

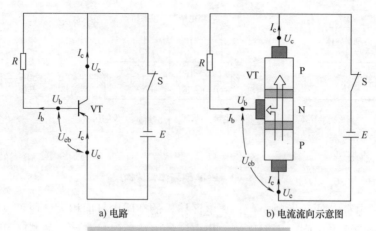

a) 电路　　　　　　　　　　b) 电流流向示意图

图 4-64　PNP 型晶体管的偏置电路

（2）电压关系

在图 4-64 所示电路中，PNP 型晶体管 VT 的发射极直接接电源正极，集电极直接接电源的负极，基极通过电阻 R 接电源的负极。根据电路中电源正极电压最高、负极电压最低可判断出，晶体管发射极电压 U_e 最高，集电极电压 U_c 最低，基极电压 U_b 处于两者之间。

PNP 型晶体管 U_e、U_b、U_c 电压之间的关系是

$$U_e > U_b > U_c$$

$U_e > U_b$ 使发射区的电压较基区的电压高，两区之间的发射结（PN 结）导通，这样发射区大量的电荷才能穿过发射结到达基区。晶体管发射极与基极之间的电压（电位差）$U_{eb}(U_{eb} = U_e - U_b)$ 称为发射结正向电压。

$U_b > U_c$ 可以使集电区电压较基区电压低，这样才能使集电区有足够的吸引力（电压越低，对正电荷吸引力越大），将基区内大量电荷吸引穿过集电结而到达集电区。

2. NPN 型晶体管的电流、电压规律

图 4-65 所示为 NPN 型晶体管的偏置电路。从图中可以看出，NPN 型晶体管的集电极接电源的正极，发射极接电源的负极，基极通过电阻接电源的正极，这与 PNP 型晶体管连接正好相反。

（1）电流关系

在图 4-65 所示电路中，当开关 S 闭合后，电源输出的电流马上流过晶体管，晶体管导通。流经发射极的电流称为 I_e 电流，流经基极的电流称 I_b 电流，流经集电极的电流称为 I_c 电流。

从图 4-65b 中不难看出，NPN 型晶体管 I_e、I_b、I_c 电流的关系是 **$I_b + I_c = I_e$**，并且 I_c 电流要<u>远大于</u> I_b 电流。

（2）电压关系

在图 4-65 所示电路中，NPN 型晶体管的集电极接电源的正极，发射极接电源的负极，基极通过电阻接电源的正极。故 NPN 型晶体管 U_e、U_b、U_c 电压之间的关系是

$$U_e < U_b < U_c$$

$U_c > U_b$ 可以使基区电压较集电区电压低，这样基区才能将集电区的电荷吸引穿过集电结而到达基区。

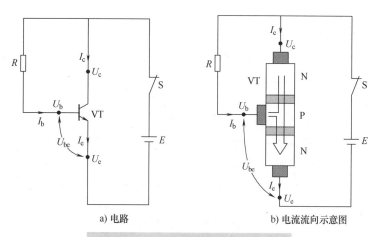

a) 电路 　　　　　　　　　　b) 电流流向示意图

图 4-65　NPN 型晶体管的偏置电路

$U_b > U_e$ 可以使发射区的电压较基极的电压低，两区之间的发射结（PN 结）导通，基区的电荷才能穿过发射结到达发射区。

NPN 型晶体管基极与发射极之间的电压 U_{be}（$U_{be} = U_b - U_e$）称为发射结正向电压。

4.5.4　放大原理

晶体管在电路中主要起**放大作用**，下面以图 4-66 所示的电路来说明晶体管的放大原理。

给晶体管的三个极接上三个毫安表 mA_1、mA_2 和 mA_3，分别用来测量 I_e、I_b、I_c 电流的大小。RP 电位器用来调节 I_b 的大小，如 RP 滑动端下移时阻值变小，RP 对晶体管基极流出的 I_b 电流阻碍减小，I_b 增大。当调节 RP 改变 I_b 大小时，I_c、I_e 也会变化，表 4-4 列出了调节 RP 时毫安表测得的三组数据。

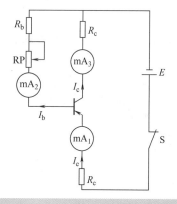

图 4-66　晶体管的放大原理说明图

表 4-4　三组 I_e、I_b、I_c 电流数据

电流类型	第　一　组	第　二　组	第　三　组
基极电流 I_b/mA	0.01	0.018	0.028
集电极电流 I_c/mA	0.49	0.982	1.972
发射极电流 I_e/mA	0.5	1	2

从表 4-4 可以看出以下几点：

1）不论哪组测量数据都遵循 $I_b + I_c = I_e$。

2）当 I_b 变化时，I_c 也会变化，并且 I_b 有微小的变化，I_c 却有很大的变化。如 I_b 由 0.01mA 增大到 0.018mA，变化量为 0.008mA，I_c 则由 0.49mA 变化到 0.982mA，变化量为 0.492mA，I_c 变化量是 I_b 变化量的 62 倍（0.492/0.008≈62）。

也就是说，当晶体管的基极电流 I_b 有微小的变化时，集电极电流 I_c 会有**很大的变化**，I_c 的变化量是**I_b 变化量的很多倍**，这就是晶体管的放大原理。

4.5.5 三种状态说明

晶体管的状态有三种：**截止、放大和饱和**。下面通过图4-67所示的电路来说明晶体管的三种状态。

1. 三种状态下的电流特点

当开关S处于断开状态时，晶体管VT的基极供电切断，无I_b流入，晶体管内部无法导通，I_c无法流入晶体管，晶体管发射极也就没有I_e流出。**晶体管无I_b、I_c、I_e电流流过的状态（即I_b、I_c、I_e都为0）**称为截止状态。

当开关S闭合后，晶体管VT的基极有I_b流入，晶体管内部导通，I_c从集电极流入晶体管，在内部I_b、I_c汇合后形成I_e从发射极流出。此时调节电位器RP，I_b变化，I_c也会随之变化，例如当RP滑动端下移时，其阻值减小，I_b增大，I_c也增大，两者满足$I_c = \beta I_b$的关系。**晶体管有I_b、I_c、I_e流过且满足$I_c = \beta I_b$的状态称为放大状态。**

当开关S处于闭合状态时，如果将电位器RP的阻值不断调小，晶体管VT的基极电流I_b就会不断增大，I_c也随之不断增大，当I_b、I_c增大到一定程度时，I_b再增大，I_c不会随之再增大，而是保持不变，此时$I_c < \beta I_b$。**晶体管有很大的I_b、I_c、I_e电流流过且满足$I_c < \beta I_b$的状态称为饱和状态。**

综上所述，当晶体管处于截止状态时，无I_b、I_c、I_e通过；当晶体管处于放大状态时，有I_b、I_c、I_e通过，并且I_b变化时I_c也会变化（即I_b可以控制I_c），晶体管具有放大功能；当晶体管处于饱和状态时，有很大的I_b、I_c、I_e通过，I_b变化时I_c不会变化（即I_b无法控制I_c）。

2. 三种状态下PN结的特点和各极电压关系

晶体管内部有集电结和发射结，在不同状态下这两个PN结的特点是不同的。由于PN结的结构与二极管相同，在分析时为了方便，可将晶体管的两个PN结画成二极管的符号。图4-68所示为NPN型和PNP型晶体管的PN结示意图。

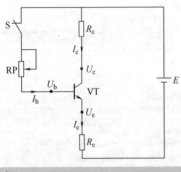

图4-67 晶体管的三种状态说明图

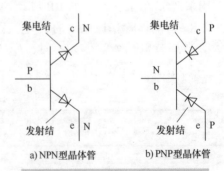

a) NPN型晶体管 b) PNP型晶体管

图4-68 晶体管的PN结示意图

当晶体管处于不同的状态时，集电结和发射结也有相对应的特点。不论NPN型或PNP型晶体管，在三种状态下的发射结和集电结特点如下：

1）处于放大状态时，发射结正偏导通，集电结反偏。

2）处于饱和状态时，发射结正偏导通，集电结也正偏。

3）处于截止状态时，发射结反偏或正偏但不导通，集电结反偏。

正偏是指**PN结的P端电压高于N端电压**，正偏导通除了要满足PN结的P端电压大于N端电压外，还要求电压要大于门电压（0.2~0.3V或0.5~0.7V），这样才能让PN结导通。反偏是指**PN 结的 N 端电压高于 P 端电压**。

例如在图 4-69a 所示电路中，NPN 型晶体管 VT 的 $U_c = 4V$、$U_b = 2.5V$、$U_e = 1.8V$，其中 $U_b - U_e = 0.7V$ 使发射结正偏导通，$U_c > U_b$ 使集电结反偏，该晶体管处于放大状态。

又如在图 4-69b 所示电路中，NPN 型晶体管 VT 的 $U_c = 4.7V$、$U_b = 5V$、$U_e = 4.3V$，$U_b - U_e = 0.7V$ 使发射结正偏导通，$U_b > U_c$ 使集电结正偏，晶体管处于饱和状态。

再如在图 4-69c 所示电路中，PNP 型晶体管 VT 的 $U_c = 0V$、$U_b = 6V$、$U_e = 6V$，$U_b - U_e = 0V$ 使发射结零偏不导通，$U_b > U_c$ 集电结反偏，晶体管处于截止状态。从该电路的电流情况也可以判断出晶体管是截止的，假设 VT 可以导通，从电源正极输出的 I_e 经 R_e 从发射极流入，在内部分成 I_b、I_c，I_b 从基极流出后就无法继续流动（不能通过 RP 返回到电源的正极，因为电流只能从高电位往低电位流动），所以 VT 的 I_b 实际上是不存在的，无 I_b，也就无 I_c，故 VT 处于截止状态。

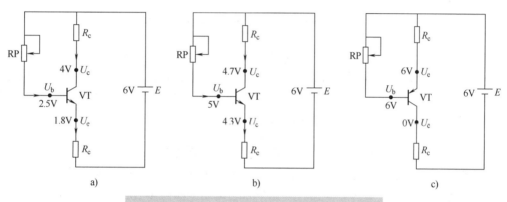

图 4-69　根据 PN 结的情况推断晶体管的状态

晶体管三种状态的各种特点见表 4-5。

3. 三种状态的应用说明

晶体管处于不同状态时可以实现不同的功能。当晶体管处于放大状态时，可以对**信号进行放大**，当晶体管处于饱和与截止状态时，可以**当成电子开关使用**。

（1）放大状态的应用

在图 4-70a 所示电路中，电阻 R_1 的阻值很大，流进晶体管基极的电流 I_b 较小，从集电极流入的 I_c 也不是很大，I_b 变化时 I_c 也会随之变化，故晶体管处于放大状态。

表 4-5　晶体管三种状态的特点

	放　　大	饱　　和	截　　止
电流关系	I_b、I_c、I_e 大小正常，且 $I_c = \beta I_b$	I_b、I_c、I_e 很大，且 $I_c < \beta I_b$	I_b、I_c、I_e 都为 0
PN 结特点	发射结正偏导通，集电结反偏	发射结正偏导通，集电结正偏	发射结反偏或正偏不导通，集电结反偏
电压关系	对于 NPN 型晶体管，$U_c > U_b > U_e$；对于 PNP 型晶体管，$U_e > U_b > U_c$	对于 NPN 型晶体管，$U_b > U_c > U_e$；对于 PNP 型晶体管，$U_e > U_c > U_b$	对于 NPN 型晶体管，$U_c > U_b$，$U_b < U_e$ 或 U_{be} 小于门电压；对于 PNP 型晶体管，$U_c < U_b$，$U_b > U_e$ 或 U_{eb} 小于门电压

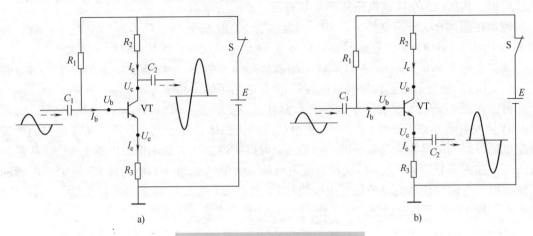

图4-70　晶体管放大状态的应用

当闭合开关S后，有 I_b 通过 R_1 流入晶体管 VT 的基极，马上有 I_c 流入 VT 的集电极，从 VT 的发射极流出 I_e，晶体管有正常大小的 I_b、I_c、I_e 流过，处于放大状态。这时如果将一个微弱的交流信号经 C_1 送到晶体管的基极，晶体管就会对它进行放大，然后从集电极输出幅度大的信号，该信号经 C_2 送往后级电路。

需要注意的是，当交流信号从基极输入，经晶体管放大后从集电极输出时，晶体管除了对信号放大外，还会对信号进行倒相再从集电极输出。若交流信号从基极输入、从发射极输出时，晶体管对信号会进行放大但不会倒相，如图4-70b 所示。

（2）饱和与截止状态的应用

晶体管饱和与截止状态的应用如图4-71 所示。

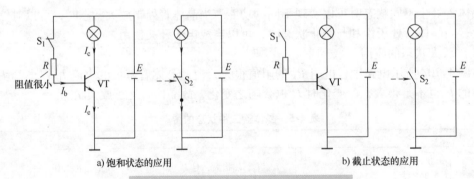

a) 饱和状态的应用　　　　　　　　b) 截止状态的应用

图4-71　晶体管饱和与截止状态的应用

在图4-71a 所示电路中，当闭合开关 S_1 后，有 I_b 经 S_1、R 流入晶体管 VT 的基极，马上有 I_c 流入 VT 的集电极，从发射极输出 I_e，由于 R 的阻值很小，故 VT 基极电压很高，I_b 很大，I_c 也很大，并且 $I_c < \beta I_b$，晶体管处于饱和状态。晶体管进入饱和状态后，从集电极流入、发射极流出的电流很大，晶体管集射极之间就相当于一个闭合的开关。

在图4-71b 所示电路中，当开关 S_1 断开后，晶体管基极无电压，基极无 I_b 流入，集电极无 I_c 流入，发射极也就没有 I_e 流出，晶体管处于截止状态。晶体管进入截止状态后，集电极电流无法流入、发射极无电流流出，晶体管集射极之间就相当于一个断开的开关。

晶体管处于饱和与截止状态时，集射极之间分别相当于开关闭合与断开，由于晶体管具有这种性质，故在电路中可以当作电子开关（依靠电压来控制通、断），当晶体管基极加较高的电压时，集射极之间通，当基极不加电压时，集射极之间断。

4.5.6　主要参数

1. 电流放大倍数

晶体管的电流放大倍数有**直流电流放大倍数和交流电流放大倍数**。

晶体管集电极电流 I_c 与基极电流 I_b 的比值称为晶体管的直流电流放大倍数（**用 $\bar{\beta}$ 或 h_{FE} 表示**），即

$$\bar{\beta} = \frac{I_c}{I_b}$$

晶体管集电极电流变化量 ΔI_c 与基极电流变化量 ΔI_b 的比值称为交流电流放大倍数（用 β 或 h_{FE} 表示），即

$$\beta = \frac{\Delta I_c}{\Delta I_b}$$

上面两个电流放大系数的含义虽然不同，但两者近似相等，故以后应用时一般不加于区分。晶体管的 β 值过小，电流放大作用小，β 值过大，晶体管的稳定性差，在实际使用时，一般选用 β 为 40～80 的管子较为合适。

2. 穿透电流 I_{ceo}

穿透电流又称集电极-发射极反向电流，它是指**在基极开路时，给集电极与发射极之间加一定的电压，由集电极流往发射极的电流**。穿透电流的大小受温度的影响较大，晶体管的穿透电流越小，**热稳定性越好**，通常锗管的穿透电流较硅管要大些。

3. 集电极最大允许电流 I_{cm}

当晶体管的集电极电流 I_c 在一定的范围内变化时，其 β 值基本保持不变，但当 I_c 增大到某一值时，β 值会下降。**使电流放大系数 β 明显减小（约减小到 2/3β）的 I_c** 称为集电极最大允许电流。晶体管用作放大时，I_c 不能超过 I_{cm}。

4. 击穿电压 U_{BR}（ceo）

击穿电压 U_{BR}（ceo）是指**基极开路时，允许加在集-射极之间的最高电压**。在使用时，若晶体管集-射极之间的电压 $U_{ce} > U_{BR(ceo)}$，集电极电流 I_c 将急剧增大，这种现象称为击穿。击穿的晶体管属于永久损坏，故选用晶体管时要注意其击穿电压不能低于电路的电源电压，一般晶体管的击穿电压应是**电源电压的两倍**。

5. 集电极最大允许功耗 P_{cm}

晶体管在工作时，集电极电流流过集电结时会产生热量，使晶体管温度升高。**在规定的散热条件下，集电极电流 I_c 在流过晶体管集电极时允许消耗的最大功率称为集电极最大允许功耗 P_{cm}**。当晶体管的实际功耗超过 P_{cm} 时，温度会上升很高而烧坏。晶体管散热良好时的 P_{cm} 较正常时要大。

集电极最大允许功耗 P_{cm} 可用下面式子计算：

$$P_{cm} = I_c U_{ce}$$

晶体管的 I_c 电流过大或 U_{ce} 电压过高，都会导致功耗过大而超出 P_{cm}。晶体管手册上列出的 P_{cm} 值是在常温下 25℃ 时测得的。硅管的集电结上限温度为 150℃ 左右，锗管为 70℃ 左右，使用时应注意不要超过此值，否则管子将损坏。

6. 特征频率 f_T

在工作时，晶体管的放大倍数 β 会随着信号的频率升高而减小。**使晶体管的放大倍数 β 下降到 1 的频率称为晶体管的特征频率**。当信号频率 f 等于 f_T 时，晶体管对该信号将失去电流放大功能，信号频率大于 f_T 时，晶体管将不能正常工作。

4.5.7 检测

晶体管的检测包括类型检测、电极检测和好坏检测。

1. 类型检测

晶体管类型有 NPN 型和 PNP 型，晶体管的类型可用万用表欧姆档进行检测。

（1）检测规律

NPN 型和 PNP 型晶体管的内部都有两个 PN 结，故晶体管可视为两个二极管的组合，万用表在测量晶体管任意两个引脚之间时有 6 种情况，如图 4-72 所示。

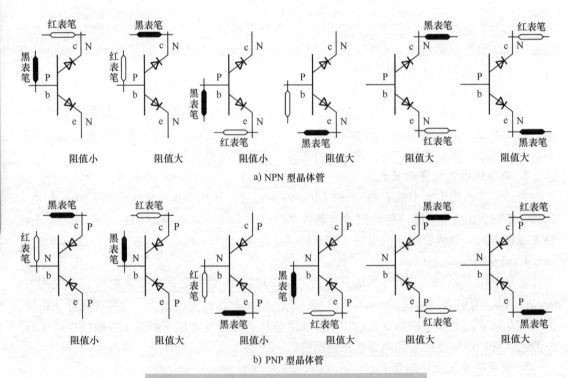

图 4-72　万用表测晶体管任意两个引脚的 6 种情况

从图中不难得出这样的规律：当万用表的黑表笔接 P 端、红表笔接 N 端时，测的是 **PN 结的正向电阻，该阻值小**；当黑表笔接 N 端，红表笔接 P 端时，测的是 **PN 结的反向电阻，该阻值很大（接近无穷大）**；当黑、红表笔接得两极都为 P 端（或两极都为 N 端）时，**测得的阻值大（两个 PN 结不会导通）**。

（2）类型检测

在检测晶体管类型时，将万用表拨至 $R \times 100\Omega$ 或 $R \times 1k\Omega$ 档，测量晶体管任意两脚之间的电阻，当测量出现一次阻值小时，黑表笔接的为 P 极，红表笔接的为 N 极，如图 4-73a 所示；然后黑表笔不动（即让黑表笔仍接 P 极），将红表笔接到另外一个极，有两种可能：若测得阻值很大，红表笔接的极一定是 P 极，该晶体管为 PNP 型，红表笔先前接的极为基极，如图 4-73b 所示；若测得阻值小，则红表笔接的为 N 极，则该晶体管为 NPN 型，黑表笔所接为基极。

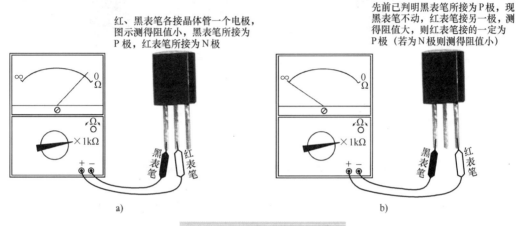

图 4-73　晶体管类型的检测

2. 电极检测

晶体管有发射极、基极和集电极三个电极，在使用时不能混用，由于在检测类型时已经找出基极，故下面介绍如何用万用表欧姆档检测出发射极和集电极。

（1）NPN 型晶体管集电极和发射极的判别

NPN 型晶体管集电极和发射极的判别如图 4-74 所示。

将万用表置于 $R \times 1k\Omega$ 或 $R \times 100\Omega$ 档，黑表笔接基极以外任意一个极，再用手接触该极与基极（手相当于一个电阻，即在该极与基极之间接一个电阻），红表笔接另外一个极，测量并记下阻值的大小，该过程如图 4-74a 所示；然后红、黑表笔互换，手再捏住基极与对换后黑表笔所接的极，测量并记下阻值大小，该过程如图 4-74b 所示。两次测量会出现阻值一大一小，以阻值小的那次为准，如图 4-74a 所示，黑表笔接的为集电极，红表笔接的为发射极。

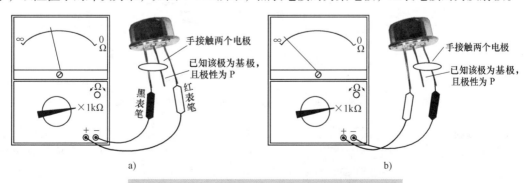

图 4-74　NPN 型晶体管的集电极和发射极的判别

注意：如果两次测量出来的阻值大小区别不明显，可先将手蘸点水，让手的电阻减小，再用手接触两个电极进行测量。

（2）PNP型晶体管集电极和发射极的判别

PNP型晶体管集电极和发射极的判别如图4-75所示。

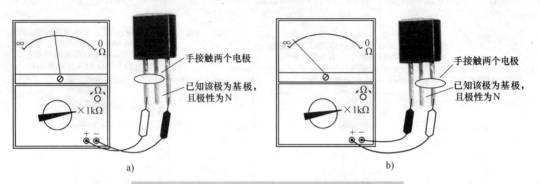

图4-75 PNP型晶体管的集电极和发射极的判别

将万用表置于$R×1k\Omega$或$R×100\Omega$档，红表笔接基极以外任意一个极，再用手接触该极与基极，黑表笔接余下的一个极，测量并记下阻值的大小，该过程如图4-75a所示；然后红、黑表笔互换，手再接触基极与对换后红表笔所接的极，测量并记下阻值大小，该过程如图4-75b所示。两次测量会出现阻值一大一小，以阻值小的那次为准，如图4-75a所示，红表笔接的为集电极，黑表笔接的为发射极。

（3）利用万用表的晶体管放大倍数档来判别发射极和集电极

如果万用表有晶体管放大倍数档，可利用该档判别晶体管的电极，这种方法一般应在已检测出晶体管的类型和基极时使用。利用万用表的晶体管放大倍数档来判别极性的测量过程如图4-76所示。

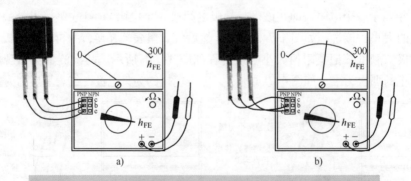

图4-76 利用万用表的晶体管放大倍数档来判别发射极和集电极

将万用表拨至"h_{FE}"档（晶体管放大倍数档），再根据晶体管类型选择相应的插孔，并将基极插入基极插孔中，另外两个极分别插入另外两个插孔中，记下此时测得的放大倍数值，如图4-76a所示；然后让晶体管的基极不动，将另外两极互换插孔，观察这次测得的放大倍数，如图4-76b所示，两次测得的放大倍数会出现一大一小，以放大倍数大的那次为准，如图 4-76b 所示，c 极插孔对应的电极是集电极，e 极插孔对应的电极为发射极。

3. 好坏检测

晶体管好坏检测具体包括以下内容：

（1）测量集电结和发射结的正、反向电阻

晶体管内部有两个 PN 结，任意一个 PN 结损坏，晶体管就不能使用，所以晶体管检测先要测量两个 PN 结是否正常。检测时，万用表拨至 $R \times 100\Omega$ 或 $R \times 1k\Omega$ 档，测量 PNP 型或 NPN 型晶体管集电极和基极之间的正、反向电阻（即测量集电结的正、反向电阻），然后再测量发射极与基极之间的正、反向电阻（即测量发射结的正、反向电阻）。正常时，集电结和发射结正向电阻都比较小，约几百欧至几千欧，反向电阻都很大，约几百千欧至无穷大。

（2）测量集电极与发射极之间的正、反向电阻

对于 PNP 型晶体管，红表笔接集电极，黑表笔接发射极，测得为正向电阻，正常约十几千欧至几百千欧（用 $R \times 1k\Omega$ 档测得），互换表笔测得为反向电阻，与正向电阻阻值相近；对于 NPN 型晶体管，黑表笔接集电极，红表笔接发射极，测得为正向电阻，互换表笔测得为反向电阻，正常时正、反向电阻阻值相近，约几百千欧至无穷大。如果晶体管任意一个 PN 结的正、反向电阻不正常，或发射极与集电极之间正、反向电阻不正常，说明晶体管损坏。如发射结正、反向电阻阻值均为无穷大，说明发射结开路；集、射之间阻值为 0，说明集电极与发射极之间击穿短路。

综上所述，一个晶体管的好坏检测需要进行**6 次测量**，其中**测发射结正、反向电阻各一次（两次），集电结正、反向电阻各一次（两次），集电极与发射极之间的正、反向电阻各一次（两次）**。只有这 6 次检测都正常才能说明晶体管是正常的，只要有一次测量发现不正常，该晶体管就不能使用。

4.6 其他常用元器件

电阻器、电容器、电感器、二极管和晶体管是电路中应用最广泛的元器件，本节再简单介绍一些其他常用元器件。

4.6.1 光耦合器

1. 外形与图形符号

光耦合器是**将发光二极管和光敏器件组合在一起并封装起来构成**。图 4-77a 所示是一些常见的光耦合器的实物外形，图 4-77b 所示为光耦合器的图形符号。

2. 工作原理

光耦合器内部集成了发光二极管和光敏器件。下面以图 4-78 所示的电路来说明光耦合器的工作原理。

在图 4-78 所示电路中，当闭合开关 S 时，电源 E_1 经开关 S 和电位器 RP 为光耦合器内部发光二极管提供电压，有电流流过发光二极管，发光二极管发出光线，光线照射到内部光敏晶体管，光敏晶体管导通，电源 E_2 输出的电流经电阻 R、发光二极管 VL 流入光耦合器的

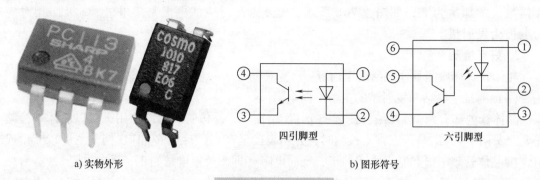

a) 实物外形   b) 图形符号

图 4-77　光耦合器

思——解答疑难，清除障碍

C 极，然后从 E 极流出回到 E_2 的负极，有电流流过发光二极管 VL，VL 亮。

　　调节电位器 RP 可以改变发光二极管的光线亮度。当 RP 滑动端右移时，其阻值变小，流入光耦合器内发光二极管的电流大，发光二极管光线强，内部光敏晶体管导通程度深，光敏晶体管 C、E 极之间电阻变小，电源 E_2 的回路总电阻变小，流经发光二极管的电流变大，变得更亮。

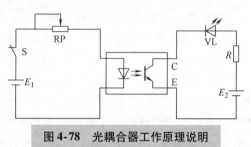

图 4-78　光耦合器工作原理说明

　　若断开开关 S，无电流流过光耦合器内的发光二极管，发光二极管不亮，光敏晶体管无光照射不能导通，电源 E_2 回路切断，发光二极管无电流通过而熄灭。

4.6.2　晶闸管

1. 外形与图形符号

　　晶闸管又称可控硅，它有三个电极，分别是**阳极（A）、阴极（K）和门极（G）**。图 4-79a 所示是一些常见的晶闸管的实物外形，图 4-79b 所示为晶闸管的图形符号。

2. 性质

　　晶闸管在电路中主要当作**电子开关**使用，下面以图 4-80 所示的电路来说明晶闸管的性质。

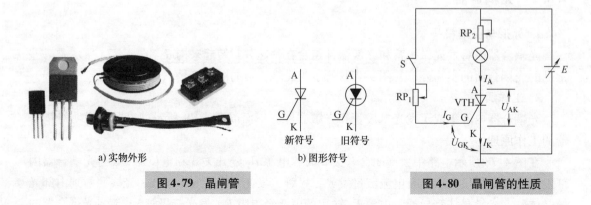

a) 实物外形   b) 图形符号

图 4-79　晶闸管　　　　　　　　　　　**图 4-80　晶闸管的性质**

在图 4-80 所示电路中，当闭合开关 S 时，电源正极电压通过开关 S、电位器 RP₁ 加到晶闸管 VTH 的 G 极，有电流 I_G 流入 VTH 的 G 极，VTH 的 A、K 极之间马上被触发导通，电源正极输出的电流经 RP₂、灯泡流入 VTH 的 A 极，I_A 与 G 极流入的电流 I_G 汇合形成 I_K 从 K 极输出，回到电源的负极。I_A 远大于 I_G，很大的 I_A 流过灯泡，灯泡亮。

给晶闸管 G 极提供电压，让 I_G 流入 G 极，晶闸管 A、K 极之间马上导通，这种现象称为晶闸管的触发导通。晶闸管导通后，如果调节 RP₁ 的大小，流入晶闸管 G 极的 I_G 会改变，但流入 A 极的电流 I_A 大小基本不变，灯泡亮度不会发生变化，如果断开 S，切断晶闸管的 I_G，晶闸管 A、K 极之间仍处于导通状态，I_A 继续流过晶闸管，灯泡仍亮。

也就是说，当晶闸管导通后，撤去 G 极电压或改变 G 极电流均无法使晶闸管 A、K 极之间阻断。要使导通的晶闸管截止（A、K 极之间关断），可在撤去 G 极电压的前提下采用两种方法：一是将 RP₂ 的阻值调大，减小 I_A，当 I_A 减小到某一值（维持电流）时，晶闸管会截止；二是将晶闸管 A、K 极之间的电压减小到 0 或将 A、K 极之间的电压反向，晶闸管也会阻断，如将 I_A 调到 0 或调换电源正、负极均可使晶闸管截止。

综上所述，晶闸管有以下性质：

1）无论 A、K 极之间加什么电压，只要 G、K 极之间没有加正向电压，晶闸管就无法导通。

2）只有 A、K 极之间加正向电压，并且 G、K 极之间也加一定的正向电压，晶闸管才能导通。

3）晶闸管导通后，撤掉 G、K 极之间的正向电压后晶闸管仍继续导通；要让导通的晶闸管截止，可采用两种方法：一是让流入晶闸管 A 极的电流减小到小于某一值 I_H（维持电流）；二是让 A、K 极之间的正向电压 U_{AK} 减小到 0 或为反向电压。

4.6.3 场效应晶体管

场效应晶体管又称场效应管，它与晶体管一样，具有放大能力。场效应晶体管有**漏极（D）、栅极（G）和源极（S）**。场效应晶体管的种类较多，下面以增强型绝缘栅场效应晶体管为例来介绍场效应晶体管。

1. 图形符号

增强型绝缘栅场效应晶体管简称增强型 MOS 管，其图形符号如图 4-81 所示。

2. 结构与原理

增强型 MOS 管有 N 沟道和 P 沟道之分，分别称为增强型 NMOS 管和增强型 PMOS 管，其结构与工作原理基本相似，在实际中增强型 NMOS 管更为常用。下面以增强型 NMOS 管为例来说明增强型 MOS 管的结构与工作原理。

（1）结构

增强型 NMOS 管的结构与等效图形符号如图 4-82 所示。

增强型 NMOS 管是以 P 型硅片作为基片（又称衬底），在基片上制作两个含很多杂质的 N 型材料，再在上面制作一层很薄的二氧化硅（SiO₂）绝缘层，在两个 N 型材料上引出两个铝电极，分别称为漏极（D）和源极（S），在两极中间的 SiO₂ 绝缘层上制作一层铝制导电层，从该导电层上引出的电极称为 G 极。P 型衬底与 D 极连接的 N 型半导体会形成二极管结构（称之为寄生二极管）。由于 P 型衬底通常与 S 极连接在一起，所以增强型 NMOS 管又可用图 4-82b 所示的等效图形符号表示。

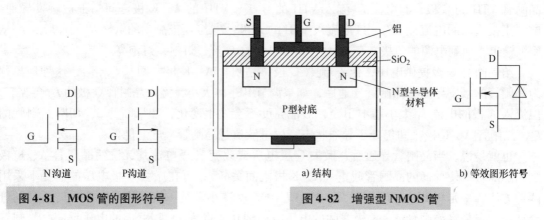

N沟道　　P沟道

图 4-81　MOS 管的图形符号

a) 结构　　b) 等效图形符号

图 4-82　增强型 NMOS 管

（2）工作原理

增强型 NMOS 管需要加合适的电压才能工作。加有电压的增强型 NMOS 管如图 4-83 所示，图 4-83a 所示为结构图形式，图 4-83b 所示为电路图形式。

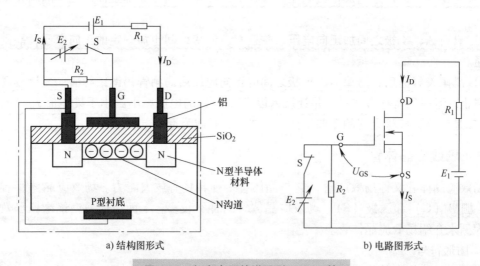

a) 结构图形式　　b) 电路图形式

图 4-83　加有电压的增强型 NMOS 管

如图 4-83a 所示，电源 E_1 通过 R_1 接 NMOS 管 D、S 极，电源 E_2 通过开关 S 接 NMOS 管的 G、S 极。在开关 S 断开时，NMOS 管的 G 极无电压，D、S 极所接的两个 N 区之间没有导电沟道，所以两个 N 区之间不能导通，I_D 为 0A；如果将开关 S 闭合，NMOS 管的 G 极获得正电压，与 G 极连接的铝电极有正电荷，它产生的电场穿过 SiO_2 层，将 P 衬底的很多电子吸引靠近 SiO_2 层，从而在两个 N 区之间出现导电沟道，由于此时 D、S 极之间加上正向电压，就有 I_D 从 D 极流入，再经导电沟道从 S 极流出。

如果改变 E_2 电压的大小，也即改变 G、S 极之间的电压 U_{GS}，与 G 极相通的铝层产生的电场大小就会变化，SiO_2 层下面的电子数量就会变化，两个 N 区之间的沟道宽度就会变化，流过的 I_D 电流大小就会变化。U_{GS} 电压越高，沟道就会越宽，I_D 电流就会越大。

由此可见，改变 G、S 极之间的电压 U_{GS}，**D、S 极之间的内部沟道宽窄就会发生变化，**

从 **D 极流向 S 极的** I_D **大小**也就发生变化，并且 I_D **变化较** U_{GS} **电压变化**大得多，这就是场效应晶体管的放大原理（即电压控制电流变化原理）。为了表示场效应晶体管的放大能力，引入一个参数——跨导 g_m，g_m 用下面的公式计算：

$$g_m = \frac{\Delta I_D}{\Delta U_{GS}}$$

g_m 反映了**G、S 极电压** U_{GS} **对 D 极电流** I_D **的控制能力**，是表述场效应晶体管放大能力的一个重要的参数（相当于晶体管的 $\boldsymbol{\beta}$），g_m 的单位是西门子（**S**），也可以用 A/V 表示。

增强型 MOS 管具有的特点是，在 G、S 极之间未加电压（即 $U_{GS} = 0V$）时，**D、S 极之间没有沟道，$I_D = 0A$**；当 G、S 极之间加上合适的电压（大于开启电压 U_T）时，**D、S 极之间有沟道形成，U_{GS} 电压变化时，沟道宽窄会发生变化，I_D 也会变化**。

对于增强型 NMOS 管，G、S 极之间应加正电压（即 $U_G > U_S$，$U_{GS} = U_G - U_S$ 为正压），D、S 极之间才会形成沟道；对于增强型 PMOS 管，G、S 极之间**须加负电压**（即 $U_G < U_S$，$U_{GS} = U_G - U_S$ 为负压），D、S 极之间才有沟道形成。

4.6.4 IGBT

IGBT（绝缘栅双极型晶体管），是**一种由场效应晶体管和晶体管组合而成的复合器件**，它综合了晶体管和 MOS 管的优点，故有很好的特性，因此广泛应用在各种中小功率的电力电子设备中。

1. 外形、结构与图形符号

IGBT 的外形、结构及等效图和图形符号如图 4-84 所示。从等效图可以看出，IGBT 相

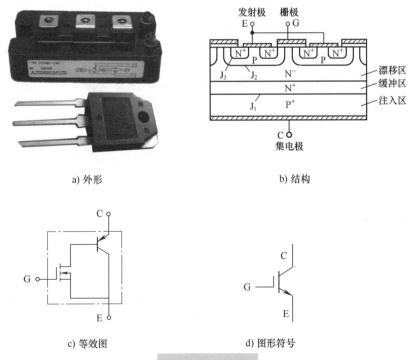

a) 外形   b) 结构

c) 等效图   d) 图形符号

图 4-84　IGBT

当于一个 PNP 型晶体管和增强型 NMOS 管以图 4-84c 所示的方式组合而成。IGBT 有三个极：**C 极（集电极）、G 极（栅极）和 E 极（发射极）**。

2. 工作原理

图 4-85 所示的 IGBT 是由 PNP 型晶体管和 N 沟道 MOS 管组合而成的，这种 IGBT 称为 N-IGBT，用图 4-84d 所示图形符号表示；相应的还有 P 沟道 IGBT，称为 P-IGBT，将图 4-84d 所示图形符号中的箭头改为由 E 极指向 G 极即为 P-IGBT 的图形符号。

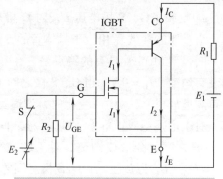

图 4-85　N-IGBT 工作原理说明图

由于电力电子设备中主要采用 N-IGBT，下面以图 4-85 所示电路来说明 N-IGBT 的工作原理。

电源 E_2 通过开关 S 为 IGBT 提供 U_{GE} 电压，电源 E_1 经 R_1 为 IGBT 提供 U_{CE} 电压。当开关 S 闭合时，IGBT 的 G、E 极之间获得电压 U_{GE}，只要 U_{GE} 电压大于开启电压（2～6V），IGBT 内部的 NMOS 管就有导电沟道形成，NMOS 管 D、S 极之间导通，为晶体管电流 I_b 提供通路，晶体管导通，有电流 I_C 从 IGBT 的 C 极流入，经晶体管 E 极后分成 I_1 和 I_2 两路电流，I_1 流经 NMOS 管的 D、S 极，I_2 从晶体管的集电极流出，I_1、I_2 汇合成 I_E 从 IGBT 的 E 极流出，即 IGBT 处于导通状态。当开关 S 断开后，U_{GE} 电压为 0V，NMOS 管导电沟道夹断（消失），I_1、I_2 都为 0A，I_C、I_E 也为 0A，即 IGBT 处于截止状态。

调节电源 E_2 可以改变 U_{GE} 电压的大小，IGBT 内部的 NMOS 管的导电沟道宽度会随之变化，I_1 大小会发生变化。由于 I_1 实际上是晶体管的电流 I_b，I_1 细小的变化会引起 I_2（I_2 为晶体管的电流 I_c）的急剧变化。例如当 U_{GE} 增大时，NMOS 管的导通沟道变宽，I_1 增大，I_2 也增大，即 IGBT 的 C 极流入、E 极流出的电流增大。

Chapter 5
第5章

低压电器

◄◄◄◄

低压电器通常是指**在交流电压1200V或直流电压1500V以下工作的电器**。常见的低压电器有开关、熔断器、接触器、漏电保护器和继电器等。进行电气线路安装时，电源和负载（如电动机）之间用低压电器通过导线连接起来，可以实现负载的接通、切断、保护等控制功能。

5.1　开关

开关是电气线路中使用最广泛的一种低压电器，其作用是接通和切断电气线路。常见的开关有照明开关、按钮、刀开关、封闭式负荷开关和组合开关等。

5.1.1　照明开关

照明开关用来**接通和切断照明线路**，允许流过的电流**不能太大**。常见的照明开关如图5-1所示。

图 5-1　常见的照明开关

5.1.2　按钮开关

按钮开关用来**在短时间内接通或切断小电流电路**，主要用在**电气控制电路**中。按钮开关允许流过的电流较小，一般**不能超过5A**。

1. 种类、结构与外形

按钮开关用符号"SB"表示，它可分为三种类型：**常闭按钮、常开按钮和复合按钮**。这三种按钮的内部结构示意图和电路图形符号如图5-2所示。

图5-2a所示为常闭按钮开关。在未按下按钮时，依靠复位弹簧的作用力使内部的金属动触点将常闭静触点a、b接通；当按下按钮时，动触点与常闭静触点脱离，a、b断开；当松开按钮后，触点自动复位（闭合状态）。

图5-2b所示为常开按钮开关。在未按下按钮时，金属动触点与常开静触点c、d断开；当按下按钮时，动触点与常闭静触点接通；当松开按钮后，触点自动复位（断开状态）。

图5-2c所示为复合按钮开关。在未按下按钮时，金属动触点与常闭静触点a、b接通，而与常开静触点断开；当按下按钮时，动触点与常闭静触点断开，而与常开静触点接通；当松开按钮后，触点自动复位（常开断开，常闭闭合）。

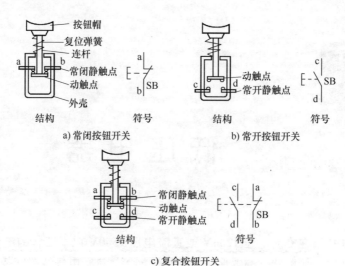

图 5-2 三种按钮开关的结构与符号

有些按钮内部有多对常开、常闭触点，它可以在接通多个电路的同时切断多个电路。常开触点也称为 A 触点，常闭触点又称 B 触点。

常见的按钮开关实物外形如图 5-3 所示。

图 5-3 常见的按钮开关

2. 型号与参数

为了表示按钮开关的结构和类型等内容，一般会在按钮开关上标上型号。按钮开关的型号含义说明如下：

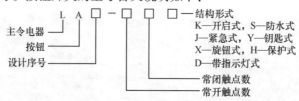

常用按钮开关的主要技术参数见表 5-1。

表 5-1 常用按钮开关的主要技术参数

型 号	额定电压/V	额定电流/A	结构形式	触点对数		按钮数	用 途
				常开	常闭		
LA2	500	5	元件	1	1	1	作为单独元件用
LA10-2K	500	5	开启式	2	2	2	用于电动机起动、停止控制
LA10-2H	500	5	保护式	2	2	2	
LA10-2A	500	5	开启式	3	3	3	用于电动机的倒、顺、停控制
LA10-3H	500	5	保护式	3	3	3	
LA19-11D	-		带指示灯式	1	1	1	特殊用途
LA18-22Y	500	5	钥匙式	2	2	1	
LA18-44Y			钥匙式	4	4	1	

5.1.3　刀开关

刀开关又称为开启式负荷开关、瓷底胶盖刀开关，也称闸刀开关。它可分为单相刀开关和三相刀开关，它的外形、结构与符号如图5-4所示。刀开关除了能接通、断开电源外，其内部一般**会安装熔丝，因此还能起过电流保护作用**。

刀开关需要垂直安装，**进线装在上方，出线装在下方**，进出线不能接反，以免触电。由于刀开关没有灭电弧装置（闸刀接通或断开时产生的电火花称为电弧），因此不能用作大容量负载的通断控制。刀开关一般用在照明电路中，也可以用作**非频繁起动/停止的小容量电动机**控制。

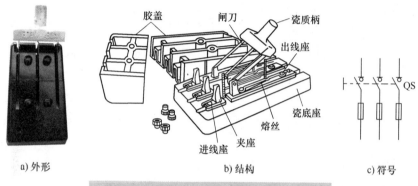

图5-4　常见的刀开关的外形、结构与符号

刀开关的型号含义说明如下：

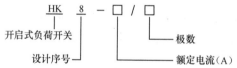

5.1.4　封闭式负荷开关

封闭式负荷开关又称为**铁壳开关**，它的外形、结构与符号如图5-5所示。

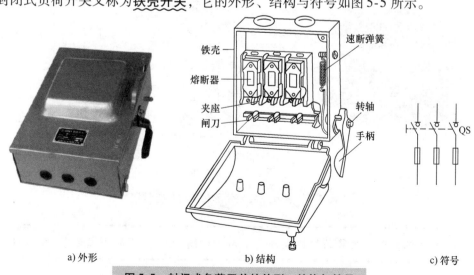

图5-5　封闭式负荷开关的外形、结构与符号

封闭式负荷开关是在刀开关的基础上进行改进而设计出来的，它的主要优点如下：

1）在封闭式负荷开关内部有一个速断弹簧，在操作手柄打开或关闭开关外盖时，依靠速断弹簧的作用力，可使开关内部的闸刀迅速断开或闭合，能有效地减少电弧。

2）封闭式负荷开关内部具有联锁机构，当开关外盖打开时，手柄无法合闸，当手柄合闸后，外盖无法打开，这就使得操作更加安全。

> 封闭式负荷开关常用在农村和工矿的电力照明、电力排灌等配电设备中，与刀开关一样，封闭式负荷开关也不能用作频繁的通断控制。

封闭式负荷开关的型号含义说明如下：

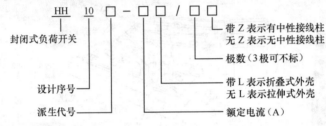

封闭式负荷开关　设计序号　派生代号

带 Z 表示有中性接线柱
无 Z 表示无中性接线柱
极数（3极可不标）
带 L 表示折叠式外壳
无 L 表示拉伸式外壳
额定电流（A）

5.1.5　组合开关

组合开关又称为转换开关，它是**一种由多层触点组成的开关**。

（1）外形、结构与符号

组合开关外形、结构和符号如图 5-6 所示。图中的组合开关由三层动、静触点组成，当旋转手柄时，可以同时调节三组动触点与三组静触点之间的通断。为了有效地灭弧，在转轴上装有弹簧，在操作手柄时，依靠弹簧的作用可以迅速接通或断开触点。

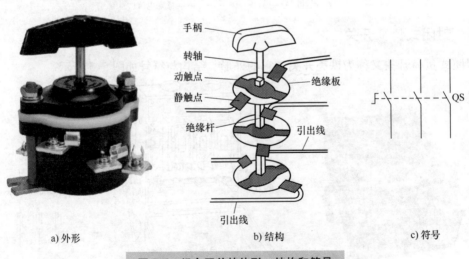

手柄
转轴
动触点
静触点
绝缘杆
绝缘板
引出线
引出线
QS

a) 外形　　　　　　　b) 结构　　　　　　　c) 符号

图 5-6　组合开关的外形、结构和符号

> 组合开关不宜进行频繁的转换操作，常用于控制 4kW 以下的小容量电动机。

（2）型号与参数

组合开关的型号含义说明如下：

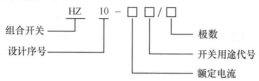

常用组合开关的主要技术参数见表5-2。

表5-2 常用组合开关的主要技术参数

型 号	额定电压/V	额定电流/A	控制电动机最大功率/kW	备 注
HZ5-10		10	1.7	
HZ5-20	直流220	20	4	可取代 HZ1~HZ3 系列
HZ5-40	交流380	40	7.5	老产品
HZ5-60		60	10	
HZ10-10		10	2.2	
HZ10-25	直流220	25	4	HZ10 有二级和三级
HZ10-60	交流380	60	—	可取代 HZ1、HZ2 系列
HZ10-100		100	—	老产品

5.1.6 倒顺开关

倒顺开关又称可逆转开关，属于较特殊的组合开关，专门用来控制小容量三相异步电动机的正转和反转。倒顺开关的外形与符号如图5-7所示。

倒顺开关有"**倒**"、"**停**"、"**顺**" 3个位置。当开关处于"停"位置时，动触点与静触点均处于断开状态，如图5-7b所示；当开关由"停"旋转至"顺"位置时，动触点上的 U、V、W 分别与静触点上的 L_1、L_2、L_3 接通；当开关由"停"旋转至"倒"位置时，动触点上的 U、V、W 分别与静触点上的 L_3、L_2、L_1 接通。

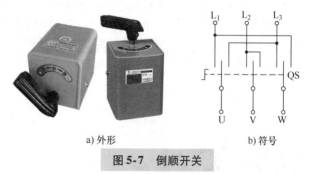

a) 外形 b) 符号

图5-7 倒顺开关

5.1.7 万能转换开关

万能转换开关由**多层触点中间叠装绝缘层**而构成，它主要用来转换控制线路，也可用作小容量电动机的起动、换向和变速等。

万能转换开关的外形、符号和触点分合表如图5-8所示。图5-8中的万能转换开关有6路触点，它们的通断受手柄控制。手柄有 Ⅰ、0、Ⅱ 3个档位，手柄处于不同档位时，6路触点通断情况不同，从图5-8b所示的万能转换开关符号可以看出不同档位触点的通断情况。在万能转换开关符号中，"—○ ○—"表示一路触点，竖虚线表示手柄位置，触点下方虚线上

的 "·" 表示手柄处于虚线所示的档位时该路触点接通。例如，手柄处于 "0" 档位时，6 路触点在该档位直线上都标有 "·"，表示在 "0" 档位时 6 路触点都是接通的；手柄处于 "I" 档位时，第 1、3 路触点相通；手柄处于 "II" 档位时，第 2、4、5、6 路触点是相通的。万能转换开关触点在不同档位的通断情况也可以用图 5-8c 所示的触点分合表说明，"×" 表示相通。

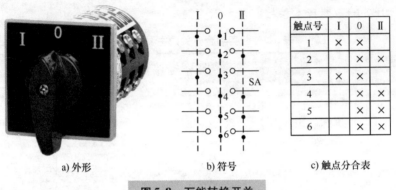

a) 外形   b) 符号   c) 触点分合表

图 5-8 万能转换开关

万能转换开关的型号含义说明如下：

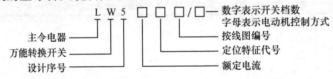

5.1.8 行程开关

行程开关是**一种利用机械运动部件的碰压使触点接通或断开**的开关。

行程开关的外形与符号如图 5-9 所示。行程开关的种类很多，根据结构可分为**直动式（或称按钮式）、旋转式、微动式和组合式等**。图 5-10 是直动式行程开关的结构示意图。从图中可以看出，行程开关的结构与按钮开关的基本相同，但将按钮改成推杆。在使用时

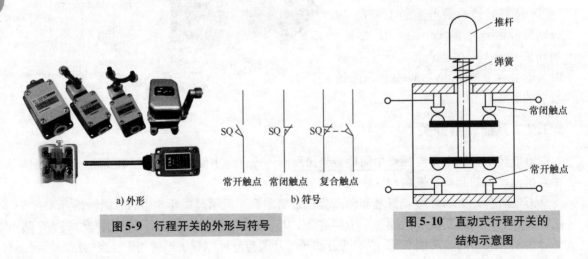

a) 外形   b) 符号

图 5-9 行程开关的外形与符号

图 5-10 直动式行程开关的
结构示意图

将行程开关安装在机械部件运动路径上，当机械部件运动到行程开关位置时，会撞击推杆而让常闭触点断开、常开触点接通。

行程开关的型号含义说明如下：

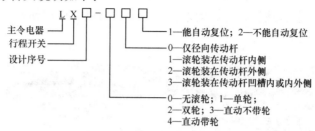

5.1.9　接近开关

接近开关又称无触点位置开关，当运动的物体靠近接近开关时，接近开关**能感知物体的存在而输出信号**。接近开关既可以用在运动机械设备中进行行程控制和限位保护，又可以用作高速计数、测速、检测物体大小等。接近开关的外形和符号如图5-11所示。

接近开关种类很多，常见的有高频振荡型、电容型、光电型、霍尔型和电磁感应型和超声波型等，其中高频振荡型接近开关最为常见。高频振荡型接近开关的组成如图5-12所示。

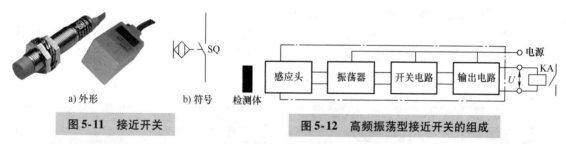

a) 外形　　　b) 符号　检测体

图5-11　接近开关　　　　　　**图5-12　高频振荡型接近开关的组成**

当金属检测体接近感应头时，作为振荡器一部分的感应头损耗增大，迫使振荡器停止工作，随后开关电路因振荡器停振而产生一个控制信号送给输出电路，让输出电路输出控制电压，若该电压送给继电器，继电器就会产生吸合动作来接通或断开电路。

接近开关的型号含义说明如下：

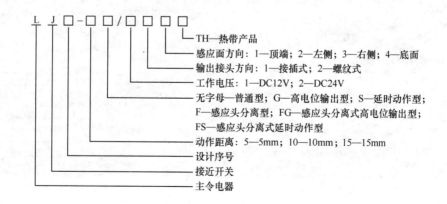

5.1.10 开关的检测

开关种类很多，但检测方法大同小异，一般采用万用表的欧姆档检测触点的通断情况。下面以图 5-13 所示的复合按钮开关为例来说明开关的检测，该按钮有一个常开触点和一个常闭触点，共有 4 个接线端子。

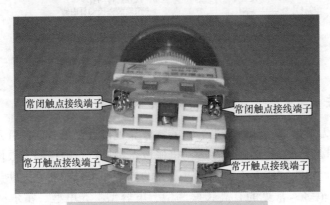

图 5-13　复合按钮开关的接线端子

复合按钮开关的检测可分为以下两个步骤：

1）在未按下按钮时进行检测。复合按钮开关有一个常闭触点和一个常开触点。在检测时，先测量常闭触点的两个接线端子之间的电阻，如图 5-14a 所示，正常电阻近 0Ω，然后测量常开触点的两个接线端子之间的电阻，若常开触点正常，数字万用表会显示超出量程符号 "1" 或 "OL"，用指针万用表测量时电阻为无穷大。

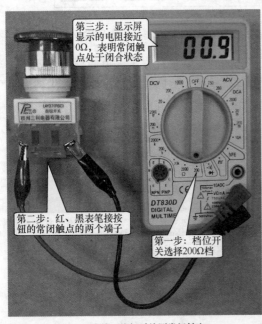
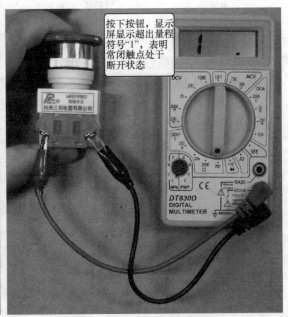

a) 未按下按钮时检测常闭触点　　　　　　b) 按下按钮时检测常闭触点

图 5-14　按钮开关的检测

2）在按下按钮时进行检测。 在检测时，将按钮按下不放，分别测量常闭触点和常开触点两个接线端子之间的电阻。如果按钮正常，则常闭触点的电阻应为无穷大，如图 5-14b 所示，而常开触点的电阻应接近 0Ω；若与之不符，则表明按钮开关损坏。

> 在测量常闭或常开触点时，如果出现阻值不稳定，则通常是**由于相应的触点接触不良**。因为按钮开关的内部结构比较简单，如果检测时发现按钮不正常，可将按钮拆开进行检查，找出具体的故障原因，并进行排除，无法排除的就需要更换新的按钮。

5.2 熔断器

熔断器是对电路、用电设备短路和过载进行保护的电器。熔断器一般串联在电路中，当电路正常工作时，熔断器就相当于一根导线；当电路出现短路或过载时，流过熔断器的电流很大，熔断器就会开路，从而保护电路和用电设备。

熔断器的种类很多，常见的有 RC 插入式熔断器、RL 螺旋式熔断器、RM 无填料封闭式熔断器、RS 快速熔断器、RT 有填料管式熔断器和 RZ 自复式熔断器等。熔断器的型号含义说明如下：

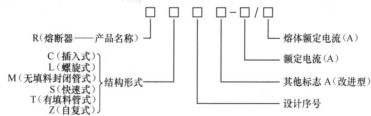

5.2.1 熔断器的类型

1. RC 插入式熔断器

RC 插入式熔断器主要用于电压在 380V 及以下、电流在 5～200A 之间的电路，如照明电路和小容量的电动机电路。图 5-15 所示是一种常见的 RC 插入式熔断器。这种熔断器用于额定电流在 30A 以下的电路中时，熔丝一般采用铅锡丝；当用于电流为 30～100A 的电路中时，熔丝一般采用铜丝；当用于电流达 100A 以上的电路中时，一般用变截面的铜片作熔丝。

2. RL 螺旋式熔断器

图 5-16 所示是一种常见的 RL 螺旋式熔断器。这种熔断器在使用时，要在内部安装一个螺旋状的熔管，在安装熔管时，先将熔断器的瓷帽旋下，再将熔管放入内部，然后旋好瓷帽。熔管上、下方为金属盖，熔管内部装有石英砂和熔丝，有的熔管上方的金属盖中央有一个红色的熔断指示器，当熔丝熔断时，指示器颜色会发生变化，以指示内部熔丝已断。指示器的颜色变化可以通过熔断器瓷帽上的玻璃窗口观察到。

RL 螺旋式熔断器具有**体积小、分断能力较强、工作安全可靠、安装方便等优点**，通常用在**工厂 200A** 以下的配电箱、控制箱和机床电动机的控制电路中。

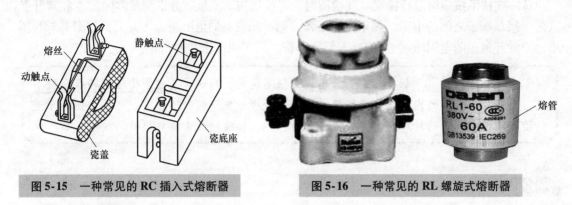

图 5-15　一种常见的 RC 插入式熔断器　　　　**图 5-16　一种常见的 RL 螺旋式熔断器**

3. RM 无填料封闭式熔断器

图 5-17 所示是一种典型的 RM 无填料封闭式熔断器，可以拆卸。这种熔断器的熔体是一种变截面的锌片，被安装在纤维管中，锌片两端的刀形接触片穿过黄铜帽，再通过垫圈安插在刀座中。这种熔断器通过大电流时，锌片上窄的部分首先熔断，使中间大段的锌片脱断，形成很大的间隔，从而有利于灭弧。

RM 无填料封闭式熔断器具有**保护性好、分断能力强、熔体更换方便和安全可靠等优点**，主要用在**交流 380V 以下、直流 440V 以下，电流 600A 以下的电力电路中**。

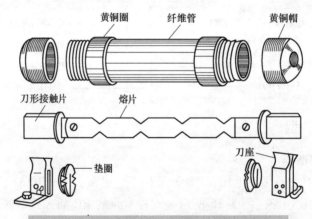

图 5-17　一种典型的 RM 无填料封闭式熔断器

4. RS 有填料快速熔断器

RS 有填料快速熔断器主要用于硅整流器件、晶闸管器件等半导体器件及其配套设备的短路和过载保护，它的熔体一般采用银制成，具有熔断迅速、能灭弧等优点。图 5-18 所示是两种常见的 RS 有填料快速熔断器。

5. RT 有填料封闭管式熔断器

RT 有填料封闭管式熔断器又称为石英熔断器，它常用作变压器和电动机等电气设备的过载和短路保护。图 5-19a 所示是几种常见的 RT 有填料封闭管式熔断器，这种熔断器可以用螺钉、卡座等与电路连接起来；图 5-19b 所示是将一种熔断器插在卡座内的情形。

RT 有填料封闭管式熔断器具有**保护性好、分断能力强、灭弧性能好和使用安全等优点**，主要用在**短路电流大的电力电网和配电设备中**。

图5-18　两种常见的 RS 有填料快速熔断器

图5-19　几种常见的 RT 有填料封闭管式熔断器

6. RZ 自复式熔断器

RZ 自复式熔断器的结构示意图如图 5-20 所示。其内部采用金属钠作为熔体，在常温下，钠的电阻很小，整个熔丝的电阻也很小，可以通过正常的电流，若电路出现短路，则会导致流过钠熔体的电流很大，钠被加热气化，电阻变大，熔断器相当于开路，当短路消除后，流过的电流减小，钠又恢复成固态，电阻又变小，熔断器自动恢复正常。

RZ 自复式熔断器通常与低压断路器配套使用，其中 RZ 自复式熔断器用作短路保护，断路器用作控制和过载保护，这样可以提高供电可靠性。

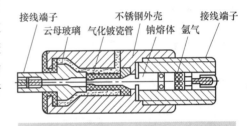

图5-20　RZ 自复式熔断器结构示意图

5.2.2　熔断器的检测

熔断器常见故障是**开路和接触不良**。熔断器的种类很多，但检测方法基本相同。下面以检测图 5-21 所示的熔断器为例来说明熔断器的检测方法。

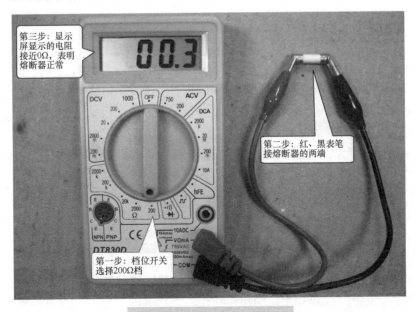

图5-21　熔断器的检测方法

『思』——解答疑难，清除障碍

检测时，万用表的档位开关选择200Ω档，然后将红、黑表笔分别接熔断器的两端，测量熔断器的电阻。若熔断器正常，则电阻接近0Ω；若显示屏显示超出量程符号"1"或"OL"（指针万用表显示电阻无穷大），则表明熔断器开路；若阻值不稳定（时大时小），则表明熔断器内部接触不良。

5.3 断路器

断路器又称为自动空气开关，<u>它既能对电路进行不频繁的通断控制，又能在电路出现过载、短路和欠电压（电压过低）时自动掉闸（即自动切断电路）</u>，因此它既是一个开关电器，又是一个保护电器。

5.3.1 外形与符号

断路器种类较多，图5-22a是一些常用的塑料外壳式断路器，断路器的电路符号如图5-22b所示，从左至右依次为单极（1P）、两极（2P）和三极（3P）断路器。在断路器上标有额定电压、额定电流和工作频率等内容。

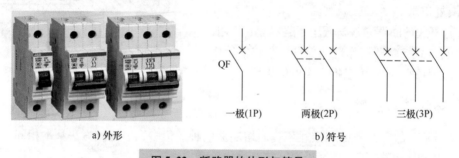

a) 外形　　　　　　　　　　　　b) 符号

图5-22　断路器的外形与符号

5.3.2 结构与工作原理

断路器的典型结构如图5-23所示。该断路器是一个三相断路器，内部主要由主触点、反力弹簧、搭钩、杠杆、电磁脱扣器、热脱扣器和欠电压脱扣器等组成。该断路器可以实现过电流、过热和欠电压保护功能。

（1）过电流保护

三相交流电源经断路器的三个主触点和三条线路为负载提供三相交流电，其中一条线路中串接了电磁脱扣器线圈和发热元件。当负载有严重短路时，流过线路的电流很大，流过电磁脱扣器线圈的电流也很大，线圈产生很强的磁场并通过铁心吸引衔铁，衔铁动作，带动杠杆上移，两个搭钩脱离，依靠反力弹簧的作用，三个主触点的动、静触点断开，从而切断电源以保护短路的负载。

（2）过热保护

如果负载没有短路，但若长时间超负荷运行，负载比较容易损坏。虽然在这种情况下电流也较正常时大，但还不足以使电磁脱扣器动作，断路器的热保护装置可以解决这个问题。若负载长时间超负荷运行，则流过发热元件的电流长时间偏大，发热元件温度升高，它加热

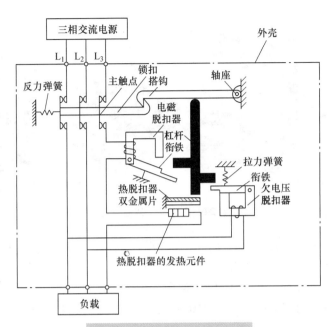

图 5-23 断路器的典型结构

附近的双金属片（热脱扣器），其中上面的金属片热膨胀小，双金属片受热后向上弯曲，推动杠杆上移，使两个搭钩脱离，三个主触点的动、静触点断开，从而切断电源。

（3）欠电压保护

如果电源电压过低，则断路器也能切断电源与负载的连接，进行保护。断路器的欠电压脱扣器线圈与两条电源线连接，当三相交流电源的电压很低时，两条电源线之间的电压也很低，流过欠电压脱扣器线圈的电流小，线圈产生的磁场弱，不足以吸引住衔铁，在拉力弹簧的拉力作用下，衔铁上移，并推动杠杆上移，两个搭钩脱离，三个主触点的动、静触点断开，从而断开电源与负载的连接。

5.3.3 型号含义与种类

1. 型号含义

断路器种类很多，其型号含义说明如下：

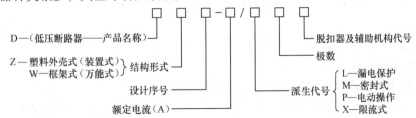

2. 种类及特点

根据结构形式来分，断路器主要有**塑料外壳式和框架式（万能式）**。图 5-24 所示是几种常见的断路器。

（1）塑料外壳式断路器

塑料外壳式断路器又称为装置式断路器，它采用封闭式结构，除按钮或手柄外，其余的

a) 塑料外壳式　　　　　　　　　　　b) 框架式(万能式)

图 5-24　几种常见的断路器

部件均安装在塑料外壳内。这种断路器的电流容量较小，分断能力弱，但分断速度快。它主要用在照明配电和电动机控制电路中，起保护作用。

常见的塑料外壳式断路器型号有 DZ5 系列和 DZ10 系列。其中 DZ5 系列为小电流断路器，额定电流范围一般为 **10～50A**；DZ10 系列为大电流断路器，额定电流等级有 **100A、250A、600A** 三种。

（2）框架式断路器

框架式断路器又称为万能式熔断器，它一般都有一个钢制的框架，所有的部件都安装在这个框架内。这种断路器电流容量大，分断能力强，热稳定性好，主要用在 380V 的低压配电系统中作为过电流、欠电压和过热保护。常见的框架式断路器有 DW10 系列和 DW15 系列，其额定电流等级有 **200A、400A、600A、1000A、1500A、2500A 和 4000A** 七种。

此外，还有一种限流式断路器，当电路出现短路故障时，能在短路电流还未达到预期的电流峰值前，迅速将电路断开。这种断路器由于具有分断速度快的特点，因此常用在分断能力要求高的场合，常见的限流式断路器有 DWX 系列和 DZX 系列等。

5.3.4　面板标注参数的识读

1. 主要参数

1）额定工作电压 U_e：是指在规定条件下断路器长期使用能承受的最高电压，一般指**线电压**。

2）额定绝缘电压 U_i：是指在规定条件下断路器绝缘材料能承受最高电压，该电压一般**较额定工作电压高**。

3）额定频率：是指断路器适用的交流电源频率。

4）额定电流 I_n：是指在规定条件下断路器长期使用而不会脱扣跳闸的最大电流。流过断路器的电流超过额定电流，断路器会脱扣跳闸，电流越大，跳闸时间越短，比如有的断路器电流为 $1.13I_n$ 时 1h 内不会跳闸，当电流达到 $1.45I_n$ 时 1h 内会跳闸，当电流达到 $10I_n$ 时会瞬间（小于 0.1s）跳闸。

5）瞬间脱扣整定电流：是指会引起断路器瞬间（<0.1s）脱扣跳闸的动作电流。

6）额定温度：是指断路器长时间使用允许的最高环境温度。

7）短路分断能力：它可分为极限短路分断能力（I_{cu}）和运行短路分断能力（I_{cs}），分别是指在极限条件下和运行时断路器触点能断开（触点不会产生熔焊、粘连等）所允许通过的最大电流。

2. 面板标注参数的识读

断路器面板上一般会标注重要的参数，在选用时要会识读这些参数含义。断路器面板标注参数的识读如图 5-25 所示。

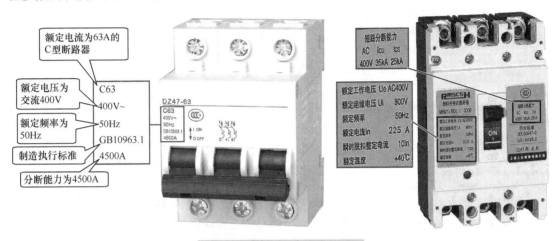

图 5-25　断路器的参数识读

5.3.5　断路器的检测

断路器检测通常使用万用表的欧姆档，检测过程如图 5-26 所示。具体分以下两步：

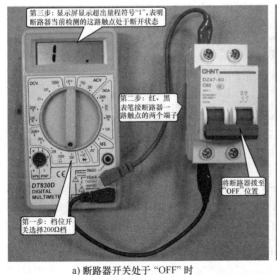
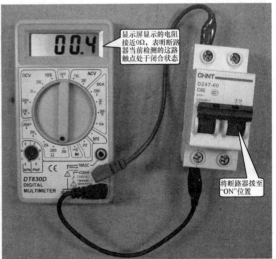

a) 断路器开关处于"OFF"时　　　　　　b) 断路器开关处于"ON"时

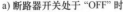

图 5-26　断路器的检测

1）将断路器上的开关拨至"OFF（断开）"位置，然后将红、黑表笔分别接断路器一路触点的两个接线端子，正常电阻应为无穷大（数字万用表显示超出量程符号"1"或"OL"），如图 5-26a 所示，接着再用同样的方法测量其他路触点的接线端子间的电阻，正常电阻均应为无穷大，若某路触点的电阻为 0 或时大时小，则表明断路器的该路触点短路或接触不良。

2）将断路器上的开关拨至"ON（闭合）"位置，然后将红、黑表笔分别接断路器一路触点的两个接线端子，正常电阻应接近 0Ω，如图 5-26b 所示。接着再用同样的方法测量其他路触点的接线端子间的电阻，正常电阻均应接近 0Ω，若某路触点的电阻为无穷大或时大时小，则表明断路器的该路触点开路或接触不良。

5.4 漏电保护器

断路器具有过电流、过热和欠电压保护功能，但当用电设备绝缘性能下降而出现漏电时却无保护功能，这是因为漏电电流一般较短路电流小得多，不足以使断路器跳闸。漏电保护器是**一种具有断路器功能和漏电保护功能的电器**，在线路出现**过电流、过热、欠电压和漏电**时，**均会脱扣跳闸保护**。

5.4.1 外形与符号

漏电保护器又称为漏电保护开关，英文缩写为**RCD**，其外形和符号如图 5-27 所示。在图 5-27a 中，左边的为单极漏电保护器，当后级电路出现漏电时，只切断一条 L 线路（N 线路始终是接通的），中间的为两极漏电保护器，漏电时切断两条线路，右边的为三极漏电保护器，漏电时切断三条线路。对于图 5-27a 后面两种漏电保护器，其下方有两组接线端子，如果接左边的端子（需要拆下保护盖），则只能用到断路器功能，无漏电保护功能。

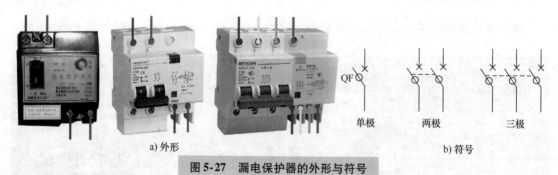

a) 外形   b) 符号

图 5-27　漏电保护器的外形与符号

5.4.2 结构与工作原理

图 5-28 是漏电保护器的结构示意图。其工作原理如下：220V 的交流电压经漏电保护器内部的触点在输出端接负载（灯泡），在漏电保护器内部两根导线上缠有线圈 E_1，该线圈与铁心上的线圈 E_2 连接，当人体没有接触导线时，流过两根导线的电流 I_1、I_2 大小相等，方向相反，它们产生大小相等、方向相反的磁场，这两个磁场相互抵消，穿过线圈 E_1 的磁场为 0，线圈 E_1 不会产生电动势，衔铁不动作。一旦人体接触导线，一部分电流 I_3（漏电电流）会经人体直接到地，再通过大地回到电源的另一端，这样流过漏电保护器内部两根导线的电流 I_1、I_2 就不相等，它们产生的磁场也就不相等，不能完全抵消，即两根导线上的线圈 E_1 有磁场通过，线圈会产生电流，电流流入铁心上的线圈 E_2，线圈 E_2 产生磁场吸引衔铁而脱扣跳闸，将触点断开，切断供

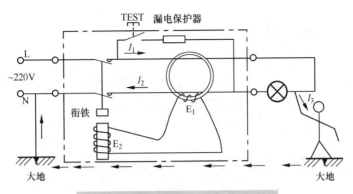

图 5-28　漏电保护器的结构示意图

电，触电的人就得到了保护。

　　为了在不漏电的情况下检验漏电保护器的漏电保护功能是否正常，漏电保护器一般设有"TEST（测试）"按钮，当按下该按钮时，L线上的一部分电流通过按钮、电阻流到N线上，这样流过线圈 E_1 内部的两根导线的电流不相等（$I_2 > I_1$），线圈 E_1 产生电动势，有电流过线圈 E_2，衔铁动作而脱扣跳闸，将内部触点断开。如果测试按钮无法闭合或电阻开路，测试时漏电保护器不会动作，但使用时发生漏电会动作。

5.4.3　在不同供电系统中的接线

　　漏电保护器在不同供电系统中的接线方法如图 5-29 所示。

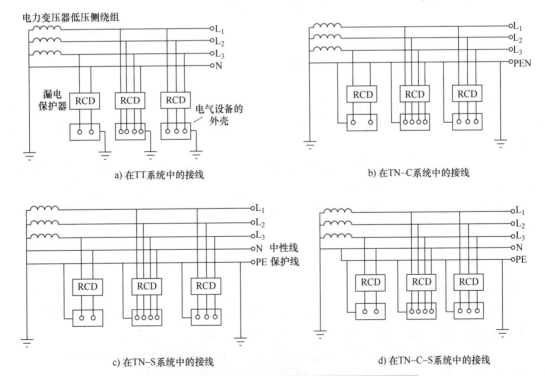

图 5-29　漏电保护器在不同供电系统中的接线方法

145

『思』
——
解答疑难，清除障碍

5.4.4 面板介绍及漏电模拟测试

1. 面板介绍

漏电保护器的面板介绍如图 5-30 所示，左边为断路器部分，右边为漏电保护部分，漏电保护部分的主要参数有漏电保护的动作电流和动作时间，对于人体来说，30mA 以下是安全电流，动作电流一般不要大于 30mA。

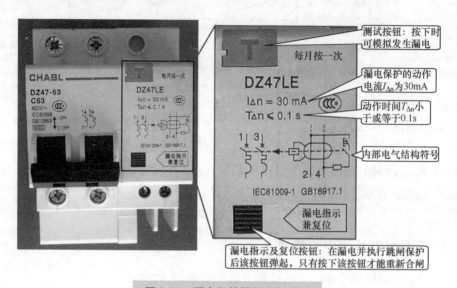

图 5-30 漏电保护器的面板介绍

2. 漏电模拟测试

在使用漏电保护器时，先要对其进行漏电测试。漏电保护器的漏电测试操作如图 5-31 所示，具体操作如下：

1）按下漏电指示及复位按钮（如果该按钮处于弹起状态），再将漏电保护器合闸（即开关拨至"ON"），复位按钮处于弹起状态时无法合闸，然后将漏电保护器的输入端接交流电源，如图 5-31a 所示。

2）按下测试按钮，模拟线路出现漏电，如果漏电保护器正常，则会跳闸，同时漏电指示及复位按钮弹起，如图 5-31b 所示。

当漏电保护器的漏电测试通过后才能投入使用，如果漏电测试未通过却继续使用，可能在线路出现漏电时无法执行漏电保护。

5.4.5 检测

1. 输入输出端的通断检测

漏电保护器的输入输出端的通断检测与断路器基本相同，即将开关分别置于"ON"和"OFF"位置，分别测量输入端与对应输出端之间的电阻。

在检测时，先将漏电保护器的开关置于"ON"位置，用万用表测量输入端与对应输出端之间的电阻，正常应接近 0Ω，如图 5-32 所示；再将开关置于"OFF"位置，测量输入端与对应输出端之间的电阻，正常应为无穷大（数字万用表显示超出量程符号"1"或

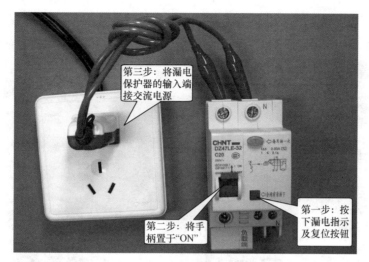

第三步：将漏电保护器的输入端接交流电源

第二步：将手柄置于"ON"

第一步：按下漏电指示及复位按钮

a) 测试准备

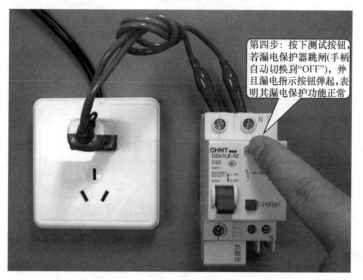

第四步：按下测试按钮，若漏电保护器跳闸(手柄自动切换到"OFF")，并且漏电指示按钮弹起，表明其漏电保护功能正常

b) 开始测试

图5-31 漏电保护器的漏电测试

"OL"）。若检测与上述不符，则说明漏电保护器损坏。

2. 漏电测试线路的检测

在按压漏电保护器的测试按钮进行漏电测试时，若漏电保护器无跳闸保护动作，可能是漏电测试线路故障，也可能是其他故障（如内部机械类故障），如果仅是内部漏电测试线路出现故障导致漏电测试不跳闸，这样的漏电保护器还可继续使用，在实际线路出现漏电时仍会执行跳闸保护。

漏电保护器的漏电测试线路比较简单，主要由一个测试按钮和一个电阻构成。漏电保护器的漏电测试线路检测如图5-33所示，如果按下测试按钮测得电阻为无穷大，则可能是按钮开路或电阻开路。

『思』——解答疑难，清除障碍

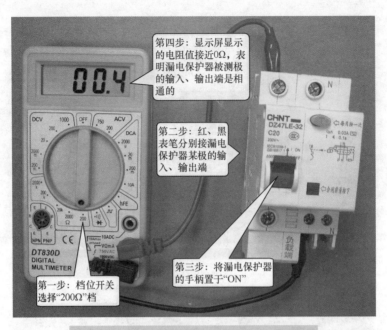

第四步：显示屏显示的电阻值接近0Ω，表明漏电保护器被测极的输入、输出端是相通的

第二步：红、黑表笔分别接漏电保护器某极的输入、输出端

第三步：将漏电保护器的手柄置于"ON"

第一步：档位开关选择"200Ω"档

图 5-32　漏电保护器输入输出端的通断检测

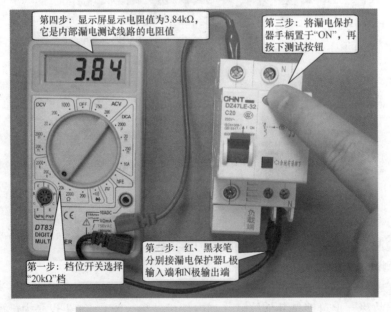

第四步：显示屏显示电阻值为3.84kΩ，它是内部漏电测试线路的电阻值

第三步：将漏电保护器手柄置于"ON"，再按下测试按钮

第一步：档位开关选择"20kΩ"档

第二步：红、黑表笔分别接漏电保护器L极输入端和N极输出端

图 5-33　漏电保护器的漏电测试线路检测

5.5　接触器

接触器是**一种利用电磁、气动或液压操作原理，来控制内部触点频繁通断的电器**，它主要用作频繁接通和切断交、直流电路。

接触器的种类很多，按通过的电流来分，接触器可分为交流接触器和直流接触器；按操作方式来分，接触器可分为电磁式接触器、气动式接触器和液压式接触器，本节主要介绍最为常用的电磁式接触器。

5.5.1　交流接触器

1. 结构、符号与工作原理

交流接触器的结构与符号如图 5-34 所示。它主要由三组主触点、一组常闭辅助触点、一组常开辅助触点和控制线圈组成，当给控制线圈通电时，线圈产生磁场，磁场通过铁心吸引衔铁，而衔铁则通过连杆带动所有的动触点动作，与各自的静触点接触或断开。交流接触器的主触点允许流过的电流较辅助触点大，故主触点通常接在大电流的主电路中，辅助触点接在小电流的控制电路中。

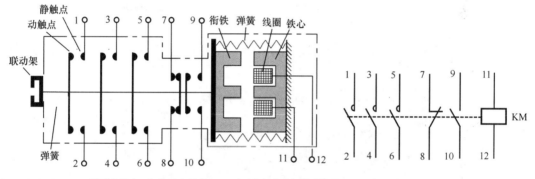

1–2、3–4、5–6端子内部为三组常开主触点；7–8端子内部为常闭辅助触点；
9–10端子内部为常开辅助触点；11–12端子内部为控制线圈

a) 结构　　　　　　　　　　　　　　　　　　b) 符号

图 5-34　交流接触器的结构与符号

有些交流接触器带有联动架，按下联动架可以使内部触点动作，使常开触点闭合、常闭触点断开，在线圈通电时衔铁会动作，联动架也会随之运动，因此如果接触器内部的触点不够用时，可以在联动架上安装辅助触点组，接触器线圈通电时联动架会带动辅助触点组内部的触点同时动作。

2. 外形与接线端

图 5-35 是一种常用的交流接触器，它内部有三个主触点和一个常开触点，没有常闭触点，控制线圈的接线端位于接触器的顶部，从标注可知，该接触器的线圈电压为 220 ~ 230V（电压频率为 50Hz 时）或 220 ~ 240V（电压频率为 60Hz 时）。

3. 安装辅助触点组

图 5-36 左边的交流接触器只有一个常开辅助触点，如果希望给它再增加一个常开触点和一个常闭触点，可以在该接触器上安装一个辅助触点组（在图 5-36 的右边），安装时只要将辅助触点组底部的卡扣套到交流接触器的联动架上即可。当交流接触器的控制线圈通电时，除了自身各个触点会动作外，还通过联动架带动辅助触点组内部的触点动作。

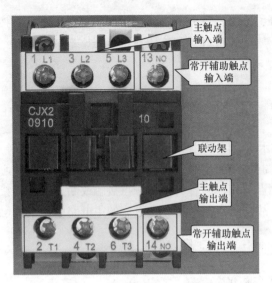

a) 前视图   b) 俯视图

图 5-35 一种常用的交流接触器的外形与接线端

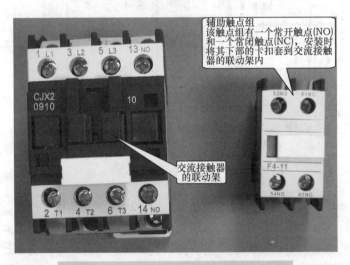

图 5-36 交流接触器及配套的辅助触点组

4. 铭牌参数的识读

交流接触器的参数很多，在外壳上会标注一些重要的参数，其识读如图 5-37 所示。

不同的电气设备，其负载性质及通断过程的电流差别很大，选用的交流接触器要能适合相应类型负载的要求。表 5-3 为接触器和电动机起动器（主电路）的使用类别代号与典型用途举例。

表 5-3 接触器和电动机起动器（主电路）的使用类别代号与典型用途举例

类 别 代 号	典型用途举例
AC-1	无感或微感负载、电阻炉
AC-2	绕线转子异步电动机的起动、分断

（续）

类 别 代 号	典型用途举例
AC-3	笼型异步电动机的起动、运转中分断
AC-4	笼型异步电动的起动、反接制动或反向运转、点动
AC-5a	放电灯的通断
AC-5b	白炽灯的通断
AC-6a	变压器的通断
AC-6b	电容器组的通断
AC-7a	家用电器和类似用途的低感负载
AC-7b	家用的电动机负载
AC-8a	具有手动复位过载脱扣器的密封制冷压缩机中的电动机控制
AC-8b	具有自动复位过载脱扣器的密封制冷压缩机中的电动机控制
DC-1	无感或微感负载、电阻炉
DC-3	并励电动机的起动、反接制动或反向运转、点动、电动机在动态中分断
DC-5	串励电动机的起动、反接制动或反向运转、点动、电动机在动态中分断
DC-6	白炽灯的通断

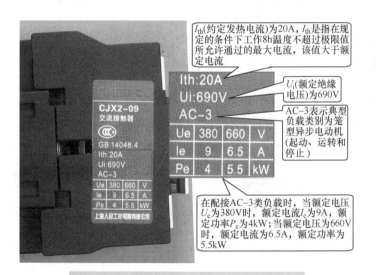

图5-37 交流接触器外壳标注参数的识读

5. 型号与参数

交流接触器的型号含义说明如下：

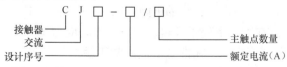

交流接触器的型号很多，CJ0、CJ10 系列交流接触器较为常用，其有关参数见表5-4。

表 5-4　CJ0、CJ10 系列交流接触器有关参数

型　号	主　触　点			辅　助　触　点			线　圈		可控制三相异步电动机最大功率/kW		操作频率/(次/h)
	对数	额定电流/A	额定电压/V	对数	额定电流/A	额定电压/V	电压/V	功率/V·A	220V	380V	
CJ0-10	3	10	380	2常开2常闭	5	380	36 110 220 380	14	2.5	4	≤500
CJ0-20	3	20						33	5.5	10	
CJ0-40	3	40						33	11	20	
CJ0-75	3	75						55	22	40	
CJ10-10	3	10						11	2.2	4	
CJ10-20	3	20						22	5.5	10	
CJ10-40	3	40						32	11	20	
CJ10-60	3	60						70	17	30	

5.5.2　直流接触器

直流接触器的结构与交流接触器基本相同，都是给内部的绕组通入电流，让它产生磁场，通过吸合动作来控制一对或多对触点接通和断开，两者的不同之处主要在于直流接触器流入内部绕组的是直流电流，而交流接触器绕组流入的是交流电流。

直流接触器主要用于**远距离切断和接通直流电力线路，频繁控制直流电动机起动、停止和正反转**等。图 5-38 所示是几种常见的直流接触器。

图 5-38　几种常见的直流接触器

直流接触器的型号含义说明如下：

```
C Z □ — □ □ ────── 常闭主触点
接触器                 常开主触点
  直流                   额定电流（A）
  设计序号
```

5.5.3　接触器的检测

接触器的检测使用万用表的欧姆档，交流和直流接触器的检测方法基本相同，下面以交流接触器为例进行说明。交流接触器的检测过程如下：

1）常态下检测常开触点和常闭触点的电阻。图 5-39 为在常态下检测交流接触器常开触点的电阻，因为常开触点在常态下处于开路，故正常电阻应为无穷大，数字万用表检测时会显示超出量程符号"1"或"OL"，在常态下检测常闭触点的电阻时，正常测得的电阻值应接近 0Ω。对于带有联动架的交流接触器，按下联动架，内部的常开触点会闭合，常闭触点会断开，可以用万用表检测这一点是否正常。

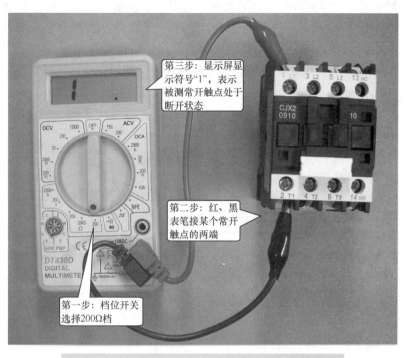

图 5-39　在常态下检测交流接触器常开触点的电阻

2）检测控制线圈的电阻。检测控制线圈的电阻如图 5-40 所示，控制线圈的电阻值正常应在几百欧，一般来说，交流接触器功率越大，要求线圈对触点的吸合力越大（即要求线圈流过的电流大），线圈电阻更小。若线圈的电阻为无穷大则为线圈开路，线圈的电阻为 0 则为线圈短路。

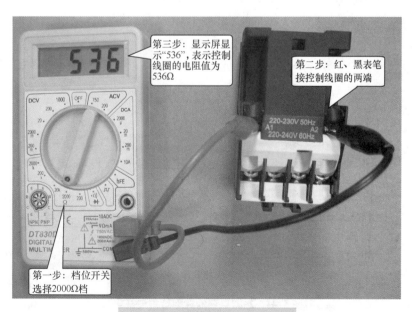

图 5-40　检测控制线圈的电阻

「思」——解答疑难，清除障碍

3）给控制线圈通电检测常开、常闭触点的电阻。在控制线圈通电时，若交流接触器正常，会发出"咔哒"声，同时常开触点闭合、常闭触点断开，故测得常开触点电阻应接近0Ω、常闭触点应为无穷大（数字万用表检测时会显示超出量程符号"1"或"OL"）。如果控制线圈通电前后被测触点电阻无变化，则可能是控制线圈损坏或传动机构卡住等。

5.5.4　接触器的选用

在选用接触器时，要注意以下事项：

1）根据负载的类型选择不同的接触器。直流负载选用直流接触器，不同的交流负载选用相应类别的交流接触器。

2）选择的接触器额定电压**应大于或等于**所接电路的电压，绕组电压应与所接电路电压**相同**。接触器的额定电压是指主触点的额定电压。

3）选择的接触器额定电流**应大于或等于**负载的额定电流。接触器的额定电流是指**主触点的额定电流**。对于额定电压为 380V 的中、小容量电动机，其额定电流可按 $I_n = 2P_n$ 来估算，如额定电压为 380V、额定功率为 3kW 的电动机，其额定电流 $I_n = 2 \times 3 = 6A$。

4）选择接触器时，要注意**主触点和辅助触点数**应符合电路的需要。

5.6　热继电器

热继电器是**利用电流通过发热元件时产生热量而使内部触点动作的**。热继电器主要用于电气设备发热保护，如电动机过载保护。

5.6.1　结构与工作原理

热继电器的典型结构与符号如图 5-41 所示。从图中可以看出，热继电器由电热丝、双金属片、导板、测试杆、推杆、动触片、静触片、弹簧、螺钉、复位按钮和整定旋钮等组成。

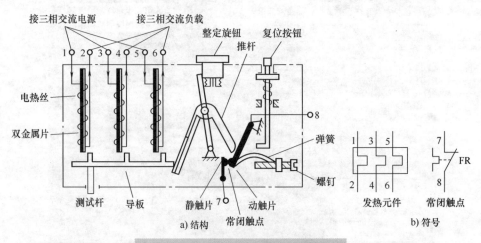

图 5-41　热继电器的典型结构与符号

该热继电器有 1-2、3-4、5-6、7-8 四组接线端，1-2、3-4、5-6 三组串接在主电路的三相交流电源和负载之间，7-8 一组串接在控制电路中，1-2、3-4、5-6 三组接线端内接电热丝，电热丝绕在双金属片上，当负载过载时，流过电热丝的电流大，电热丝加热双金属片，使之往右弯曲，推动导板往右移动，导板推动推杆转动而使动触片运动，动触点与静触点断开，从而向控制电路发出信号，控制电路通过电器（一般为接触器）切断主电路的交流电源，防止负载长时间过载而损坏。

在切断交流电源后，电热丝温度下降，双金属片恢复到原状，导板左移，动触点和静触点又重新接触，该过程称为自动复位，出厂时热继电器一般被调至自动复位状态。如需手动复位，可将螺钉（图中右下角）往外旋出数圈，这样即使切断交流电源让双金属片恢复到原状，动触点和静触点也不会自动接触，需要用手动方式按下复位按钮才可使动触点和静触点接触，该过程称为手动复位。

只有流过发热元件的电流超过一定值（发热元件额定电流值）时，内部机构才会动作，使常闭触点断开（或常开触点闭合），**电流越大，动作时间越短**，例如流过某热继电器的电流为 1.2 倍额定电流时，2h 内动作，为 1.5 倍额定电流时 2min 内动作。热继电器的发热元件额定电流可以通过**整定旋钮**来调整，例如对于图 5-41 所示的热继电器，将整定旋钮往内旋时，推杆位置下移，导板需要移动较长的距离才能让推杆运动而使触点动作，而只有流过电热丝电流大，才能使双金属片弯曲程度更大，即将整定旋钮往内旋可将发热元件额定电流调大一些。

5.6.2　外形与接线端

图 5-42 是一种常用的热继电器，它内部有三组发热元件和一个常开触点、一个常闭触点，发热元件的一端接交流电源，另一端接负载，当流过发热元件的电流长时间超过整定电流时，发热元件弯曲最终使常开触点闭合、常闭触点断开。在热继电器上还有整定电流旋钮、复位按钮、测试杆和手动/自动复位切换螺钉，其功能说明见图标注所示。

5.6.3　铭牌参数的识读

热继电器铭牌参数的识读如图 5-43 所示。热、电磁和固态继电器的脱扣分四个等级，它是根据在 7.2 倍额定电流时的脱扣时间来确定的，具体见表 5-5。例如，对于 10A 等级的热继电器，如果施加 7.2 倍额定电流，在 2~10s 内会产生脱扣动作。

热继电器是一种保护电器，其触点开关接在控制电路，图 5-43 中的热继电器使用类别为 AC-15，即控制电磁铁类负载，更多控制电路的电器开关元件的使用类型见表 5-6。

表 5-5　热、电磁和固态继电器的脱扣级别与时间

级　　别	在 7.2 倍额定电流下的脱扣时间/s
10A	$2 < T_p \leqslant 10$
10	$4 < T_p \leqslant 10$
20	$6 < T_p \leqslant 20$
30	$9 < T_p \leqslant 30$

表 5-6　控制电路的电器开关元件的使用类型

电流种类	使用类别	典型用途
交流	AC-12	控制电阻性负载和光耦合隔离的固态负载
	AC-13	控制具有变压器隔离的固态负载
	AC-14	控制小型电磁铁类负载（≤72V·A）
	AC-15	控制电磁铁类负载（>72V·A）
直流	DC-12	控制电阻性负载和光耦合隔离的固态负载
	DC-13	控制电磁铁类负载
	DC-14	控制电路中具有经济电阻的电磁铁类负载

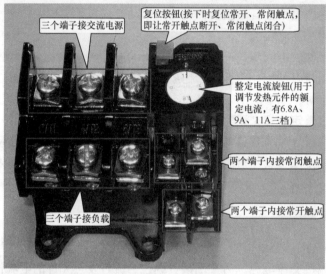

三个端子接交流电源

复位按钮(按下时复位常开、常闭触点，即让常开触点断开、常闭触点闭合)

整定电流旋钮(用于调节发热元件的额定电流，有6.8A、9A、11A三档)

两个端子内接常闭触点

两个端子内接常开触点

三个端子接负载

a) 前视图

测试杆(左推时模拟发热元件过热而推动导杆，测试常开触点能否闭合，常闭触点能否断开)

b) 后视图

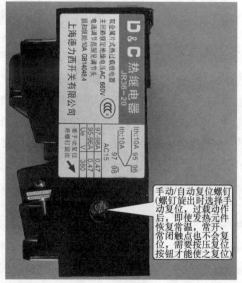

手动/自动复位螺钉(螺钉旋出时选择手动复位，过载动作后，即使发热元件恢复常温，常开、常闭触点也不会复位，需要按压复位按钮才能使之复位)

c) 侧视图

图 5-42　一种常用热继电器的接线端及外部操作部件

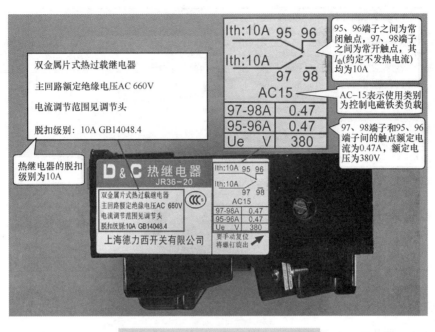

图 5-43 热继电器铭牌参数的识读

5.6.4 型号与参数

热继电器的型号含义说明如下：

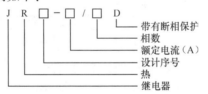

热继电器种类较多，常用热继电器参数见表 5-7。

表 5-7 常用热继电器的主要参数

| 型号 | 额定电压/V | 额定电流/A | 相数 | 热 元 件 | | | 断相保护 | 温度补偿 | 复位方式 | 动作灵活性检查装置 | 动作后的指示 | 触点数量 |
				最小规格/A	最大规格/A	档数						
JR16（JR0）	380	20	3	0.25～0.35	14～22	12	有	有	手动或自动	无	无	1常闭、1常开
		60	3	14～22	10～63	4						
		150	3	40～63	100～160	4						
JR15		10	2	0.25～0.35	6.8～11	10	无					
		40		6.8～11	30～45	5						
		100		32～50	60～100	3						
		150		68～100	100～150	2						

（续）

型号	额定电压/V	额定电流/A	相数	热 元 件			断相保护	温度补偿	复位方式	动作灵活性检查装置	动作后的指示	触点数量
				最小规格/A	最大规格/A	档数						
JR20	660	6.3	3	0.1~0.15	5~7.4	14	无	有	手动或自动	有	有	1常闭、1常开
		16		3.5~5.3	14~18	6						
		32		8~12	28~36	6						
		63		16~24	55~71	6						
		160		33~47	144~170	9	有					
		250		83~125	167~250	4						
		400		130~195	267~400	4						
		630		200~300	420~630	4						

『思』——解答疑难，清除障碍

5.6.5 选用

热继电器在选用时，可遵循以下原则：

1）在大多数情况下，可选用**两相热继电器**（对于三相电压，热继电器可只接其中两相）。对于三相电压均衡性较差、无人看管的三相电动机，或与大容量电动机共用一组熔断器的三相电动机，应该选用三相热继电器。

2）热继电器的额定电流**应大于负载（一般为电动机）的额定电流**。

3）热继电器的发热元件的额定电流**应略大于负载的额定电流**。

4）热继电器的整定电流一般与**电动机的额定电流相等**。对于过载容易损坏的电动机，整定电流可调小一些，为电动机额定电流的**60%~80%**；对于起动时间较长或带冲击性负载的电动机，所接热继电器的整定电流可稍大于电动机的额定电流，为其的**1.1~1.15**倍。

> **选用举例**：选择一个热继电器用来对一台电动机进行过热保护，该电动机的额定电流为30A，起动时间短，不带冲击性负载。根据热继电器选择原则可知，应选择额定电流为30A、发热元件额定电流略大于30A、整定电流为30A的热继电器。从表5-7中可以看出，符合该要求的热继电器很多，这里选择JR16-60/3型热继电器，该继电器的额定电流为60A，发热元件额定电流为32A，整定电流为32A。

5.6.6 检测

热继电器检测分为发热元件检测和触点检测，两者检测都使用万用表欧姆档。

（1）检测发热元件

发热元件由电热丝或电热片组成，其电阻很小（接近0Ω）。热继电器的发热元件检测如图5-44所示，三组发热元件的正常电阻均应接近0Ω，如果电阻无穷大（数字万用表显示超出量程符号"1"或"OL"），则为发热元件开路。

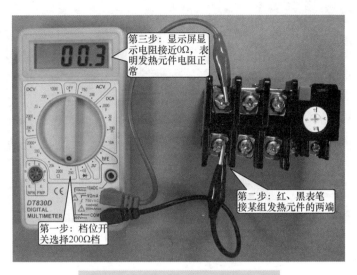

第三步：显示屏显示电阻接近0Ω，表明发热元件电阻正常

第二步：红、黑表笔接某组发热元件的两端

第一步：档位开关选择200Ω档

图 5-44 检测热继电器的发热元件

（2）检测触点

热继电器一般有一个常闭触点和一个常开触点，触点检测包括未动作时检测和动作时检测。检测热继电器常闭触点的电阻如图 5-45 所示，图 a 为检测未动作时的常闭触点电阻，正常应接近0Ω，然后检测动作时的常闭触点电阻，检测时拨动测试杆，如图 b 所示，模拟发热元件过电流发热弯曲使触点动作，常闭触点应变为开路，电阻为无穷大。

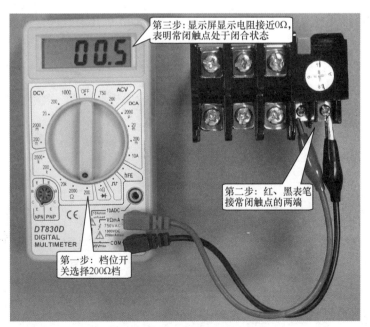

第三步：显示屏显示电阻接近0Ω，表明常闭触点处于闭合状态

第二步：红、黑表笔接常闭触点的两端

第一步：档位开关选择200Ω档

a) 检测未动作时的常闭触点电阻

图 5-45 检测热继电器常闭触点的电阻

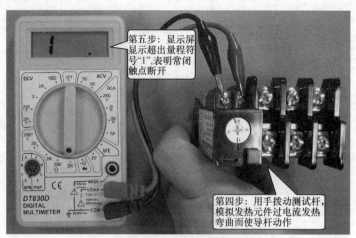

第五步：显示屏显示超出量程符号"1"，表明常闭触点断开

第四步：用手拨动测试杆，模拟发热元件过电流发热弯曲而使导杆动作

b) 检测动作时的常闭触点电阻

图 5-45　检测热继电器常闭触点的电阻（续）

5.7　电磁继电器

电磁继电器是<u>利用线圈通过电流产生磁场，来吸合衔铁而使触点断开或接通的</u>。电磁继电器在电路中可以用作保护和控制。

5.7.1　电磁继电器的基本结构与原理

电磁继电器的结构与符号如图 5-46 所示，它主要由常开触点、常闭触点、控制线圈、铁心和衔铁等组成。在控制线圈未通电时，依靠弹簧的拉力使常闭触点接通、常开触点断开，当给控制线圈通电时，线圈产生磁场并克服弹簧的拉力而吸引衔铁，从而使常闭触点断开、常开触点接通。

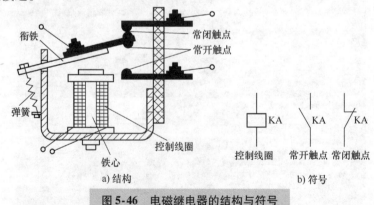

衔铁　　常闭触点　　常开触点　　弹簧　　控制线圈　　铁心

a) 结构

控制线圈　　常开触点　　常闭触点

b) 符号

图 5-46　电磁继电器的结构与符号

<u>电流继电器、电压继电器和中间继电器</u>都属于电磁继电器。

5.7.2　电流继电器

电流继电器在使用时，应与电路<u>串联</u>，以监测电路<u>电流</u>的变化。电流继电器线圈的<u>匝数少、导线粗、阻抗小</u>。电流继电器分为<u>过电流继电器和欠电流继电器</u>，分别在<u>电流过大和电</u>

流过小时产生动作。

电流继电器符号如图 5-47 所示，一些常见的电流继电器如图 5-48 所示。

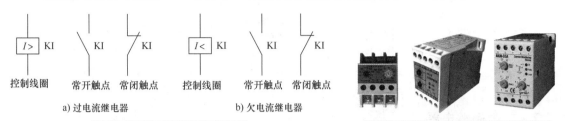

图 5-47　电流继电器符号

图 5-48　一些常见的电流继电器

电流继电器的型号很多，较常见的有 JL14 系列、JL15 系列和 JL18 系列。以 JL14 系列为例，电流继电器的型号含义说明如下：

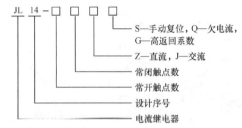

在选用过电流继电器时，继电器的额定电流应大于或等于被保护电动机的额定电流，继电器动作电流一般为电动机额定电流的**1.7~2 倍**，对于频繁起动的电动机，继电器动作电流要稍大些，为**2.25~2.5 倍**。

在选用欠电流继电器时，欠电流继电器的额定电流不能小于被保护电动机的额定电流，其动作电流应小于被保护电动机正常时可能出现的最小电流。

5.7.3　电压继电器

电压继电器在使用时，应与电路**并联**，以监测电路**电压**的变化。电压继电器线圈的**匝数多、导线细、阻抗大**。电压继电器也分为**过电压继电器和欠电压继电器**，分别在**电压过高和电压过低时产生动作**。

电压继电器符号如图 5-49 所示，图 5-50 所示是一些常见的电压继电器。

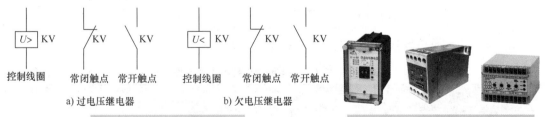

图 5-49　电压继电器符号

图 5-50　一些常见的电压继电器

电压继电器的型号很多，其中 JT4 系列较为常用，它常用在交流 50Hz、380V 及以下控制电路中，用作零电压、过电压和过电流保护。JT4 系列电压继电器的型号含义说明如下：

『思』——解答疑难，清除障碍

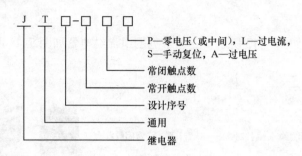

P—零电压（或中间），L—过电流，
S—手动复位，A—过电压
常闭触点数
常开触点数
设计序号
通用
继电器

5.7.4 中间继电器

中间继电器实际上也是电压继电器，与普通电压继电器的不同之处在于，**中间继电器有很多触点，并且触点允许流过的电流较大，可以断开和接通较大电流的电路**。

1. 符号及实物外形（见图5-51）

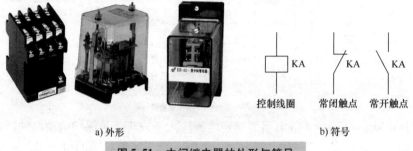

控制线圈　　常闭触点　　常开触点

a) 外形　　　　　　　　　　b) 符号

图 5-51　中间继电器的外形与符号

2. 引脚触点图及重要参数的识读

采用直插式引脚的中间继电器，为了便于接线安装，需要配合相应的底座使用。中间继电器的引脚触点图及重要参数的识读如图5-52所示。

3. 型号与参数

中间继电器的型号含义说明如下：

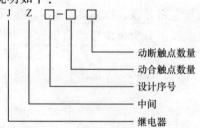

动断触点数量
动合触点数量
设计序号
中间
继电器

JZ7系列中间继电器使用较广泛，其主要参数见表5-8。

表 5-8　JZ7系列中间继电器的主要参数

型　号	触点额定电压/V		触点额定电流/A	触点数量		额定操作频率/(次/h)	吸引线圈电压/V		吸引线圈消耗功率/VA	
	直流	交流		常开	常闭		50Hz	60Hz	启动	吸持
JZ7-44	440	500	5	4	4	1200	12、24、36、48、110、127、220、380、420、440、500	12、36、110、127、220、380、440	75	12
JZ7-62	440	500	5	6	2	1200			75	12
JZ7-80	440	500	6	8	0	1200			75	12

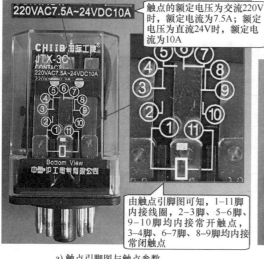

触点的额定电压为交流220V时，额定电流为7.5A；额定电压为直流24V时，额定电流为10A

由触点引脚图可知，1-11脚内接线圈，2-3脚、5-6脚、9-10脚均内接常开触点，3-4脚、6-7脚、8-9脚均内接常闭触点

a) 触点引脚图与触点参数

线圈标注其额定电压为220V

b) 在控制线圈上标有其额定电压

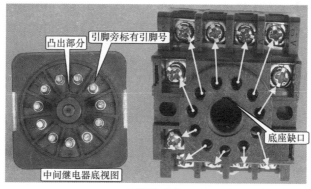

凸出部分　　引脚旁标有引脚号

中间继电器底视图

底座缺口

c) 引脚与底座

图5-52　中间继电器的引脚触点图及重要参数的识读

4. 选用

在选用中间继电器时，主要考虑触点的额定电压和电流应等于或大于所接电路的电压和电流，触点类型及数量应满足电路的要求，绕组电压应与所接电路电压相同。

5. 检测

中间继电器电气部分由线圈和触点组成，两者检测均使用万用表的欧姆档。

1）控制线圈未通电时检测触点。触点包括常开触点和常闭触点，在控制线圈未通电的情况下，常开触点处于断开状态，电阻为无穷大，常闭触点处于闭合状态，电阻接近0Ω。中间继电器控制线圈未通电时检测常开触点如图5-53所示。

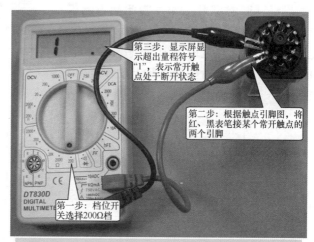

第三步：显示屏显示超出量程符号"1"，表示常开触点处于断开状态

第二步：根据触点引脚图，将红、黑表笔接某个常开触点的两个引脚

第一步：档位开关选择200Ω档

图5-53　中间继电器控制线圈未通电时检测常开触点

2）检测控制线圈。中间继电器控制线圈的检测如图 5-54 所示，一般触点的额定电流越大，控制线圈的电阻越小，这是因为触点的额定电流越大，触点体积越大，只有控制线圈电阻小（线径更粗）才能流过更大的电流，才能产生更强的磁场吸合触点。

3）给控制线圈通电来检测触点。给中间继电器的控制线圈施加额定电压，再用万用表检测常开、常闭触点的电阻，正常常开触点应处于闭合状态，电阻接近 0Ω，常闭触点处于断开状态，电阻为无穷大。

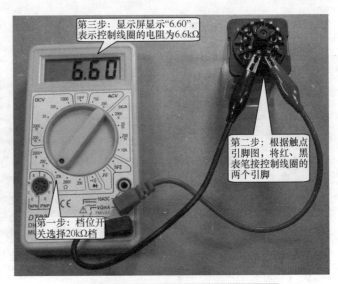

第三步：显示屏显示"6.60"，表示控制线圈的电阻为6.6kΩ

第二步：根据触点引脚图，将红、黑表笔接控制线圈的两个引脚

第一步：档位开关选择20kΩ档

图 5-54　中间继电器控制线圈的检测

5.8　时间继电器

时间继电器是**一种延时控制继电器**，它在得到动作信号后并不是立即让触点动作，而是延迟一段时间才让触点动作。时间继电器主要用在各种自动控制系统和电动机的起动控制线路中。

5.8.1　外形与符号

图 5-55 列出一些常见的时间继电器。

时间继电器分为通电延时型和断电延时型两种，其符号如图 5-56 所示。对于通电延时型时间继电器，当线圈通电时，通电延时型触点**经延时时间后动作（常闭触点断开、常开触点闭合）**，线圈断电后，该触点马上恢复常态；对于断电延时型时间继电器，当线圈通电时，**断电延时型触点马上动作（常闭触点断开、常开触点闭合）**，线圈断电后，该触点需要经延时时间后才会恢复到常态。

图 5-55　一些常见的时间继电器

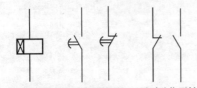

通电型延时线圈　通电延时型触点　瞬时动作型触点

a) 通电延时型

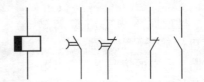

断电型延时线圈　断电延时型触点　瞬时动作型触点

b) 断电延时型

图 5-56　时间继电器的符号

5.8.2 种类及特点

时间继电器的种类很多，主要有空气阻尼式、电磁式、电动式和电子式。这些时间继电器有各自的特点，具体说明如下：

1）空气阻尼式时间继电器又称为气囊式时间继电器，它是根据空气压缩产生的阻力来进行延时的，其结构简单，价格便宜，延时范围大（0.4~180s），但延时精确度低。

2）电磁式时间继电器延时时间短（0.3~1.6s），但结构比较简单，通常用在断电延时场合和直流电路中。

3）电动式时间继电器的原理与钟表类似，它是由内部电动机带动减速齿轮转动而获得延时的。这种继电器延时精度高，延时范围宽（0.4~72h），但结构比较复杂，价格较高。

4）电子式时间继电器又称为半导体时间继电器，它是利用延时电路来进行延时的。这种继电器精度高，体积小。

5.8.3 空气阻尼式时间继电器

时间继电器的种类很多，限于篇幅，下面仅以空气阻尼式时间继电器为例来说明时间继电器的工作原理。

1. 结构与工作原理

空气阻尼式时间继电器的结构如图 5-57 所示。

当给绕组通电时，绕组产生磁场吸引衔铁，衔铁及推板往下运动，通过活塞杆带动活塞也往下移动（释放弹簧的伸张力也会使活塞杆受一个下移的力），活塞下移，其上方空间的空气稀薄，下方的空气压缩，这样的空气使活塞受向上的力，这个力与衔铁的拉力方向相反，故活塞、活塞杆和推板都缓慢下移，移动的速度与进气孔的大小有关，进气孔越大，活塞下移速度越快，而进气孔的大小可以通过调节螺钉来改变。一段时间后，当活塞移到某位置时，与之联动的活塞杆带动杠杆运动，而使开关 1 的动触片上移，与下方的触点断开，与上方的触点接通；与此同时，推板下移使得开关 2 的动触片与上触点断开，与下触点接通。

如果切断绕组供电，则衔铁不受吸引，依靠复位弹簧的弹力使推板上移，同时活塞杆上移，推板上移，开关 2 的动触片与下方的触点断开，而与上方的触点接通。推板上移使活塞杆、活塞都上移，活塞上移使出气阀门打开，排出上方空间的空气，活塞杆上移则通过杠杆使开关 1 的动触片与上方的触点断开，与下方的触点接通。

从上面的分析可知，给绕组通电后，空气阻尼式时间继电器的触点并不是立即动作，而是一段时间后才动作，断电后，由于排气迅速，活塞不受阻力，故线圈断电后触点立即切换，无延时。因此这种时间继电器通常称为通电延时型继电器。另外，还有一种通电时即刻动作，断电后才延时的继电器，称为断电延时型时间继电器。

『思』——解答疑难，清除障碍

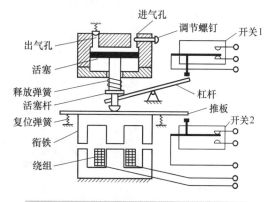

图 5-57 空气阻尼式时间继电器的结构

2. 型号

空气阻尼式时间继电器的型号含义说明如下：

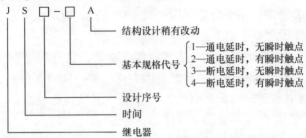

```
J  S  □ - □  A
```

- 结构设计稍有改动
- 基本规格代号
  - 1—通电延时，无瞬时触点
  - 2—通电延时，有瞬时触点
  - 3—断电延时，无瞬时触点
  - 4—断电延时，有瞬时触点
- 设计序号
- 时间
- 继电器

5.8.4　电子式时间继电器

电子式时间继电器具有体积小、延时时间长和延时精度高等优点，使用越来越广泛。图5-58是一种常用的通电延时型电子式时间继电器。

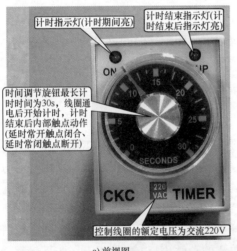

计时指示灯(计时期间亮)

计时结束指示灯(计时结束后指示灯亮)

时间调节旋钮最长计时时间为30s，线圈通电后开始计时，计时结束后内部触点动作(延时常开触点闭合、延时常闭触点断开)

控制线圈的额定电压为交流220V

a) 前视图

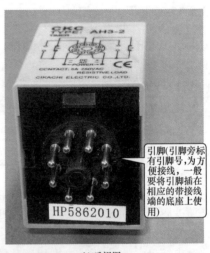

引脚(引脚旁标有引脚号，为方便接线，一般要将引脚插在相应的带接线端的底座上使用)

b) 后视图

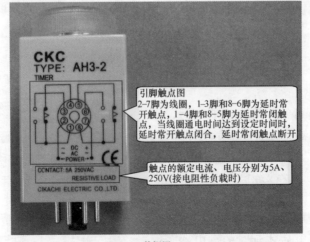

引脚触点图
2-7脚为线圈，1-3脚和8-6脚为延时常开触点，1-4脚和8-5脚为延时常闭触点，当线圈通电时间达到设定时间时，延时常开触点闭合，延时常闭触点断开

触点的额定电流、电压分别为5A、250V(接电阻性负载时)

c) 俯视图

图5-58　一种常用的通电延时型电子式时间继电器

5.8.5 选用

在选用时间继电器时，一般可遵循下面的规则：

1）根据受控电路的需要来决定选择时间继电器是通电延时型还是断电延时型。

2）根据受控电路的电压来选择时间继电器吸引绕组的电压。

3）若对延时要求高，则可选择晶体管式时间继电器或电动式时间继电器；若对延时要求不高，则可选择空气阻尼式时间继电器。

5.8.6 检测

时间继电器的检测主要包括触点常态检测、线圈的检测和线圈通电检测。

1）触点的常态检测。触点常态检测是指在控制线圈未通电的情况下检测触点的电阻，常开触点处于断开状态，电阻为无穷大，常闭触点处于闭合状态，电阻接近0Ω。

2）给控制线圈通电来检测触点。给时间继电器的控制线圈施加额定电压，然后根据时间继电器的类型检测触点状态有无变化，例如对于通电延时型时间继电器，通电经延时时间后，其延时常开触点是否闭合（电阻接近0Ω）、延时常闭触点是否断开（电阻为无穷大）。

5.9 速度继电器与压力继电器

5.9.1 速度继电器

速度继电器是<u>一种当转速达到规定值时而产生动作的继电器</u>。速度继电器在使用时通常<u>与电动机的转轴连接在一起</u>。

1. 外形与符号（见图5-59）

2. 结构与工作原理

速度继电器的结构如图5-60所示。速度继电器主要由转子、定子、摆锤和触点组成。转子由永久磁铁制成，定子内圆表面嵌有线圈（定子绕组）。在使用时，将速度继电器转轴与电动机的转轴连接在一起，电动机运转时带动继电器的磁铁转子旋转，继电器的定子绕组

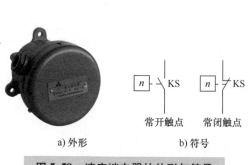

图5-59 速度继电器的外形与符号

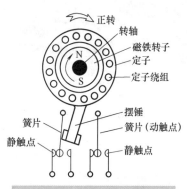

图5-60 速度继电器的结构

上会感应出电动势，从而产生感应电流。此电流产生的磁场与磁铁的磁场相互作用，使定子转动一个角度，定子转向与转度分别由磁铁转子的转向与转速决定。当转子转速达到一定值时，定子会偏转到一定角度，与定子联动的摆锤也偏转到一定的角度，会碰压动触点使常闭触点断开、常开触点闭合。当电动机速度很慢或为零时，摆锤偏转角很小或为零，动触点自动复位，常闭触点闭合、常开触点断开。

3. 型号含义

JFZ0 系列速度继电器较为常用，其型号含义说明如下：

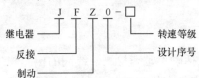

5.9.2 压力继电器

压力继电器能根据压力的大小来决定触点的接通和断开。压力继电器常用于机械设备的液压或气压控制系统中，对设备提供保护或控制。

1. 外形与符号（见图 5-61）

2. 结构与工作原理

压力继电器的结构如图 5-62 所示。从图中可以看出，压力继电器主要由缓冲器、橡皮膜、顶杆、压力弹簧、调节螺母和微动开关组成。在使用时，压力继电器装在油路（或气路、水路）的分支管路中，当管路中的油压超过规定值时，压力油通过缓冲器、橡皮膜推动顶杆，顶杆克服弹簧的压力碰压微动开关，使微动开关的常闭触点断开、常开触点闭合。当油路压力减小到一定值时，依靠压力弹簧的作用，顶杆复位，微动开关的常闭触点接通、常开触点断开。调节螺母可以调节压力继电器的动作压力。

a) 外形　　　　　b) 符号

图 5-61　压力继电器的外形与符号

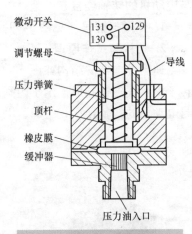

图 5-62　压力继电器的结构

第6章

变　压　器　◀◀◀

6.1　变压器的基础知识

变压器是**一种能提升或降低交流电压、电流的电气设备**。无论是在电力系统中，还是在微电子技术领域，变压器都得到了广泛的应用。

6.1.1　结构与工作原理

变压器主要由**绕组和铁心**组成，其结构与符号如图 6-1 所示。

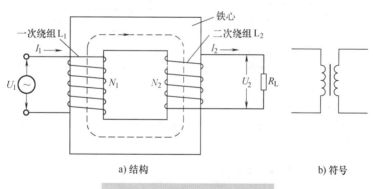

a) 结构　　　　　　　　　　　　　　b) 符号

图6-1　变压器的结构与符号

从图中可以看出，两组绕组 L_1、L_2 绕在同一铁心上就构成了变压器。一个绕组与交流电源连接，该绕组称为一次绕组（或称原边绕组），匝数（即圈数）为 N_1；另一个绕组与负载 R_L 连接，称为二次绕组（或称副边绕组），匝数为 N_2。当交流电压 U_1 加到一次绕组 L_1 两端时，有交流电流 I_1 流过 L_1，L_1 产生变化的磁场，变化的磁场通过铁心穿过二次绕组 L_2，L_2 两端会产生感应电压 U_2，并输出电流 I_2 流经负载 R_L。

实际的变压器铁心并不是一块厚厚的环形铁，而是由很多薄薄的、涂有绝缘层的硅钢片叠在一起而构成的，常见的硅钢片主要有心式和壳式两种，其形状如图 6-2 所示。由于在闭合的硅钢片上绕制绕组比较困难，因此每片硅钢片都分成两部分，先在其中一部分上绕好绕组，然后再将另一部分与它拼接在一起。

变压器的绕组一般采用表面涂有绝缘漆的铜线绕制而成，对于大容量的变压器则常采用绝缘的扁铜线或铝线绕制而成。**变压器接高压的绕组称为高压绕组，其线径细、匝数多；接低压的绕组**称为低压绕组，**其线径粗、匝数少**。

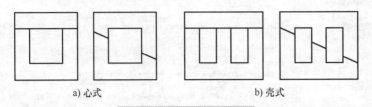

a) 心式　　　　　　　　b) 壳式

图6-2　硅钢片的形状

变压器是由绕组绕制在铁心上构成的，对于不同形状的铁心，绕组的绕制方法有所不同，图6-3所示是几种绕组在铁心上的绕制方式。从图中可以看出，不管是心式铁心，还是壳式铁心，高、低压绕组并不是各绕在铁心的一侧，而是绕在一起，图中线径粗的绕组绕在铁心上构成低压绕组，线径细的绕组则绕在低压绕组上。

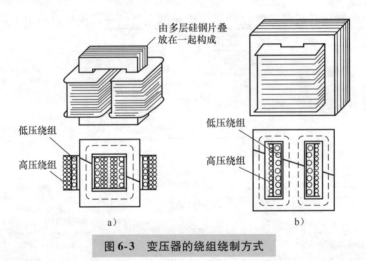

图6-3　变压器的绕组绕制方式

6.1.2　电压、电流变换功能说明

变压器的基本功能是**电压变换和电流变换**。

1. 电压变换

变压器**既可以升高交流电压，也可以降低交流电压**。在忽略变压器对电能损耗的情况下，变压器一次、二次绕组的电压与一次、二次绕组的匝数的关系为

$$\frac{U_1}{U_2} = \frac{N_1}{N_2} = K$$

式中，K 称为匝数比或电压比，由上式可知：

1）当 $N_1 < N_2$（即 $K < 1$）时，变压器输出电压 U_2 较输入电压 U_1 高，故 $K < 1$ 的变压器称为升压变压器。

2）当 $N_1 > N_2$（即 $K > 1$）时，变压器输出电压 U_2 较输入电压 U_1 低，故 $K > 1$ 的变压器称为降压变压器。

3）当 $N_1 = N_2$（即 $K = 1$）时，变压器输出电压 U_2 和输入电压 U_1 相等，这种变压器不能改变交流电压的大小，但能将一次、二组绕组电路隔开，故 $K = 1$ 的变压器常称为隔离变压器。

2. 电流变换

变压器**不但能改变交流电压的大小，还能改变交流电流的大小**。在忽略变压器对电能损耗的情况下，变压器的一次绕组的功率 P_1（$P_1 = U_1 \cdot I_1$）与二次绕组的功率 P_2（$P_2 = U_2 \cdot I_2$）是相等的，即

$$U_1 \cdot I_1 = U_2 \cdot I_2 \Rightarrow \frac{U_1}{U_2} = \frac{I_2}{I_1}$$

由上式可知，变压器一次、二次绕组的电压与**一次、二次绕组的电流成反比**：若提升二次绕组的电压，则会使**二次绕组的电流减小**；若降低二次绕组的电压，则**二次绕组的电流会增大**。

综上所述，对于变压器来说，不管是一次或是二次绕组，匝数越多，它两端的**电压就越高，流过的电流就越小**。例如，某变压器的二次绕组匝数少于一次绕组匝数，其二次绕组两端的电压就低于一次绕组两端的电压，而二次绕组的电流比一次绕组的大。

6.1.3 极性判别

变压器可以改变交流信号的电压或电流大小，但不能改变交流信号的频率，当一次绕组的交流电压极性变化时，二次绕组上的交流电压极性也会变化，它们的极性变化有一定的规律。下面以图 6-4 来说明这个问题。

1. 同名端

交流电压 U_1 加到变压器的一次绕组 L_1 两端，在二次绕组 L_2 两端会感应出电压 U_2，并送给负载 R_L。假设 U_1 的极性是上正下负，L_1 两端的电压也为①正②负（即上正下负），L_2 两端感应出来的电压有两种可能：一是③正④负，二是③负④正。

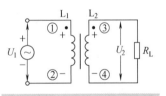

图 6-4 变压器的极性说明

如果 L_2 两端的感应电压极性是③正④负，那么 L_2 的③端与 L_1 的①端的极性是相同的，也就说 L_2 的③端与 L_1 的①端是同名端，为了表示两者是同名端，常在该端标注"·"。当然，因为②端与④端极性也是相同的，故它们也是同名端。

如果 L_2 两端的感应电压极性是③负④正，那么 L_2 的④端与 L_1 的①端的极性是相同的，L_2 的④端与 L_1 的①端就是同名端。

2. 同名端的判别

根据不同情况，可采用下面两种方法来判别变压器的同名端：

1）对于已知绕向的变压器，可分别给两个绕组通电流，然后用右手螺旋定则来判断两个绕组产生磁场的方向，以此来确定同名端。

如果电流流过两个绕组，两个绕组产生的磁场方向一致，则两个绕组的电流输入端为同名端。如图 6-5a 所示，电流 I_1 从①端流入一次绕组 L_1，它产生的磁场方向为顺时针，电流 I_2 从③端流入二次绕组 L_2，L_2 产生的磁场也为顺时针，即两绕组产生的磁场方向一致，两个绕组的电流输入端①、③为同名端。

如果电流流过两个绕组，两个绕组产生的磁场方向相反，则一个绕组的电流输入端与另一个绕组的电流输出端为同名端。如图6-5b所示，绕组L_1产生的磁场方向为顺时针，L_2产生的磁场为逆时针，即两绕组产生的磁场方向相反，绕组L_1的电流输入端①与L_2的电流输出端④为同名端。

2）对于已封装好、无法知道绕向的变压器。在平时接触更多的是已封装好的变压器，对于这种变压器是很难知道其绕组绕向的，用前面的方法无法判别出同名端，此时可使用实验的方法。该方法说明如下：

如图6-6a所示，将变压器的一个绕组的一端与另一个绕组的一端连接起来（图中是将②、④端连接起来），再在两个绕组另一端之间连接一个电压表（图中是在①、③端之间连接电压表），然后给一个绕组加一个较低的交流电压（图中是在①、②端加U_1电压）。观察电压表V测得的电压值U，如果电压值是两个绕组电压的和，即$U = U_1 + U_2$，则①、④端为同名端，其等效原理如图6-6b所示；如果$U = U_1 - U_2$，则①、③端为同名端，其等效原理如图6-6c所示。

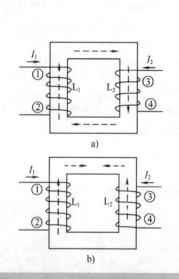

图6-5　已知绕向的变压器极性判别

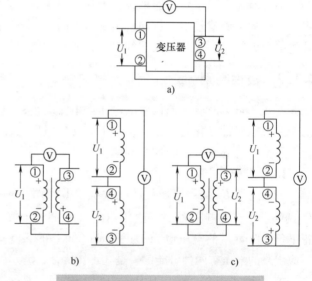

图6-6　绕向未知的变压器极性判别

6.2　三相变压器

6.2.1　电能的传送

发电部门的发电机将其他形式的能（如水能和化学能）转换成电能，电能再通过导线传送给用户。由于用户与发电部门的距离往往很远，电能传送需要很长的导线，电能在导线传送的过程中有损耗。根据焦耳定律$Q = I^2Rt$可知，损耗的大小主要与**流过导线的电流和导线的电阻**有关，电流、电阻越大，**导线的损耗越大**。

为了降低电能在导线上传送产生的损耗，**可减小导线电阻和降低流过导线的电流**。具体做法有：通过采用电阻率小的铝或铜材料制作成粗导线来减小导线的电阻；通过提高传送电压来减小电流，这是根据$P = UI$，在传送功率一定的情况下，导线电压越高，流过导线的电流越小。

电能从发电站传送到用户的过程如图 6-7 所示。发电机输出的电压先送到升压变电站进行升压，升压后得到 110～330kV 的高压，高压经导线进行远距离传送，到达目的地后，再由降压变电站的降压变压器将高压降低到 220V 或 380V 的低压，提供给用户。实际上，在提升电压时，往往不是依靠一个变压器将低压提升到很高的电压，而是经过多个升压变压器一级级进行升压的，在降压时，也需要经多个降压变压器进行逐级降压。

6.2.2 三相变压器

1. 三相交流电的产生

目前电力系统广泛采用三相交流电，它是由三相交流发电机产生的。三相交流发电机原理示意图如图 6-8 所示。从图中可以看出，三相发电机主要是由 U、V、W 三个绕组和磁铁组成的，当磁铁旋转时，在 U、V、W 绕组中分别产生电动势，各绕组两端的电压分别为 U_U、U_V、U_W，这三个绕组输出的三组交流电压就称为三相交流电压。

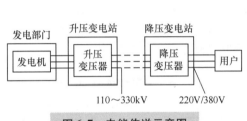

图 6-7 电能传送示意图

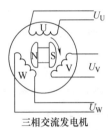

图 6-8 三相交流发电机原理示意图

2. 利用单相变压器改变三相交流电压

要将三相交流发电机产生的三相电压传送出去，为了降低线路损耗，需对每相电压都进行提升，简单的做法是采用三个单相变压器，如图 6-9 所示。单相变压器是指一次绕组和二次绕组分别只有一组的变压器。

3. 利用三相变压器改变三相交流电压

将三对绕组绕在同一铁心上可以构成三相变压器。三相交流变压器的结构如图 6-10 所示。利用三相变压器也可以改变三相交流电压，具体接法如图 6-11 所示。

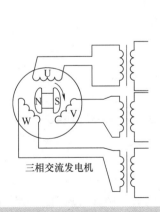

图 6-9 利用三个单相变压器改变三相交流电压

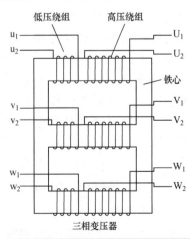

图 6-10 三相交流变压器的结构

『思』——解答疑难，清除障碍

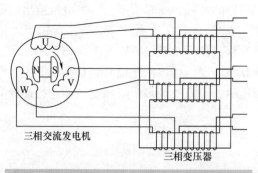

图6-11　利用三相变压器改变三相交流电压

6.2.3　三相变压器的工作接线方法

1. 星形联结

用图 6-11 所示的方法连接三相发电机与三相变压器，缺点是连接所需的导线太多，在进行远距离电能传送时必然会使线路成本上升，而采用星形联结可以减少导线数量，从而降低成本。发电机绕组与变压器绕组的星形联结如图 6-12 所示。

变压器的星形联结如图 6-12a 所示，将发电机的三相绕组的末端连起来构成一个连接点，该连接点称为中性点，将变压器三个低压绕组（匝数少的绕组）的末端连接起来构成中性点，将变压器三个高压绕组的末端连接起来构成中性点，然后将发电机三相绕组的首端分别与变压器三个低压绕组的首端连接起来。

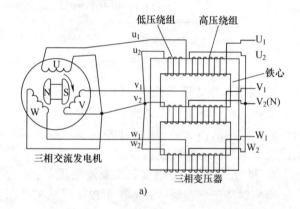

发电机绕组与变压器绕组的星形联结可以画成图 6-12b 所示的形式。从图中可以看出，发电机绕组和变压器绕组连接成星形，故这种接法称为星形联结，又因为这种接法需用四根导线，故又称为三相四线制星形联结。发电机和变压器之间按星形联结好后，变压器就可以升高发电机送来的三相电压。如发电机的 U 相电压送到变压器的绕组 u_1u_2 两端，在高压组 U_1U_2 两端就会输出升高的 U 相电压。

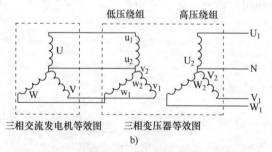

图6-12　发电机绕组与变压器绕组的星形联结

2. 三角形联结

三相变压器与三相发电机之间的连线接法除了星形联结外，还有三角形联结。三相发电机与三相变压器之间的三角形联结如图 6-13 所示。

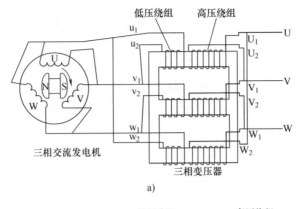

a)

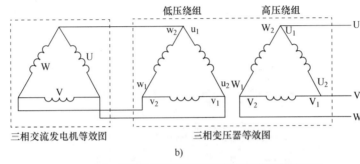

b)

图6-13   发电机绕组与变压器绕组的三角形联结

变压器的三角形联结如图6-13a所示，将发电机的三相绕组的首尾依次连接起来，再在每相绕组首端连出引线，将变压器的低压绕组的首尾依次连接起来，并在每相绕组首端连出引线，将变压器的高压绕组的首尾依次连接起来，并在每相绕组首端连出引线，然后将发电机的三根引线与变压器低压绕组相对应的三根引线连接起来。

发电机绕组与变压器绕组的三角形联结可以画成图6-13b所示的形式。从图中可以看出，发电机绕组和变压器绕组连接成三角形，故这种接法称为三角形联结，又因为这种接法需用三根导线，故又称为三相三线制三角形联结。发电机和变压器之间按三角形联结好后，变压器就可以升高发电机送来的三相电压。如发电机的 W 相电压送到变压器的绕组 w_1w_2 两端，在高压绕组 W_1U_1 两端（也即 W、U 两引线之间）就会输出升高的 W 相电压。

6.3   电力变压器

电力变压器的功能是**对传送的电能进行电压或电流的变换**。大多数电力变压器属于三相变压器。电力变压器有升压变压器和降压变压器之分：升压变压器用于将发电机输出的低压升高，再通过电网线输送到各地；降压变压器用于将电网高压降低成低压，送给用户使用。平时见到的电力变压器大多数是降压变压器。

6.3.1 外形与结构

电力变压器的实物外形如图 6-14 所示。

由于电力变压器所接的电压高，传输的电能大，为了使铁心和绕组的散热和绝缘良好，一般将它们放置在装有变压器油的绝缘油箱内（变压器油具有良好的绝缘性），高、低压绕组引出线均通过绝缘性能好的瓷套管引出。另外，电力变压器还有各种散热保护装置。电力变压器的结构如图 6-15 所示。

图 6-14　电力变压器的实物外形

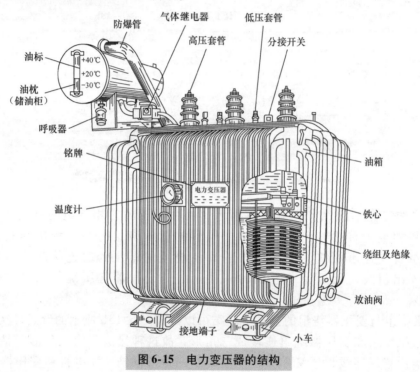

图 6-15　电力变压器的结构

6.3.2 型号说明

电力变压器的型号表示方式说明如图 6- 16 所示。电力变压器型号中的字母含义见表 6-1。

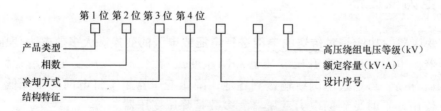

图 6-16　电力变压器的型号含义

表6-1 电力变压器型号中的字母含义

位次	内容	代号	含义	位次	内容	代号	含义
第1位	类型	O	自耦变压器（O在前为降压，O在后为升压）	第3位	冷却方式	G	干式
		（略）	电力变压器			（略）	油浸自冷
		H	电弧炉变压器			F	油浸风冷
		ZU	电阻炉变压器			S	水冷
		R	加热炉变压器			FP	强迫油循环风冷
		Z	整流变压器			SP	强迫油循环水冷
		K	矿用变压器			P	强迫油循环
		D	低压大电流用变压器	第4位和第5位	结构特征	（略）	双绕组
		J	电机车用变压器（机床、局部照明用）			S	三绕组
		Y	试验用变压器			（略）	铜线
		T	调压器			L	铝线
		TN	电压调整器			C	接触调压
		TX	移相器			A	感应调压
		BX	焊接变压器			Y	移圈式调压
		ZH	电解电化学变压器			Z	有载调压
		G	感应电炉变压器			（略）	无励磁调压
		BH	封闭电弧炉变压器			K	带电抗器
第2位	相数	D	单相			T	成套变电站用
		S	三相			Q	加强型

6.3.3 连接方式

在使用电力变压器时，其高压侧绕组要与**高压电网连接**，低压侧绕组则与**低压电网连接**，这样才能将高压降低成低压供给用户。电力变压器与高、低压电网的连接方式有多种，图6-17所示是两种较常见的连接方式。

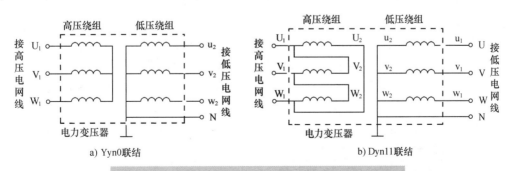

a) Yyn0联结   b) Dyn11联结

图6-17 电力变压器与高、低压电网的两种连接方式

在图6-17中，电力变压器的高压绕组首端和末端分别用 U_1、V_1、W_1 和 U_2、V_2、W_2 表示，低压绕组的首端和末端分别用 u_1、v_1、w_1 和 u_2、v_2、w_2 表示。图6-17a 中的变压器采用了 Yyn0 联结，即高压绕组采用中性点不接地的星形联结（Y），低压绕组采用中性点接地的星形联结（yn0），这种联结原称为 0yn11 联结。图6-17b 中的变压器采用了 Dyn11 联结，即高压绕组采用三角形联结，低压绕组采用中性点接地的星形联结，这种联结原称为 Dy0 联结。

在工作时，电力变压器每个绕组上都有电压，每个绕组上的电压称为相电压，高压绕组中的每个绕组上的相电压都相等，低压绕组中的每个绕组上的相电压也都相等。如果图6-17中的电力变压器低压绕组是接照明用户，低压绕组的相电压通常为220V，由于三个低压绕组的三端连接在一个公共点上并接出导线（称为中性线），因此每根相线（即每个绕组的引出线）与中性线之间的电压（称为相电压）为220V，而两根相线之间有两个绕组，故两根相线之间的电压（称为线电压）应大于相电压，线电压为 $220V \times \sqrt{3} = 380V$。

> 这里要说明一点，线电压虽然是两个绕组上的相电压叠加得到的，但由于两个绕组上的电压相位不同，故线电压与相电压的关系**不是乘以2，而是乘以 $\sqrt{3}$**。

6.3.4 常见故障及检修

1. 运行检查

在电力变压器运行时，可进行以下检查：

1）检查声音是否正常。在变压器正常运行时，会发出均匀的"嗡嗡"声，若发出异常的声音，则可能发生了故障。

2）检查绝缘油的高度、油色和油温是否正常。油位正常应在油面计的 1/4～3/4 之间，新油呈浅黄色，运行后呈浅红色。油位过高或过低都是不正常现象，油位过高可能是变压器过载时油受热引起，油位过低可能是变压器漏油引起。油温（以上层油温为准）一般不超过85℃，最高不得超过95℃。在检查时，要特别注意油标管、吸湿器、防爆通气孔有无堵塞，以免造成油面正常的假象。

3）检查引线、套管的连接是否正常，引线、导杆和连接端有无变色，套管有无裂纹、损坏和放电痕迹。如果套管不清洁或破裂，在雾天或阴雨天会使泄漏电流增大，甚至发生对地放电。

4）检查高、低压熔丝是否正常，若不正常，要查明原因。

5）检查变压器的接地装置是否完好。在正常时，变压器外壳的接地线、中性点接地线和防雷装置接地线都紧密连接在一起，并完好接地，如有锈、断等现象出现，应及时处理。

在运行时，若变压器出现以下情况应立即停止运行：

1）响声大且不均匀，有爆裂声。

2）在正常冷却条件下，油温不断上升。

3）储油柜喷油或防爆管喷油。

4）油面降落低于油位计上的限度。

5）油色变化过大，油内出现炭质等。

6）套管有严重的破损和放电现象。

2. 常见故障及排除方法

电力变压器的常见故障及排除方法见表6-2。

表6-2　电力变压器的常见故障及排除方法

常 见 故 障	可 能 原 因	排 除 方 法
变压器发出异常声响	（1）变压器过负载，发出的声响比平常沉重 （2）电源电压过高，发出的声响比平常尖锐 （3）变压器内部振动加剧或零部件松动，发出的声响大而嘈杂 （4）绕组或铁心绝缘有击穿现象，发出的声响大且不均匀或有爆裂声 （5）套管太脏或有裂纹，发出"嗞嗞"声，且套管表面有闪络现象	（1）减少负载 （2）按操作规程降低电源电压 （3）减小负载或停电修理 （4）停电修理 （5）停电清洁套管或更换套管
油温过高	（1）变压器过负载 （2）三相负载不平衡 （3）变压器散热不良	（1）减小负载 （2）调整三相负载的分配，使其平衡；对于Yy0联结的变压器，其中性线电流不得超过低压绕组额定电流的25% （3）检查并改善冷却系统的散热情况
油面高度不正常	（1）油温过高，油面上升 （2）变压器漏油、渗油，油面下降（注意与天气变冷油面下降的区别）	（1）见以上"油温过高"的处理方法 （2）停电修理
变压器油变黑	变压器绕组绝缘击穿	修理变压器绕组
低压熔丝熔断	（1）变压器过负载 （2）低压线路短路 （3）用电设备绝缘损坏，造成短路 （4）熔丝的容量选择不当，熔丝本身质量不好或熔丝安装不当	（1）减小负载，更换熔丝 （2）排除短路故障，更换熔丝 （3）修理用电设备，更换熔丝 （4）更换熔丝，并按规定安装
高压熔丝熔断	（1）变压器绝缘击穿 （2）低压设备绝缘损坏造成短路，但低压熔丝未熔断 （3）熔丝的容量选择不当、熔丝本身质量不好或熔丝安装不当 （4）遭受雷击	（1）修理变压器，更换熔丝 （2）修理低压设备，换上适合的熔丝 （3）更换熔丝，并按规定安装 （4）更换熔丝
防爆管薄膜破裂	（1）变压器内部发生故障（如绕组相间短路等），产生大量气体，压力增加，致使防爆管薄膜破裂 （2）由于外力作用造成防爆管薄膜破裂	（1）停电修理变压器，更换防爆管薄膜 （2）更换防爆管薄膜
气体继电器动作	（1）变压器绕组匝间短路、相间短路、绕组断线、对地绝缘击穿等 （2）分接开关触头表面熔化或灼伤，分接开关触头放电或各分接头放电	（1）停电修理变压器绕组 （2）停电修理分接开关

"思"——解答疑难，清除障碍

6.4 自耦变压器

普通的变压器有一次绕组和二次绕组，如果将两个绕组融合成一个绕组就能构成一种特殊的变压器—自耦变压器。自耦变压器是**一种只有一个绕组的变压器**。

6.4.1 外形

自耦变压器的种类很多，图 6-18 所示是一些常见的自耦变压器。

图 6-18 一些常见的自耦变压器

6.4.2 工作原理

自耦变压器的结构和符号如图 6-19 所示。从图中可以看出，自耦变压器只有一个绕组（匝数为 N_1），在绕组的中间部分（图中为 A 点）引出一个接线端，这样就将绕组的一部分当作二次绕组（匝数为 N_2）。自耦变压器的工作原理与普通的变压器相同，也可以改变电压的大小，其规律同样可以用下式表示，即

$$\frac{U_1}{U_2} = \frac{N_1}{N_2} = K$$

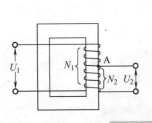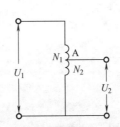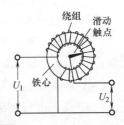

图 6-19 自耦变压器的结构和符号

从上式可以看出，改变 N_2 就可以调节输出电压 U_2 的大小。为了方便地改变输出电压，自耦变压器将绕组的中心抽头换成一个可滑动的触点，如图 6-19 所示。当旋转触点时，绕组匝数 N_2 就会变化，输出电压也就变化，从而实现手动调节输出电压的目的。这种自耦变压器又称为自耦调压器。

6.5 交流弧焊变压器

6.5.1 外形

交流弧焊变压器又称交流弧焊机，是**一种具有陡降外特性的特殊变压器**，交流弧焊变压器的外形如图 6-20 所示。

6.5.2 结构工作原理

交流弧焊机的基本结构如图6-21所示，它是由变压器在二次侧回路串入电抗器（电感量较大的电感器）构成的，电抗器起限流作用。在空载时，变压器的二次侧开路电压约为60~80V，便于起弧，在焊接时，焊条接触工件的瞬间，二次侧短路，由于电抗器的阻碍，输出电流虽然很大，但还不至于烧坏变压器，电流在流过焊条和工件时，高温熔化焊条和工件金属，对工件实现焊接，在焊接过程中，焊条与工件高温接触，存在一定接触电阻（类似灯泡发光后高温灯丝电阻会增大），此时焊钳与工件间电压为20~40V，满足维持电弧的需要。要停止焊接，只需把焊条与工件间的距离拉长，电弧随即熄灭。

图6-20 交流弧焊变压器的外形　　　图6-21 交流弧焊机的基本结构与原理说明图

有的交流弧焊机只是一个变压器，工作时需要外接电抗器，也有的交流弧焊机将电抗器和变压器绕在同一铁心上，交流弧焊机可以通过切换绕组的不同抽头来改变匝数比，从而改变输出电流来满足不同的焊接要求。

6.5.3 使用注意事项

在使用交流弧焊变压器时，要注意以下事项：

1）对于第一次使用、长期停用后使用或置于潮湿场地的焊机，在使用前应用绝缘电阻表检查绕组对机壳（对地）的绝缘电阻，应不低于$1M\Omega$。

2）检查配电系统的开关、熔断器是否合格（熔丝应在额定电流的2倍之内），导线绝缘是否完好。

3）在接线时，应严格按使用说明书的要求进行，特别是380V/220V两用的焊机，绝不允许接错，以免烧毁绕组。

4）焊机的外壳应可靠接地，接地线的截面积应不小于输入线的截面积。

5）焊机接线板上的螺母、接线柱和导线必须压紧，以免接触不良导致局部过热而烧毁部件。

6）在焊接时，严禁转动调节器档位来改变电流，以防烧坏焊机。

7）尽量不要超负荷使用焊机。如果超负荷使用焊机，要随时注意焊机的温度，温度过高时应马上停机，否则易缩短焊机使用寿命，甚至会烧毁绕组，焊钳与工件的接触时间也不要过长，以免烧坏绕组。

8）焊机使用完毕后，应切断焊机电源，以确保安全。不用时，应放在通风良好、干燥的地方。

第7章

电 动 机 ◂◂◂◂

电动机是**一种将电能转换成机械能的设备**。从家庭的电风扇、洗衣机、电冰箱，到企业生产用到的各种电动加工设备（如机床等），到处可以见到电动机的身影。据统计，一个国家各种电动机消耗的电能占整个国家电能消耗的 60% ~ 70%。随着社会工业化程度的不断提高，电动机的应用也越来越广泛，消耗的电能也会越来越大。

电动机的种类很多，常见的有直流电动机、单相异步电动机、三相异步电动机、同步电动机、永磁电动机、开关磁阻电动机、步进电动机和直线电动机等，不同的电动机适用于不同的设备。

7.1 三相异步电动机

7.1.1 工作原理

1. 磁铁旋转对导体的作用

下面通过一个实验来说明异步电动机的工作原理。实验如图 7-1a 所示，在一个马蹄形的磁铁中间放置一个带转轴的闭合线圈，当摇动手柄来旋转磁铁时发现，线圈会跟随着磁铁一起转动。为什么会出现这种现象呢？

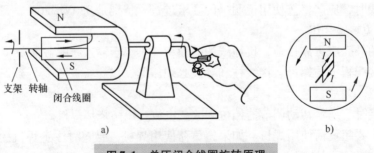

a)   b)

图 7-1 单匝闭合线圈旋转原理

图 7-1b 是与图 7-1a 对应的原理简化图。当磁铁旋转时，闭合线圈的上下两段导线会切割磁铁产生的磁场，两段导线都会产生感应电流。由于磁铁沿逆时针方向旋转，假设磁铁不动，那么线圈就被认为沿顺时针方向运动。

线圈产生的电流方向判断：从图 7-1b 中可以看出，磁场方向由上往下穿过导线，上段导线的运动方向可以看成向右，下段导线则可以看成向左，根据右手定则（具体内容详见第1章）可以判断出线圈的上段导线的电流方向由外往内，下段导线的电流方向则是由内往外。

线圈运动方向的判断：当磁铁逆时针旋转时，线圈的上、下段导线都会产生电流，载流导体在磁场中会受到力，受力方向可根据左手定则来判断，判断结果可知线圈的上段导线受力方向是往左，下段导线受力方向往右，这样线圈就会沿逆时针方向旋转。

如果将图 7-1 中的单匝闭合导体转子换成图 7-2a 所示的笼型转子，然后旋转磁铁，结果发现笼型转子也会随磁铁一起转动。图中笼型转子的两端是金属环，金属环中间安插多根金属条，每两根相对应的金属条通过两端的金属环构成一组闭合的线圈，所以笼型转子可以看成是多组闭合线圈的组合。当旋转磁铁时，笼型转子上的金属条会切割磁感线而产生感应电流，有电流通过的金属条受磁场的作用力而运动。根据图 7-2b 可分析出，各金属条的受力方向都是逆时针方向，所以笼型转子沿逆时针方向旋转起来。

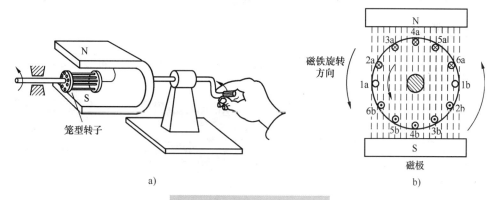

a)   b)

图 7-2　笼型转子旋转原理

综上所述，**当旋转磁铁时，磁铁产生的磁场也随之旋转，处于磁场中的闭合导体会因此切割磁感线而产生感应电流，而有感应电流通过的导体在磁场中又会受到磁场力，在磁场力的作用下导体就旋转起来。**

2. 异步电动机的工作原理

采用旋转磁铁产生旋转磁场让转子运动，并没有实现电能转换成机械能。实践和理论都证明，如果在转子的圆周空间放置互差 120° 的 3 组绕组，如图 7-3 所示，然后将这 3 组绕组按星形或三角形联结接好（图 7-4 是按星形联结接好的绕组），将 3 组绕组与三相交流电压接好，有三相交流电流流进 3 组绕组，这 3 组绕组会产生类似图 7-2 所示的磁铁产生的旋转磁场，处于此旋转磁场中的转子上的各闭合导体有感应电流产生，磁场对有电流流过的导体产生作用力，推动各导体按一定的方向运动，转子也就运转起来。

图 7-3 实际上是三相异步电动机的结构示意图。绕组绕在铁心支架上，由于绕组和铁心都固定不动，因此称为定子，定子中间是笼型的转子。转子的运转可以看成是由绕组产生的旋转磁场推动的，旋转磁场有一定的转速。旋转磁场的转速 n（又称同步转速）、三相交流电的频率 f 和磁极对数 p（一对磁极有两个相异的磁极）有以下关系：

$$n = 60f/p$$

例如，一台三相异步电动机定子绕组的交流电压频率 $f = 50\mathrm{Hz}$，定子绕组的磁极对数 $p = 3$，那么旋转磁场的转速 $n = 60 \times 50/3 = 1000$（r/min）。

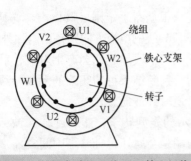

图7-3 三相电动机互差120°的3组绕组

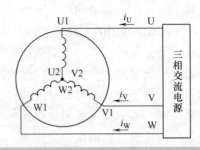

图7-4 3组绕组与三相电源进行星形联结

电动机在运转时，其转子的转向与旋转磁场方向是相同的，转子是由旋转磁场作用而转动的，转子的转速要小于旋转磁场的转速，并且要滞后于旋转磁场的转速，也就是说转子与旋转磁场的转速是不同步的。这种**转子转速与旋转磁场转速不同步的电动机**称为异步电动机。

7.1.2 外形与结构

图7-5给出了两种三相异步电动机的实物外形。三相异步电动机的结构如图7-6所示，从图中可以看出，它主要由外壳、定子、转子等部分组成。

三相异步电动机各部分说明如下：

（1）外壳

三相异步电动机的外壳主要由机座、轴承盖、端盖、接线盒、风扇和罩壳等组成。

（2）定子

定子由定子铁心和定子绕组组成。

图7-5 两种三相异步电动机的实物外形

1）定子铁心。定子铁心通常由很多圆环状的硅钢片叠合在一起组成，这些硅钢片中间开有很多小槽用于嵌入定子绕组（也称定子线圈），硅钢片上涂有绝缘层，使叠片之间绝缘。

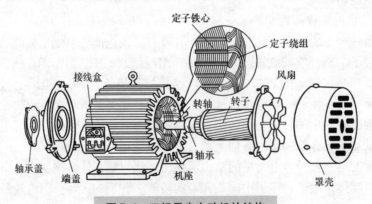

图7-6 三相异步电动机的结构

2）定子绕组。它通常由涂有绝缘漆的铜线绕制而成，再将绕制好的铜线按一定的规律嵌入定子铁心的小槽内，具体见图7-6放大部分。绕组嵌入小槽后，按一定的方法将槽内的绕组连接起来，使整个铁心内的绕组构成U、V、W三相绕组，再将三相绕组的首、末端引出来，接到接线盒的 U1、U2、V1、V2、W1、W2 接线柱上。接线盒如图 7-7 所示，接线盒各接线柱与电动机内部绕组的连接关系如图 7-8 所示。

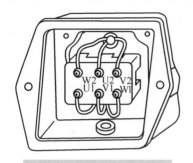

图7-7　电动机的接线盒

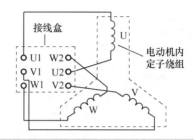

图7-8　接线盒接线柱与电动机内部绕组的连接

（3）转子

转子是电动机的运转部分，它由转子铁心、转子线组和转轴组成。

1）转子铁心。如图 7-9 所示，转子铁心是由很多外圆开有小槽的硅钢片叠在一起构成的，小槽用来放置转子绕组。

2）转子绕组。转子绕组嵌在转子铁心的小槽中，转子绕组可分为笼式转子绕组和线绕式转子绕组。

笼式转子绕组是在转子铁心的小槽中放入金属导条，再在铁心两端用导环将各导条连接起来，这样任意一根导条与它对应的导条通过两端的导环就构成一个闭合的绕组，由于这种绕组形似笼子，因此称为笼式转子绕组。笼式转子绕组有铜条转子绕组和铸铝转子绕组两种，如图 7-10 所示。铜条转子绕组是在转子铁心的小槽中放入铜导条，然后在两端用金属端环将它们焊接起来；而铸铝转子绕组则是用浇铸的方法在铁心上浇铸出铝导条、端环和风叶。

图7-9　由硅钢片叠成的转子铁心

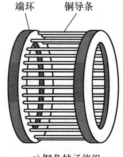

a) 铜条转子绕组

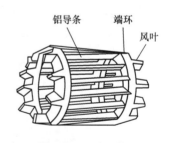

b) 铸铝转子绕组

图7-10　两种笼式转子绕组

线绕式转子绕组的结构如图 7-11 所示。它是在转子铁心中按一定的规律嵌入用绝缘导线绕制好的绕组，然后将绕组按三角形或星形联结接好，大多数按星形联结接线（见图7-12）。绕组接好后引出 3 根相线，通过转轴内孔接到转轴的 3 个铜制集电环（又称滑环）上，集电环随转轴一起运转，集电环与固定不动的电刷摩擦接触，而电刷通过导线与变阻器连接，这样转子绕组产生的电流通过集电环、电刷、变阻器构成回路。调节变阻器可以改变转子绕组回路的电阻，以此来改变绕组的电流，从而调节转子的转速。

3）转轴。转轴嵌套在转子铁心的中心。当定子绕组通三相交流电后会产生旋转磁场，转子绕组受旋转磁场作用而旋转，它通过转子铁心带动转轴转动，将动力从转轴传递出来。

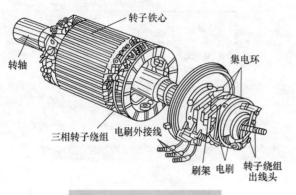

图 7-11　线绕式转子绕组

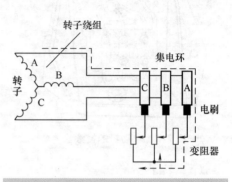

图 7-12　按星形联结的线绕式转子绕组

7.1.3　三相线组的接线方式

三相异步电动机的定子绕组由 U、V、W 三相绕组组成，这三相绕组有 6 个接线端，它们与接线盒的 6 个接线柱连接。接线盒如图 7-7 所示。在接线盒上，可以通过将不同的接线柱短接，来将定子绕组接成星形或三角形。

1. 星形联结

要将定子绕组接成星形，可按图 7-13a 所示的方法接线。接线时，用短路线把接线盒中的 W2、U2、V2 接线柱短接起来，这样就将电动机内部的绕组接成了星形，如图 7-13b 所示。

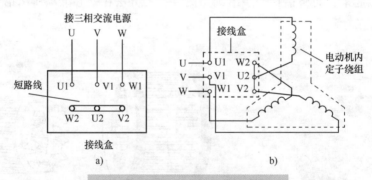

图 7-13　定子绕组按星形联结接线

2. 三角形联结

要将电动机内部的三相绕组接成三角形，可用短路线将接线盒中的 U1 和 W2、V1 和 U2、W1 和 V2 接线柱按图 7-14 所示接起来，然后从 U1、V1、W1 接线柱分别引出导线，与三相交流电源的 3 根相线连接。如果三相交流电源的相线之间的电压是 380V，那么对于定子绕组按星形联结的电动机，其每相绕组承受的电压为 220V；对于定子绕组按三角形联结的电动机，其每相绕组承受的电压为 380V。所以三角形联结的电动机在工作时，其定子绕组将承受更高的电压。

7.1.4 铭牌的识别

三相异步电动机一般会在外壳上安装一个铭牌，铭牌就相当于简单的说明书，标注了电动机的型号、主要技术参数等信息。下面以图 7-15 所示的铭牌为例来说明铭牌上各项内容的含义。

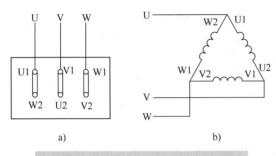

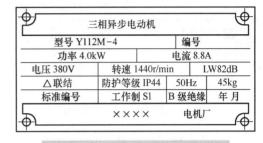

图 7-14　定子绕组按三角形联结接线　　　　图 7-15　三相异步电动机的铭牌

1）型号（Y112M-4）。型号通常由字母和数字组成，其含义说明如下：

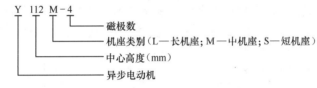

2）额定功率（功率 4.0kW）。该功率是在额定状态工作时电动机所输出的机械功率。

3）额定电流（电流 8.8A）。该电流是在额定状态工作时流入电动机定子绕组的电流。

4）额定电压（电压 380V）。该电压是在额定状态工作时加到定子绕组的线电压。

5）额定转速（转速 1440r/min）。该转速是在额定工作状态时电动机转轴的转速。

6）噪声等级（LW82dB）。噪声等级通常用 LW 值表示，LW 值的单位是 dB（分贝），LW 值越小表示电动机运转时噪声越小。

7）连接方式（△联结）。该连接方式是指在额定电压下定子绕组采用的连接方式，连接方式有三角形（△）联结和星形（Y）联结两种。在电动机工作前，要在接线盒中将定子绕组接成铭牌要求的接法。

如果接法错误，轻则电动机工作效率降低，重则损坏电动机。例如，若将要求按星形联结的绕组接成三角形，那么绕组承受的电压会很高，流过的电流会增大而易使绕组烧坏；若将要求按三角形联结的绕组接成星形，那么绕组上的电压会降低，流过绕组的电流减小而使电动机功率下降。一般功率小于或等于 3kW 的电动机，其定子绕组应按星形联结；功率为 4kW 及以上的电动机，定子绕组应采用三角形联结。

8）防护等级（IP44）。表示电动机外壳采用的防护方式。**IP11 是开启式，IP22、IP33 是防护式，而 IP44 是封闭式。**

9）工作频率（50Hz）。表示电动机所接交流电源的频率。

10）工作制（S1）。它是指电动机的运行方式，一般有 3 种：**S1（连续运行）、S2（短时运行）和 S3（断续运行）。** 连续运行是指**电动机在额定条件下（即铭牌要求的条件下）可长时间连续运行；** 短时运行是指**在额定条件下只能在规定的短时间内运行，** 运行时间通常

「思」——解答疑难，清除障碍

有**10min、30min、60min 和 90min** 几种；断续运行是指**在额定条件下运行一段时间再停止一段时间，按一定的周期反复进行**，一般一个周期为**10min**，负载持续率有**15%、25%、40%和60%**几种，如对于负载持续率为 60% 的电动机，要求运行 6min、停止 4min。

11）绝缘等级（B 级）。它是指电动机在正常情况下工作时，绕组绝缘允许的最高温度值，通常分为 7 个等级，具体见表 7-1。

表 7-1　电动机绕组绝缘等级与极限工作温度

绝 缘 等 级	Y	A	E	B	F	H	C
极限工作温度/℃	90	**105**	120	**130**	155	**180**	180 以上

7.1.5　判别三相绕组的首尾端

电动机在使用过程中，可能会出现接线盒的接线板损坏，从而导致无法区分 6 个接线端子与内部绕组的连接关系，采用一些方法可以解决这个问题。

1. 判别各相绕组的两个端子

电动机内部有三相绕组，每相绕组有两个接线端子，判别各相绕组的接线端子可使用万用表欧姆档。将万用表置于 $R \times 10\Omega$ 档，测量电动机接线盒中的任意两个端子的电阻，如果阻值很小，如图 7-16 所示，表明当前所测的两个端子为某相绕组的端子，再用同样的方法找出其他两相绕组的端子，由于各相绕组结构相同，故可将其中某一组端子标记为 U 相，其他两组端子则分别标记为 V、W 相。

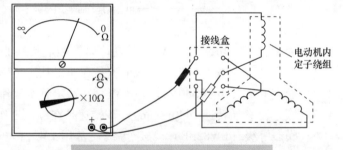

图 7-16　判别各相绕组的两个端子

2. 判别各相绕组的首尾端

电动机可不用区分 U、V、W相，但各相绕组的首尾端必须区分出来。判别绕组首尾端常用方法有**直流法和交流法**。

（1）直流法

在使用直流法区分各相绕组首尾端时，必须已判明各相绕组的两个端子。

直流法判别绕组首尾端如图 7-17 所示，将万用表置于最小的直流电流档（图示为 0.05mA 档），红、黑表笔分别接一相绕组的两个端子，然后给其他一相绕组的两个端子接电池和开关，合上开关，在开关闭合的瞬间，如果表针往右方摆动，表明电池正极所接端子与红表笔所接端子为同名端

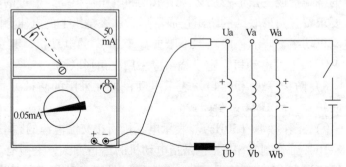

图 7-17　直流法判别绕组首尾端

（电池负极所接端子与黑表笔所接端子也为同名端），如果表针往左方摆动，表明电池负极所接端子与红表笔所接端子为同名端，图中表针往右摆动，表明 Wa 端与 Ua 端为同名端，再断开关，将两表笔接剩下的一相绕组的两个端子，用同样的方法判别该相绕组端子。找出各相绕组的同名端后，将性质相同的三个同名端作为各相绕组的首端，余下的三个端子则为各相绕组的尾端。由于电动机绕组的阻值较小，开关闭合时间不要过长，以免电池很快耗尽或烧坏。

直流法判断同名端的原理是，当闭合开关的瞬间，W 相绕组因突然有电流通过而产生电动势，电动势极性为 Wa 正、Wb 负，由于其他两相绕组与 W 相绕组相距很近，W 相绕组上的电动势会感应到这两相绕组上，如果 Ua 端与 Wa 端为同名端，则 Ua 端的极性也为正，U 相绕组与万用表接成回路，U 相绕组的感应电动势产生的电流从红表笔流入万用表，表针会往右摆动，开关闭合一段时间后，流入 W 相绕组的电流基本稳定，W 相绕组无电动势产生，其他两相绕组也无感应电动势，万用表表针会停在 0 刻度处不动。

（2）交流法

在使用交流法区分各相绕组首尾端时，也要求已判明各相绕组的两个端子。

交流法判别绕组首尾端如图 7-18 所示，先将两相绕组的两个端子连接起来，万用表置于交流电压档（图示为交流 50V 档），红、黑表笔分别接此两相绕组的另两个端子，然后给余下的一相绕组接灯泡和 220V 交流电源，如果表针有电压指示，表明红、黑表笔接的两个端子为异名端（两个连接起来的端子也为异名端），如果表针指示的电压值为 0，表明红、黑表笔接的两个端子为同名端（两个连接起来的端子也为同名端），再更换绕组做上述测试，如图 7-18b 所示，图中万用表指示电压值为 0，表明 Ub、Wa 为同名端（Ua、Wb 为同名端）。找出各相绕组的同名端后，将性质相同的三个同名端作为各相绕组的首端，余下的三个端子则为各相绕组的尾端。

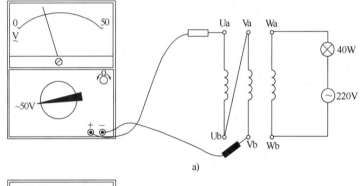

a)

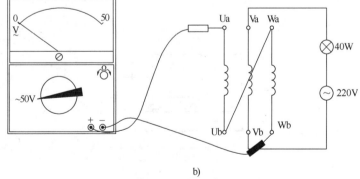

b)

图 7-18　交流法判别绕组首尾端

交流法判断同名端的原理是，当 220V 交流电压经灯泡降压加到一相绕组时，另外两相绕组会感应出电压，如果这两相绕组是同名端与异名端连接起来，则两相绕组上的电压叠加而增大一倍，万用表会有电压指示，如果这两相绕组是同名端与同名端连接，两相绕组上的电压叠加会相互抵消，万用表测得的电压为 0。

7.1.6 判断电动机的磁极对数和转速

对于三相异步电动机，其转速 n、磁极对数 p 和电源频率 f 之间的关系近似为 $n=60f/p$（也可用 $p=60f/n$ 或 $f=pn/60$ 表示）。电动机铭牌一般不标注磁极对数 p，但会标注转速 n 和电源频率 f，根据 $p=60f/n$ 可求出磁极对数。

如果电动机的铭牌脱落或磨损，无法了解电动机的转速，也可使用万用表来判断。在判断时，万用表选择直流 50mA 以下的档位，红、黑表笔接一个绕组的两个接线端，如图 7-19 所示，然后匀速旋转电动机转轴一周，同时观察表针摆动的次数，表针摆动一次表示电动机有一对磁极，即表针摆动的次数与磁极对数是相同的，再根据 $n=60f/p$ 即可求出电动机的转速。

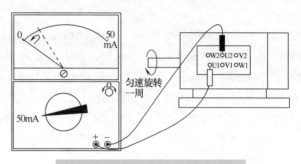

图 7-19　判断电动机的磁极对数

7.1.7 测量绕组的绝缘电阻

对于新安装或停用 3 个月以上的三相异步电动机，使用前都要用绝缘电阻表测量绕组的绝缘电阻，具体包括测量绕组对地的绝缘电阻和绕组间的绝缘电阻。

1. 测量绕组对地的绝缘电阻

测量电动机绕组对地的绝缘电阻使用绝缘电阻表（500V），测量如图 7-20 所示。在测量时，先拆掉接线端子的电源线，端子间的连接片保持连接，将绝缘电阻表的 L 测量线接任一接线端子，E 测量线接电动机的机壳，然后摇动绝缘电阻表的手柄进行测量，对于新电动机，绝缘电阻大于 $1M\Omega$ 为合格，对于运行过的电动机，绝缘电阻大于 $0.5M\Omega$ 为合格。若绕组对地绝缘电阻不合格，应烘干后重新测量，达到合格才能使用。

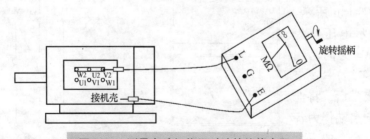

图 7-20　测量电动机绕组对地的绝缘电阻

2. 测量绕组间的绝缘电阻

测量电动机绕组间的绝缘电阻使用绝缘电阻表（500V），测量如图 7-21 所示。在测量时，拆掉接线端子的电源线和端子间的连接片，将绝缘电阻表的 L 测量线接某相绕组的一个接线端子，E 测量线接另一相绕组的一个接线端子，然后摇动绝缘电阻表的手柄进行测量，绕组间的绝缘电阻大于 $1M\Omega$ 为合格，最低限度不能低于 $0.5M\Omega$。再用同样方法测量其他相

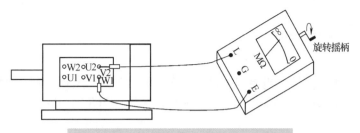

图 7-21 测量电动机绕组间的绝缘电阻

之间的绝缘电阻，若绕组对地绝缘电阻不合格，应烘干后重新测量，达到合格才能使用。

7.1.8 常见故障及处理

三相异步电动机的常见故障及处理方法见表 7-2。

表 7-2 三相异步电动机的常见故障及处理方法

故障现象	故障原因	处理方法
不能起动	（1）电源未接通 （2）被带动的机械（负载）卡住 （3）定子绕组断路 （4）轴承损坏，被卡 （5）控制设备接线错误	（1）检查断线点或接头松动点，重新安装 （2）检查机器，排除障碍物 （3）用万用表检查断路点，修复后再使用 （4）检查轴承，更换新件 （5）详细核对控制设备接线图，加以纠正
运转声音 不正常	（1）电动机断相运行 （2）电动机地脚螺钉松动 （3）电动机转子、定子摩擦，气隙不均匀 （4）风扇、风罩或端盖间有杂物 （5）电动机上部分紧固件松脱 （6）传动带松弛或损坏	（1）检查断线处或接头松脱点，重新安装 （2）检查电动机地脚螺钉，重新调整、填平后再拧紧螺钉 （3）更换新轴承或校正转子与定子间的中心线 （4）拆开电动机，清除杂物 （5）检查紧固件，拧紧松动的紧固件（螺钉、螺栓） （6）调节传动带松弛度，更换损坏的传动带
温升超过 允许值	（1）过载 （2）被带动的机械（负载）卡住或传动带太紧 （3）定子绕组短路	（1）减轻负载 （2）停电检查，排除障碍物，调整传动带松紧度 （3）检修定子绕组或更换新电动机
运行中轴 承发烫	（1）传动带太紧 （2）轴承腔内缺润滑油 （3）轴承中有杂物 （4）轴承装配过紧（轴承腔小，转轴大）	（1）调整传动带松紧度 （2）拆下轴承盖，加润滑油至2/3轴承腔 （3）清洗轴承，更换新润滑油 （4）更换新件或重新加工轴承腔
运行中有 噪声	（1）熔丝一相熔断 （2）转子与定子摩擦 （3）定子绕组短路、断线	（1）找出熔丝熔断的原因，换上新的同等容量的熔丝 （2）矫正转子中心，必要时调整轴承 （3）检修绕组
运行中 振动过大	（1）基础不牢，地脚螺钉松动 （2）所带的机具中心不一致 （3）电动机的线圈短路或转子断条	（1）重新加固基础，拧紧松动的地脚螺钉 （2）重新调整电动机的位置 （3）拆下电动机，进行修理
在运行 中冒烟	（1）定子线圈短路 （2）传动带太紧	（1）检修定子线圈 （2）减轻转动带的过度张力

7.2 单相异步电动机

单相异步电动机是**一种采用单相交流电源供电的小容量电动机**。它具有供电方便、成本低廉、运行可靠、结构简单和振动噪声小等优点，广泛应用在家用电器、工业和农业等领域的中小功率设备中。

7.2.1 分相式单相异步电动机的基本结构与原理

分相式单相异步电动机是**指将单相交流电转变为两相交流电来起动运行的单相异步电动机。**

1. 结构

分相式单相异步电动机种类很多，但结构基本相同，分相式单相异步电动机的典型结构如图 7-22 所示。从图中可以看出，其结构与三相异步电动机基本相同，都是由机座、定子绕组、转子、轴承、端盖和接线等组成。定子绕组与转子实物外形如图 7-23 所示。

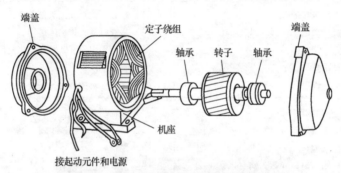

图 7-22　分相式单相异步电动机典型结构

2. 工作原理

三相异步电动机的定子绕组有 U、V、W 三相，当三相绕组接三相交流电时会产生旋转磁场推动转子旋转。单相异步电动机在工作时接单相交流电源，所以定子应只有一相绕组，如图 7-24a 所示，而单相绕组产生的磁场不会旋转，因此转子不会产生转动。

图 7-23　定子绕组与转子实物外形

为了解决这个问题，分相式单相异步电动机定子绕组通常采用两相绕组，**一相绕组称为工作绕组（或主绕组），另一相称为起动绕组（或副绕组）**，如图 7-24b 所示。两相绕组在定子铁心上的位置相差 90°，并且给起动绕组串接电容，将交流电源相位改变 90°（超前移相 90°）。当单相交流电源加到定子绕组时，有 i_1 电流直接流入主绕组，i_2 电流经电容超前移相 90°后流入起动绕组，两个相位不同的电流分别流入空间位置相差 90°的两个绕组，两个绕组就会产生旋转磁场，处于旋转磁场内的转子就会随之旋转起来。转子运转后，如果断开起动开关切断起动绕组，转子仍会继续运转，这是因为单个主绕组产生的磁场不会旋转，但由于转子已转动起来，若将已转动的转子看成不动，那么主绕组的磁场就相当于发生了旋转，因此转子会继续运转。

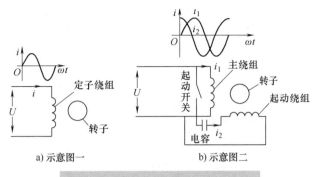

a) 示意图一　　　　b) 示意图二

图7-24　单相异步电动机工作原理

由此可见，起动绕组的作用就是**起动转子旋转，转子继续旋转依靠主绕组就可单独实现**，所以有些分相式单相异步电动机在起动后就将起动绕组断开，只让主绕组工作。对于主绕组正常、起动绕组损坏的单相异步电动机，通电后不会运转，但若用人工的方法使转子运转，电动机可仅在主绕组的作用下一直运转下去。

3. 起动元件

分相式单相异步电动机起动后是通过起动元件来断开起动绕组的。分相式单相异步电动机常用的起动元件主要有离心开关、起动继电器和PTC等。

（1）离心开关

离心开关是**一种利用物体运动时产生的离心力来控制触点通断的开关**。图7-25是一种常见的离心开关结构图，它分为静止部分和旋转部分。静止部分一般与电动机端盖安装在一起，它主要由两个相互绝缘的半圆铜环组成，这两个铜环就相当于开关的两个触片，它们通过引线与起动绕组连接；旋转部分与电动机转子安装在一起，它主要由弹簧和3个铜触片组成，这3个铜触片通过导体连接在一起。

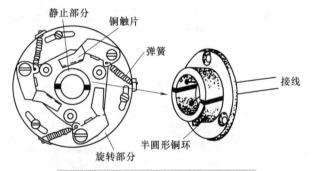

图7-25　一种常见离心开关的结构

电动机转子未旋转时，依靠弹簧的拉力，旋转部分的3个铜触片与静止部分的两个半圆形铜环接触，两个半圆形铜环通过铜触片短接，相当于开关闭合；当电动机转子运转后，离心开关的旋转部分也随之旋转，当转速达到一定值时，离心力使3个铜触片与铜环脱离，两个半圆形铜环之间又相互绝缘，相当于开关断开。

（2）起动继电器

起动继电器种类较多，其中电流起动继电器最为常见。图7-26是采用了电流起动继电器的单相异步电动机接线图，继电器的线圈与主绕组串接在一起，常开触点与起动绕组串接。在起动时，流过主绕组和继电器线圈的电流很大，继电器常开触点闭合，有电流流过起动绕组，电动机起动运转。随着电动机转速的提高，流过主绕组的电流减小，当减小到某一值时，继电器线圈电流不足以吸合常开触点，触点断开切断起动绕组。

（3）PTC元件

PTC元件是指**具有正温度系数的热敏元件**，最为常见的PTC元件为**正温度系数热敏电阻器**。PTC元件的特点是在低温时阻值很小，当温度升高到一定值时阻值急剧增大。

PTC 元件的这种特点与开关相似，其阻值小时相当于开关闭合，阻值很大时相当于开关断开。图 7-27 是采用 PTC 热敏电阻器作为起动开关的单相异步电动机接线图。

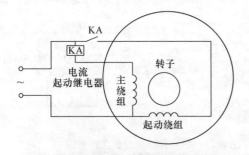

图 7-26　采用电流起动继电器的单相异步电动机接线图

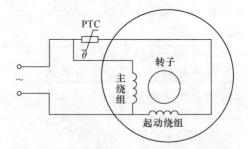

图 7-27　采用 PTC 热敏电阻器作为起动开关的单相异步电动机接线图

7.2.2　四种类型的分相式单相异步电动机的接线与特点

分相式单相异步电动机通常可分为电阻分相单相异步电动机、电容分相起动单相异步电动机、电容分相运行单相异步电动机和电容分相起动运行单相异步电动机。

1. 电阻分相单相异步电动机

电阻分相单相异步电动机是指**在起动绕组回路串接起动开关，并且转子运转后断开起动绕组的单相异步电动机**。电阻分相单相异步电动机的外形与接线图如图 7-28 所示。

a) 外形　　　　　　　　　　　b) 接线图

图 7-28　电阻分相单相异步电动机外形与接线图

从图 7-28b 可以看出，电阻分相单相异步电动机的起动绕组与一个起动开关串接在一起，在刚通电时起动开关闭合，有电流通过起动绕组，当转子起动转速达到额定转速的 75% ~ 80% 时，起动开关断开，转子在主绕组的磁场作用下继续运转。为了让起动绕组和主绕组流过的电流相位不同（只有两个绕组电流相位不同，才能产生旋转磁场），在设计时让起动绕组的感抗（电抗）较主绕组的小，直流电阻较主绕组的大，如让起动绕组采用线径细的线圈绕制，这样在通相同的交流电时，起动绕组的电流较主绕组的电流超前，两个绕组旋转产生的磁场驱动转子运转。

> 电阻分相单相异步电动机的起动转矩较小，一般为**额定转矩的 1.2 ~ 2 倍**，但起动电流较大，电冰箱的压缩机常采用这种类型的电动机。

2. 电容分相起动单相异步电动机

电容分相起动单相异步电动机是指**在起动绕组回路串接电容器和起动开关，并且转子运转后断开起动绕组的单相异步电动机**。电容分相起动单相异步电动机的外形与接线图如图7-29所示。

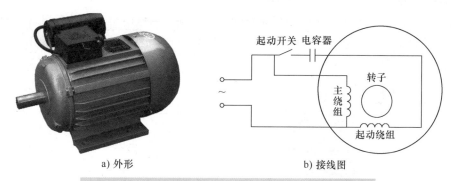

a) 外形　　　　　　　　　b) 接线图

图7-29　电容分相起动单相异步电动机外形与接线图

从图7-29b可以看出，电容分相起动单相异步电动机的起动绕组串接有电容器和起动开关。在起动时起动开关闭合，起动绕组有电流通过，因为电容对电流具有超前移相作用，起动绕组的电流相位超前主绕组电流的相位，不同相位的电流通过空间位置相差90°的两个绕组，两个绕组产生的旋转磁场驱动转子运转。电动机运转后，起动开关自动断开，断开起动绕组与电源的连接，转子由主绕组单独驱动运转。

> 电容分相起动单相异步电动机的**起动转矩大，起动电流小**，适用于各种满载起动的机械设备，如木工机械、空气压缩机等。

3. 电容分相运行单相异步电动机

电容分相运行单相异步电动机是指**在起动绕组回路串接电容器，转子运转后起动绕组仍参与运行驱动的单相异步电动机**。电容分相运行单相异步电动机的外形与接线图如图7-30所示。

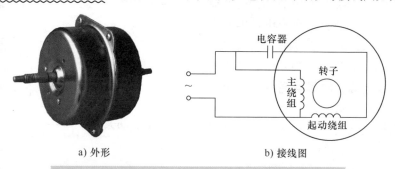

a) 外形　　　　　　　　　b) 接线图

图7-30　电容分相运行单相异步电动机外形与接线图

从接线图中可以看出，电容分相运行单相异步电动机的起动绕组串接有电容器。在起动时起动绕组有电流通过，电动机运转后，起动绕组仍与电源连接，转子由主绕组和起动绕组共同驱动运转。由于电动机运行时起动绕组始终工作，因此起动绕组需要与主绕组一样采用较粗的导线绕制。

> 电容分相运行单相异步电动机具有**结构简单、工作可靠、价格低、运行性能好等优点，但其起动性能较差**，广泛用在洗衣机、电风扇等设备中。

4. 电容分相起动运行单相异步电动机

电容分相起动运行单相异步电动机是**指起动绕组回路串接电容器，转子运转后起动绕组仍参与运行驱动的单相异步电动机**。电容分相起动运行单相异步电动机的外形与接线图如图 7-31 所示。

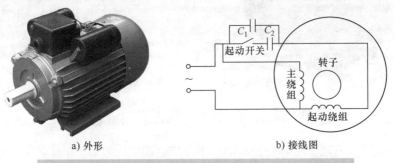

a) 外形   b) 接线图

图 7-31　电容分相起动运行单相异步电动机外形与接线图

从接线图中可以看出，电容分相起动运行单相异步电动机的起动绕组接有两个电容器，在起动时起动开关闭合，C_1、C_2 均接入电路，当电动机转速达到一定值时，起动开关断开，容量大的 C_2 被切断，容量小的 C_1 仍与起动绕组连接，保证电动机有良好的运行性能。

> 电容分相起动运行单相异步电动机结构较复杂，但其起动、运行性能都比较好，主要用在起动转矩大的设备中，如水泵、空调器、电冰箱和小型机床中。

7.2.3　判别分相式单相异步电动机的起动绕组与主绕组

分相式单相异步电动机的内部有起动绕组和主绕组（运行绕组），两个绕组在内部将一端接在一起引出一个端子，即分相式单相异步电动机对外接线有公共端、主绕组端和起动绕组端共三个接线端子，如图 7-32 所示。在使用时，主绕组端要直接接电源，而起动绕组端要串接开关或电容后再接电源。由于起动绕组的匝数多、线径小，其阻值较主绕组更大一些，因此可使用万用表欧姆档来判别两个绕组。

起动绕组和主绕组的判别如图 7-33 所示。2、3 之间的为主绕组，其阻值最小，1、3 之间为起动绕组，其阻值稍大一些，而 1、2 之间为主绕组

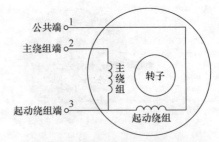

图 7-32　分相式单相异步电动机的三个接线端子

和起动绕组的串联，其阻值最大。在测量时，万用表拨至 $R \times 1\Omega$ 档，测量某两个接线端子之间的电阻，然后保持一根表笔不动，另一根表笔转接第 3 个接线端子，如果两次测得的阻值接近，以阻值稍大的一次测量为准，不动的表笔所接为公共端子，另一根表笔接的为起动

绕组端子，剩下的则为主绕组端子。

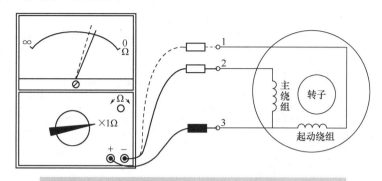

图7-33　分相式单相异步电动机的三个接线端子的判别

7.2.4　转向控制电路

单相异步电动机是在旋转磁场的作用下运转的，其运行方向与旋转磁场方向相同，所以只要改变旋转磁场的方向就可以改变电动机的转向。对于分相式单相异步电动机，只要将**主绕组或起动绕组的接线反接**就可以改变转向，注意不能将**主绕组和起动绕组同时反接**。图 7-34 是正转接线方式和两种反转接线方式电路。

图 7-34a 为正转接线方式；图 7-34b 为反转接线方式一，该方式是将主绕组与电源的接线对调，起动绕组与电源的接线不变；图 7-34c 为反转接线方式二，该方式主绕组与电源的接线不变，起动绕组与电源的接线对调。

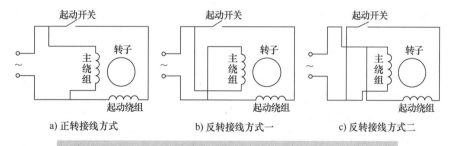

a) 正转接线方式　　　　　　b) 反转接线方式一　　　　　　c) 反转接线方式二

图 7-34　单相异步电动机的正转接线方式和两种反转接线方式

7.2.5　调速控制电路

单相异步电动机调速主要有**变极调速和变压调速**两类方法。变极调速是指**通过改变电动机定子绕组的极对数来调节转速**，变压调速是指**改变定子绕组的两端电压来调节转速**。在这两类方法中，变压调速最为常见。变压调速具体可分为串联电抗器调速、串联电容器调速、自耦变压器调速、抽头调速和晶闸管调速。

1. 串联电抗器调速电路

电抗器又称电感器，它对交流电有一定的阻碍。电抗器对交流电的阻碍称为电抗（也称为感抗），电抗器电感量越大，电抗越大，对交流阻碍越大，交流电通过时在电抗器上产生的压降就越大。

图 7-35 是两种较常见的串联电抗器调速电路，图中的 L 为电抗器，它有"高"、"中"、

"低" 3 个接线端，A 为起动绕组，M 为主绕组，C 为电容器。

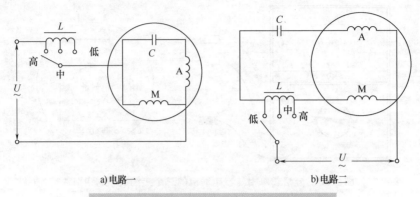

a) 电路一   b) 电路二

图 7-35 两种较常见的串联电抗器调速电路

图 7-35a 为一种形式的串联电抗器调速电路。当档位开关置于"高"时，交流电压全部加到电动机定子绕组上，定子绕组两端电压最大，产生的磁场很强，电动机转速最快；当档位开关置于"中"时，交流电压需经过电抗器部分线圈再送给电动机定子绕组，电抗器线圈会产生压降，使送到定子绕组两端的电压降低，产生的磁场变弱，电动机转速变慢。

图 7-35b 为另一种形式的串联电抗器调速电路。当档位开关置于"高"时，交流电压全部加到电动机主绕组上，电动机转速最快；当档位开关置于"低"时，交流电压需经过整个电抗器再送给电动机主绕组，主绕组两端电压很低，电动机转速很低。

上面两种串联电抗器调速电路除了可以调节单相异步电动机转速外，还可以调节起动转矩大小。图 7-35a 所示调速电路在低档时，提供给主绕组和起动绕组的电压都会降低，因此转速就变慢，起动转矩也会减小；而图 7-35b 所示调速电路在低档时，主绕组两端电压较低，而起动绕组两端电压很高，因此转速低，起动转矩却很大。

2. 串联电容器调速电路

电容器与电阻器一样，对交流电有一定的阻碍。电容器对交流电的阻碍称为容抗，电容器容量越小，容抗越大，对交流阻碍越大，交流电通过时在电容器上产生的电压降就越大。串联电容器调速电路如图 7-36 所示。

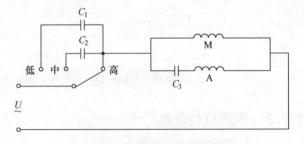

图 7-36 串联电容器调速电路

在图 7-36 所示电路中，当开关置于"低"时，由于 C_1 容量很小，它对交流电源容抗大，交流电源在 C_1 上会产生较大的电压降，加到电动机定子绕组两端的电压就会很低，电动机转速很慢。当开关置于"中"时，由于电容器 C_2 的容量大于 C_1 的容量，C_2 对交流电源容抗较 C_1 小，加到电动机定子绕组两端的电压较低档时高，电动机转速变快。

3. 自耦变压器调速电路

自耦变压器可以**通过调节来改变电压的大小**。图 7-37 为 3 种常见的自耦变压器调速电路。

图 7-37a 所示自耦变压器调速电路在调节电动机转速的同时，会改变起动转矩。如自耦变压器档位置于"低"时，主绕组和起动绕组两端的电压都很低，转速和起动转矩都会减小。

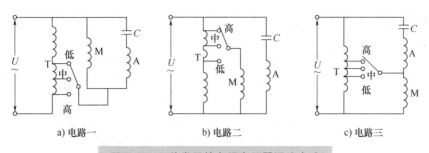

a) 电路一   b) 电路二   c) 电路三

图 7-37   3 种常见的自耦变压器调速电路

图 7-37b 所示自耦变压器调速电路只能改变电动机的转速，不会改变起动转矩，因为调节档位时只能改变主绕组两端的电压。

图 7-37c 所示自耦变压器调速电路在调节电动机转速的同时，也会改变起动转矩。当自耦变压器档位置于"低"时，主绕组两端电压降低，而起动绕组两端的电压升高，因此转速变慢，起动转矩增大。

4. 抽头调速电路

采用抽头调速的单相异步电动机与普通电动机不同，它的定子绕组除了有主绕组和起动绕组外，还增加了一个调速绕组。根据调速绕组与主绕组和起动绕组连接方式不同，抽头调速有 L1 型联结、L2 型联结和 T 型联结 3 种形式，这 3 种形式的抽头调速电路如图 7-38 所示。

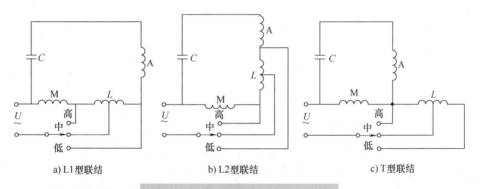

a) L1型联结   b) L2型联结   c) T型联结

图 7-38   3 种形式的抽头调速电路

图 7-38a 所示为 L1 型联结抽头调速电路。这种接法是将调速绕组与主绕组串联，并嵌在定子铁心同一槽内，与起动绕组有 90°相位差。调速绕组的线径较主绕组细，匝数可与主绕组匝数相等或是主绕组的 1 倍，调速绕组可根据调速档位数从中间引出多个抽头。当档位开关置于"低"时，全部调速绕组与主绕组串联，主绕组两端电压减小，另外调速绕组产生的磁场还会削弱主绕组磁场，电动机转速变慢。

图 7-38b 所示为 L2 型联结抽头调速电路。这种接法是将调速绕组与起动绕组串联，并嵌在同一槽内，与主绕组有 90°相位差。调速绕组的线径和匝数与 L1 型联结相同。

图 7-38c 所示为 T 型联结抽头调速电路。这种接法在电动机高速运转时，调速绕组不工作，而在低速工作时，主绕组和起动绕组的电流都会流过调速绕组，电动机有发热现象发生。

7.2.6 常见故障及处理方法（见表7-3）

表7-3 单相异步电动机的常见故障及处理方法

故 障 现 象	故 障 原 因	处 理 方 法
电源正常，电动机不能起动	(1) 引线或绕组断路 (2) 离心开关接触不良 (3) 电容器击穿 (4) 轴承卡住——轴承质量不好，润滑脂干固，轴承中有杂物，轴承装配不良 (5) 定、转子铁心相擦 (6) 过载	(1) 用万用表找到断路处，并修理好。修理处应抹上绝缘漆并衬垫绝缘物，或者改换绕组 (2) 修整离心开关 (3) 更换新的电容器 (4) 更换轴承，或将轴承卸下，用汽油洗净，抹上新的润滑脂，再装配好 (5) 取出转子，校正转轴，或锉去定、转子铁心上的凸出部分 (6) 减载或选择功率较大的电动机
空载或在外力帮助下能起动，但起动迟缓且转向不定	(1) 起动绕组断路 (2) 离心开关触点合不上 (3) 电容器击穿	(1) 找到断路处，并修理好 (2) 修理或更换离心开关 (3) 更换电容器
转速低于额定值	(1) 电源电压过低 (2) 轴承损坏 (3) 运行绕组接线错误 (4) 过载 (5) 运行绕组接地或短路 (6) 转子断条 (7) 起动后离心开关触点断不开，起动绕组未脱离电源	(1) 调整电源电压至额定值 (2) 更换轴承 (3) 改正绕组端部连接 (4) 选功率大的电动机 (5) 拆开电动机，观察是否有烧焦绝缘的地方或嗅到气味。若局部短路应用绝缘物隔开，若短路多处应换绕组 (6) 查出断处，接通断条，或更换新转子 (7) 修理或更换离心开关
起动后电动机很快发热，甚至烧毁绕组	(1) 运行绕组接地或短路 (2) 运行、起动绕组短路 (3) 起动后离心开关触点断不开，使起动绕组长期运行而发热，甚至烧毁 (4) 运行、起动绕组相互接错	(1) 拆开电动机检查 (2) 找到故障处用绝缘物隔开 (3) 修理或更换离心开关 (4) 测量其电阻或复查接头符号，改正运行、起动绕组接线

7.3 直流电动机

直流电动机是**一种采用直流电源供电的电动机**。直流电动机具有起动转矩大、调速性能好和磁干扰少等优点，它不但可用在小功率设备中，还可用在大功率设备中，如大型可逆轧钢机、卷扬机、电力机车、电车等设备常用直流电动机作为动力源。

7.3.1 工作原理

直流电动机是根据通电导体在磁场中受力旋转来工作的。直流电动机的结构与工作原理如图7-39所示。从图中可看出，直流电动机主要由磁铁、转子绕组（又称电枢绕组）、电刷和换向器组成。电动机的换向器与转子绕组连接，换向器再与电刷接触，电动机在工作时，换向器与转子绕组同步旋转，而电刷静止不动。当直流电源通过导线、电刷、换向器为转子绕组供电时，通电的转子绕组在磁铁产生的磁场作用下会旋转起来。

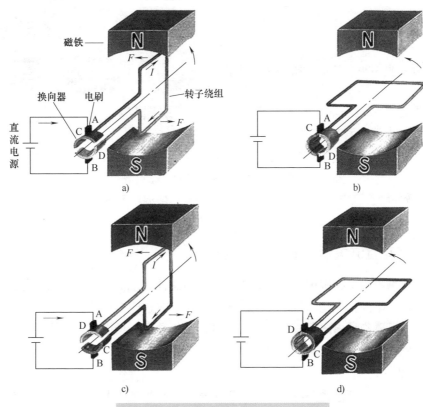

图 7-39　直流电动机结构与工作原理

直流电动机工作过程分析如下：

1）当转子绕组处于图 7-39a 所示的位置时，流过转子绕组的电流方向是电源正极→电刷 A→换向器 C→转子绕组→换向器 D→电刷 B→电源负极，根据左手定则可知，转子绕组上导线受到的作用力方向为左，下导线受力方向为右，于是转子绕组按逆时针方向旋转。

2）当转子绕组转至图 7-39b 所示的位置时，电刷 A 与换向器 C 脱离断开，电刷 B 与换向器 D 也脱离断开，转子绕组无电流通过，不受磁场作用力，但由于惯性作用，转子绕组会继续逆时针旋转。

3）在转子绕组由图 7-39b 位置旋转到图 7-39c 位置期间，电刷 A 与换向器 D 接触，电刷 B 与换向器 C 接触，流过转子绕组的电流方向是电源正极→电刷 A→换向器 D→转子绕组→换向器 C→电刷 B→电源负极，转子绕组上导线（即原下导线）受到的作用力方向为左，下导线（即原上导线）受力方向为右，转子绕组按逆时针方向继续旋转。

4）当转子绕组转至图 7-39d 所示的位置时，电刷 A 与换向器 D 脱离断开，电刷 B 与换向器 C 也脱离断开，转子绕组无电流通过，不受磁场作用力，由于惯性作用，转子绕组会继续逆时针旋转。

以后会不断重复上述过程，转子绕组也连续地不断旋转。直流电动机中的换向器和电刷的作用是**当转子绕组转到一定位置时能及时改变转子绕组中电流的方向**，这样才能让转子绕组连续不断地运转。

7.3.2 外形与结构

1. 外形

图7-40是一些常见直流电动机的实物外形。

2. 结构

直流电动机的典型结构如图7-41所示。从图中可以看出，直流电动机主要由前端盖、风

图7-40 常见直流电动机的实物外形

扇、机座（含磁铁或励磁绕组等）、转子（含换向器）、电刷装置和后端盖组成。在机座中，有的电动机安装有磁铁，如永磁直流电动机；有的电动机则安装有励磁绕组（用来产生磁场的绕组），如并励直流电动机、串励直流电动机等。直流电动机的转子中嵌有转子绕组，转子绕组通过换向器与电刷接触，直流电源通过电刷、换向器为转子绕组供电。

7.3.3 五种类型直流电动机的接线及特点

直流电动机种类很多，根据励磁方式不同，可分为永磁直流电动机、他励直流电动机、并励直流电动机、串励直流电动机和复励直流电动机。在这些类型的直流电动机中，除了永磁直流电动机的励磁磁场由永久磁铁产生外，其他几种励磁磁场都由励磁绕组来产生，这些励磁磁场由励磁绕组产生的电动机又称电磁电动机。

1. 永磁直流电动机

永磁直流电动机是指**采用永久磁铁作为定子来产生励磁磁场的电动机**。永磁直流电动机的结构如图7-42所示。图中可以看出，这种直流电动机定子为永久磁铁，当给转子绕组通直流电时，在磁铁产生的磁场作用下，转子会运转起来。

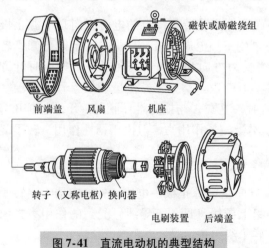

图7-41 直流电动机的典型结构

图7-42 永磁直流电动机的结构

永磁直流电动机具有结构简单、价格低廉、体积小、效率高和使用寿命长等优点，永磁直流电动机开始主要用在一些小功率设备中，如电动玩具、小电器和家用音像设备等。近年

来由于**强磁性的钕铁硼永磁材料的应用，一些大功率的永磁直流电动机开始出现**，使永磁直流电动机的应用更为广泛。

2. 他励直流电动机

他励直流电动机是指**励磁绕组和转子绕组分别由不同直流电源供电的直流电动机**。他励直流电动机的结构与接线图如图 7-43 所示。从图中可以看出，他励直流电动机的励磁绕组和转子绕组分别由两个单独的直流电源供电，两者互不影响。

他励直流电动机的励磁绕组由独立的励磁电源供电，因此其励磁电流不受转子绕组电流影响，在励磁电流不变的

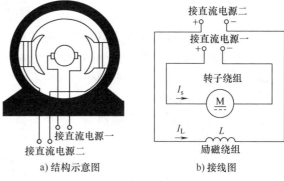

图 7-43　他励直流电动机的结构与接线图

情况下，电动机的起动转矩与转子电流成正比。他励直流电动机可以通过改变励磁绕组或转子绕组的电流大小来提高或降低电动机的转速。

3. 并励直流电动机

并励直流电动机是指**励磁绕组和转子绕组并联，并且由同一直流电源供电的直流电动机**。并励直流电动机的结构与接线图如图 7-44 所示。从图中可以看出，并励直流电动机的励磁绕组和转子绕组并接在一起，并且接同一直流电源。

并励直流电动机的励磁绕组采用较细的导线绕制而成，其匝数多、电阻大、励磁电流较恒定。电动机起动转矩与转子绕组电流成正比，起动电流约为**额定电流的**

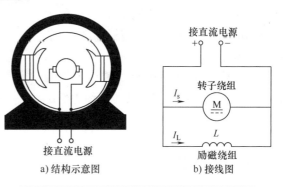

图 7-44　并励直流电动机的结构与接线图

2.5 倍，转速随电流及转矩的增大而略有下降，短时间过载转矩约为**额定转矩的 1.5 倍**。

4. 串励直流电动机

串励直流电动机是指**励磁绕组和转子绕组串联，再接同一直流电源的直流电动机**。串励直流电动机的结构与接线图如图 7-45 所示。从图中可以看出，串励直流电动机的励磁绕组和转子绕组串接在一起，并且由同一直流电源供电。

串励直流电动机的励磁绕组和转子绕组串联，因此励磁磁场随着转子电流的改变有显著的变化。为了减小励磁绕组的损耗和电压降，要求励磁绕组的电阻应尽量小，所以励磁绕组通常用较粗的导线绕制而成，并且匝数较少。串励直流电动机的

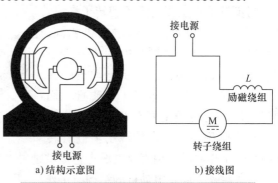

图 7-45　串励直流电动机的结构与接线图

转矩近似与**转子电流的二次方**成正比，转速随**转矩或电流的增加而迅速下降**，其起动转矩可达**额定转矩的 5 倍以上**，短时间过载转矩可达**额定转矩的 4 倍以上**。串励直流电动机轻载或空载时转速很高，为了安全起见，一般不允许空载起动，不允许用传送带或链条传动。

串励直流电动机还是一种交直流两用电动机，因为交流供电更为方便，所以串励直流电动机又称为单相串励电动机。由于串励直流电动机具有交直流供电的优点，因此其应用较广泛，如电钻、电吹风机、电动缝纫机和吸尘器中常采用串励直流电动机作为动力源。

5. 复励直流电动机

复励直流电动机有**两个励磁绕组，一个与转子绕组串联，另一个与转子绕组并联**。复励直流电动机的结构与接线图如图 7-46 所示。从图中可以看出，复励直流电动机的一个励磁绕组 L_1 和转子绕组串接在一起，另一个励磁绕组 L_2 与转子绕组为并联关系。

复励直流电动机的串联励磁绕组匝数少，并联励磁绕组匝数多。两个励磁绕组产生的磁场方向相同的电动机称为积复励电动机，反之称为差复励电动机。由于积复励电动机工作稳定，所以更为常用。复励直流电动机起动转矩约为额定转矩的 4 倍，短时间过载转矩约为额定转矩的 3.5 倍。

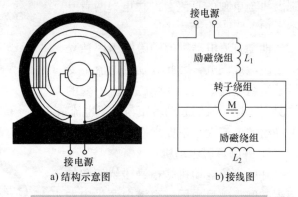

图 7-46　复励直流电动机的结构与接线图

7.4　同步电动机

同步电动机是**一种转子转速与定子旋转磁场的转速相同的交流电动机**，如图 7-47 所示。对于一台同步电动机，在电源频率不变的情况下，其转速始终保持恒定，不会随电源电压和负载变化而变化。

7.4.1　结构与工作原理

同步电动机主要由定子和转子构成，其定子结构与一般的异步电动机相同，并且嵌有定子绕组。同步电动机的转子与异步电动机的不同。异步电动机的转子一般为笼型，转子本身不带磁性。而同步电动机的转子主要有两种形式：一种是直流励磁转子，这种转子上嵌有转

图 7-47　一些常见的同步电动机实物外形

子绕组，工作时需要用直流电源为它提供励磁电流；另一种是永久磁铁励磁转子，转子上安装有永久磁铁。同步电动机的结构与工作原理图如图 7-48 所示。

图 7-48a 为同步电动机结构示意图。同步电动机的定子铁心上嵌有定子绕组，转子上安

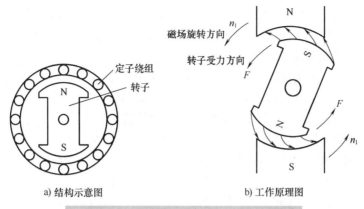

a) 结构示意图　　　　　　　　　b) 工作原理图

图 7-48　同步电动机的结构与工作原理图

装一个两极磁铁（在转子嵌入绕组并通直流电后，也可以获得同样的磁极）。当定子绕组通三相交流电时，定子绕组会产生旋转磁场，此时的定子就像是旋转的磁铁，如图 7-50b 所示。根据异性磁极相互吸引可知，装有磁铁的转子会随着旋转磁场方向转动，并且转速与磁场的旋转速度相同。

在电源频率不变的情况下，同步电动机在运行时转速是**恒定的**，其转速 n 与**电动机的磁极对数 p、交流电源的频率 f 有关**。同步电动机的转速可用下面的公式计算：

$$n = 60f/p$$

我国电力系统交流电的频率为 50Hz，电动机的极对数又是整数，若采用电网交流电作为电源，同步电动机的转速与磁极对数有严格的对应关系，具体见表 7-4。

表 7-4　同步电动机的转速与磁极对数的关系

p	1	2	3	4
n /（r/min）	3000	1500	1000	750

7.4.2　同步电动机的起动

1. 同步电动机无法起动的原因

异步电动机接通三相交流电后会马上运转起来，而同步电动机接通电源后一般无法运转，下面通过图 7-49 来分析原因。

当同步电动机定子绕组通入三相交流电后，产生逆时针方向的旋转磁场，如图 7-49a所示，转子受到逆时针方向的磁场力，由于转子具有惯性，不可能立即以同步转速旋转。当转子刚开始转动时，由于旋转磁场转速很快，此刻已旋转到图 7-49b

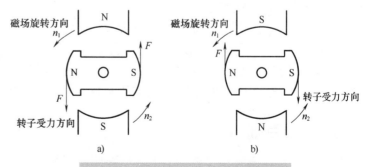

图 7-49　同步电动机无法起动分析图

所示的位置，这时转子受到顺时针方向的磁场力，与先前受力方向相反，刚要运转的转子又受到相反的作用力而无法旋转。也就是说，旋转磁场旋转时，转子受到的平均转矩为0，无法运转。

2. 同步电动机起动解决方法

同步电动机通电后无法自动起动的主要原因有：**转子存在着惯性，定、转子磁场转速相差过大**。因此为了让同步电动机自行起动，一方面可以减小转子的惯性（如转子可做成长而细的形状），另一方面可以给同步电动机增设起动装置。

给同步电动机增设起动装置的方法一般是在转子上附加异步电动机一样的笼型绕组，如图7-50所示，这样同步电动机的转子上同时具有磁铁和笼型起动绕组。在起动时，同步电动机定子绕组通电产生旋转磁场，该磁场对起动绕组产生作用力，使起动绕组运转起来，与起动绕组一起的转子也跟着旋转，起动时的同步电动机就相当于一台异步电动机。当转子转速接近定子绕组的旋转磁场转速时，旋转磁场就与转子上的磁铁相互吸引而将转子引入同步，同步后的旋转磁场就像手一样，紧紧拉住相异的转子磁极不放，转子就在旋转磁场的拉力下，始终保持与旋转磁场一样的转速。

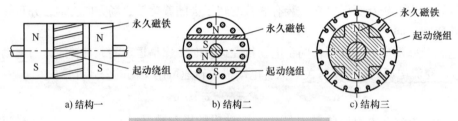

a) 结构一　　　　　　b) 结构二　　　　　　c) 结构三

图7-50　几种同步电动机转子结构

给同步电动机附加笼型绕组进行起动的方法称为异步起动法，异步起动接线示意图如图7-51所示。在起动时，先合上开关 S_1，给同步电动机的定子绕组提供三相交流电源，让定子绕组产生旋转磁场，与此同时将开关 S_2 与左边触点闭合，让转子起动绕组与起动电阻（其阻值一般为起动绕组阻值的10倍）串接，这样同步电动机就相当于一台绕线转子异

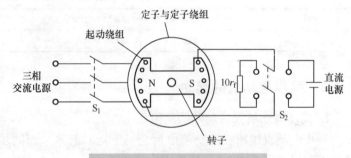

图7-51　异步起动接线示意图

步电动机。转子开始旋转，当转子转速接近旋转磁场转速时，将开关 S_2 与右边的触点闭合，直流电源通过 S_2 加到转子起动绕组，起动绕组产生一个固定的磁场来增强磁铁磁场，定子绕组的旋转磁场牵引已运转且带磁性的转子同步运转。图7-51中的开关 S_2 实际上是由控制电路来完成，另外转子起动绕组要通过电刷与外界的起动电阻或直流电源连接。

7.5　步进电动机

步进电动机是**一种用电脉冲控制运转的电动机**，每输入一个电脉冲，电动机就会旋转一定的角度。因此步进电动机又称为脉冲电动机，如图 7-52 所示。它的转速与脉冲的频率成正比，脉冲频率越高，单位时间内输入电动机的脉冲个数越多，旋转角度越大，即转速越快。

图 7-52　步进电动机的外形

7.5.1　结构与工作原理

步进电动机种类很多，根据运转方式可分为旋转式、直线式和平面式，其中旋转式应用最为广泛。旋转式步进电动机又分为永磁式和反应式，永磁式步进电动机的转子采用永久磁铁制成，反应式步进电动机的转子采用软磁性材料制成。由于反应式步进电动机具有反应快、惯性小和速度高等优点，因此应用很广泛。

1. 反应式步进电动机

图 7-53 是一个三相六极反应式步进电动机，它主要由凸极式定子、定子绕组和带有 4 个齿的转子组成。

a) 示意图一　　　　　　　　b) 示意图二　　　　　　　　c) 示意图三

图 7-53　三相六极反应式步进电动机结构示意图

反应式步进电动机工作原理分析如下：

1）当 A 相定子绕组通电时，如图 7-53a 所示，绕组产生磁场，由于磁场磁力线力图通过磁阻最小的路径，在磁场的作用下，转子旋转使齿 1、3 分别正对 A、A′极。

2）当 B 相定子绕组通电时，如图 7-53b 所示，绕组产生磁场，在绕组磁场的作用下，转子旋转使齿 2、4 分别正对 B、B′极。

3）当 C 相定子绕组通电时，如图 7-53c 所示，绕组产生磁场，在绕组磁场的作用下，转子旋转使齿 3、1 分别正对 C、C′极。

从图中可以看出，当 A、B、C 相按 A→B→C 顺序依次通电时，转子逆时针旋转，并且转子齿 1 由正对 A 极运动到正对 C′；若按 A→C→B 顺序通电，转子则会顺时针旋转。给 A、B、C 相绕组依次通电时，步进电动机会旋转一个步距角；若按 A→C→B→A→B→C→⋯顺序依次不断给定子绕组通电，转子就会连续不断地运转。图 7-53 中的步进电动机为三相单三拍反应式步进电动机，其中"三相"是指定子绕组为三相，"单"是指每次只有一相绕组通电，"三拍"是指在一个通电循环周期内绕组有 3 次供电切换。

步进电动机的定子绕组每切换一相电源，转子就会旋转一定的角度，该角度称为步距角。在图 7-53 中，步进电动机定子圆周上平均分布着 6 个凸极，任意两个凸极之间的角度为 60°，转子每个齿由一个凸极移到相邻的凸极需要前进两步，因此该转子的步距角为 30°。步进电动机的步距角可用下面的公式计算：

$$\theta = 360° / ZN$$

式中，Z 为转子的齿数；N 为一个通电循环周期的拍数。

图 7-53 中的步进电动机的转子齿数 $Z = 4$，一个通电循环周期的拍数 $N = 3$，则步距角 $\theta = 30°$。

2. 三相单双六拍反应式步进电动机

三相单三拍反应式步进电动机的步距角较大，稳定性较差；而三相单双六拍反应式步进电动机的步距角较小，稳定性较好。三相单双六拍反应式步进电动机结构示意如图 7-54 所示。

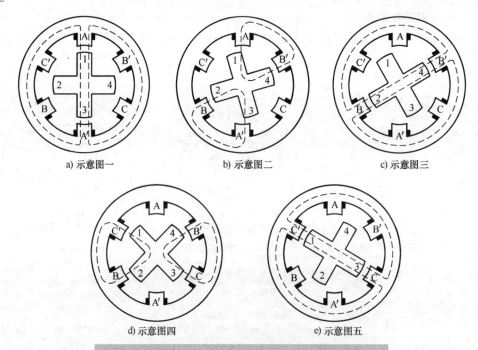

a) 示意图一   b) 示意图二   c) 示意图三

d) 示意图四   e) 示意图五

图 7-54 三相单双六拍反应式步进电动机结构示意图

三相单双六拍反应式步进电动机工作原理分析如下：

1）当 A 相定子绕组通电时，如图 7-54a 所示，绕组产生磁场，由于磁场磁力线力图通过磁阻最小的路径，在磁场的作用下，转子旋转使齿 1、3 分别正对 A、A′ 极。

2）当 A、B 相定子绕组同时通电时，绕组产生图 7-54b 所示的磁场，在绕组磁场的作用下，转子旋转使齿 2、4 分别向 B、B′ 极靠近。

3）当 B 相定子绕组通电时，如图 7-54c 所示，绕组产生磁场，在绕组磁场的作用下，转子旋转使齿 2、4 分别正对 B、B′ 极。

4）当 B、C 相定子绕组同时通电时，如图 7-54d 所示，绕组产生磁场，在绕组磁场的作用下，转子旋转使齿 3、1 分别向 C、C′ 极靠近。

5）当 C 相定子绕组通电时，如图 7-54e 所示，绕组产生磁场，在绕组磁场的作用下，转子旋转使齿3、1分别正对C、C′极。

从图中可以看出，当 A、B、C 相按
A→AB→B→BC→C→CA→A…顺序依次通
电时，转子逆时针旋转，每一个通电循环
分6拍，其中 3 个单拍通电，3 个双拍通
电，因此这种反应式步进电动机称为三相
单双六拍反应式步进电动机。三相单双六
拍反应式步进电动机的步距角为 15°。

3. 结构

不管是三相单三拍步进电动机还是三
相单双六拍步进电动机，它们的步距角都

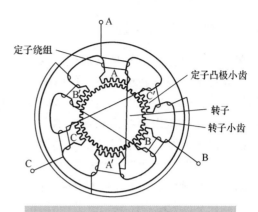

图 7-55　三相步进电动机的实际结构

比较大，若用它们作为传动设备动力源时往往不能满足精度要求。为了减小步距角，实际的
步进电动机通常在定子凸极和转子上开很多小齿如图 7-55 所示。

7.5.2　驱动电路

步进电动机是**一种用电脉冲控制运转的电动机，在工作时需要有相应的驱动电路为它提
供驱动脉冲**。图 7-56 是典型三相步进电动机驱动电路框图。脉冲发生器产生几赫至几十千
赫的脉冲信号，经脉冲分配器后输出符合一定逻辑关系的多组脉冲信号，这些脉冲信号进行
功率放大后输入步进电动机，驱动电动机运转。

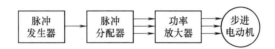

图 7-56　典型三相步进电动机驱动电路框图

随着单片机的广泛应用，很多步进电动机采用单片机电路进行控制驱动。图 7-57 是一
种五相步进电动机的单片机驱动电路框图。在工作时，从单片机的 P1.0～P1.4 引脚输出 5
组脉冲信号，经五相功率驱动电路放大后送入步进电动机，驱动步进电动机运转。

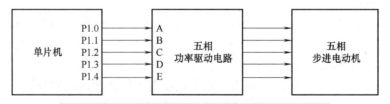

图 7-57　五相步进电动机的单片机驱动电路框图

7.6　无刷直流电动机

直流电动机具有运行效率高和调速性能好的优点，但普通的直流电动机工作时需要用换向
器和电刷来切换电压极性，在切换过程中容易出现**电火花和接触不良**，会形成**干扰并导致直流
电动机的寿命缩短**。无刷直流电动机（见图 7-58）的出现有效解决了电火花和接触不良的问题。

7.6.1 结构与工作原理

普通永磁直流电动机是以永久磁铁作定子，以转子绕组作转子，在工作时除了要为旋转的转子绕组供电，还要及时改变电压极性，这些需用到电刷和换向器。电刷和换向器长期摩擦，很容易出现接触不良、电火花和电磁干扰等问题。为了解决

图7-58　常见无刷直流电动机的实物外形

这些问题，无刷直流电动机采用永久磁铁作为转子，通电绕组作为定子，这样就不需要电刷和换向器，不过无刷直流电动机工作时需要配套的驱动电路。

1. 工作原理

图7-59是一种无刷直流电动机的结构和驱动电路简图。无刷直流电动机的定子绕组固定不动，而磁环转子运转。

无刷直流电动机工作原理说明如下：

无刷直流电动机位置检测器距离磁环转子很近，磁环转子的不同磁极靠近检测器时，检测器输出不同的位置信号（电信号）。这里假设 S 极接近位置检测器时，检测器输出高电平信号，N 极接近检测器时输出低电平信号。在起动电动机时，若磁环转子的 S 极恰好接近位置检测器，检测器输出高电平信号，该信号送到晶体管 VT_1、VT_2 的基极，VT_1 导通，VT_2 截止，定子绕组 L_1、L_1' 有电流流过，电流途径是，电源 $V_{CC} \rightarrow L_1 \rightarrow L_1' \rightarrow$

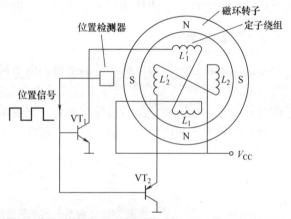

图7-59　一种无刷直流电动机结构和驱动电路简图

$VT_1 \rightarrow$ 地。L_1、L_1' 绕组有电流通过产生磁场，该磁场与磁环转子磁场产生排斥和吸引，它们的相互作用如图7-60a所示。

在图7-60a中，电流流过 L_1、L_1' 时，L_1 产生左 N 右 S 的磁场，L_1' 产生左 S 右 N 的磁场，这样就会出现 L_1 的左 N 与磁环转子的左 S 吸引（同时 L_1 的左 N 会与磁环转子的下 N 排斥），L_1 的右 S 与磁环转子的下 N 吸引，L_1' 的右 N 与磁环转子的右 S 吸引，L_1' 的左 S 与磁环转子的上 N 吸引，由于绕组 L_1、L_1' 固定在定子铁心上不能运转，而磁环转子受磁场作用就逆时针转起来。

电动机运转后时，磁环转子的 N 极马上接近位置检测器，检测器输出低电平信号，该信号送到晶体管 VT_1、VT_2 的基极，VT_1 截止，VT_2 导通，有电流流过 L_2、L_2'，电流途径是，电源 $V_{CC} \rightarrow L_2 \rightarrow L_2' \rightarrow VT_2 \rightarrow$ 地。L_2、L_2' 绕组有电流通过产生磁场，该磁场与磁环转子磁场产生排斥和吸引，它们的相互作用如图7-60b所示，两磁场的相互作用力推动磁环转子继续旋转。

2. 结构

无刷直流电动机的结构如图7-61所示。

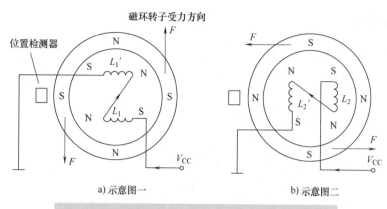

a) 示意图一   b) 示意图二

图 7-60 无刷电动机定子绕组与磁环转子受力分析

从图中可以看出，无刷直流电动机主要由定子铁心、定子绕组、位置检测器、磁铁转子和驱动电路等组成。

位置检测器包括固定和运动两部分，运动部分安装在转子轴上，与转子联动，它可以反映转子的磁极位置，固定部分通过它就可以检测出转子的位置信息。有些无刷直流电动机位置检测器无运转部分，它直接检测转子位置信息。驱动电路的功能是根据位置检测器送来的位置信号，用电子开关（如晶体管）来切换定子绕组的电源。无刷直流电动机的转子结构分为表面式磁极、嵌入式磁极和环形磁极 3 种，如图 7-62 所示。表面式磁极转子是将磁铁粘贴在转子铁心表面，嵌入式磁极转子是将磁铁嵌入铁心中，环形磁极转子是在转子铁心上套一个环形磁铁。

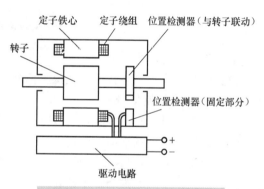

图 7-61 无刷直流电动机的结构

无刷直流电动机一般采用内转子结构，即转子处在定子的内侧。有些无刷直流电动机采用外转子形式，如电动车、摄录像机的无刷直流电动机常采用外转子结构，如图 7-63 所示。

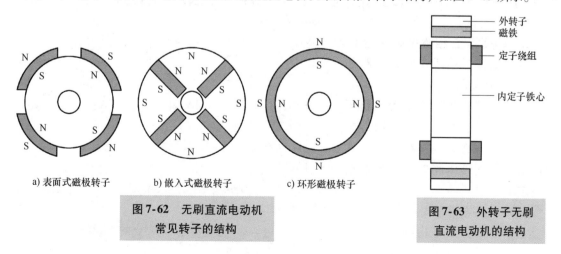

a) 表面式磁极转子   b) 嵌入式磁极转子   c) 环形磁极转子

图 7-62 无刷直流电动机
常见转子的结构

图 7-63 外转子无刷
直流电动机的结构

7.6.2 驱动电路

1. 星形联结三相半桥驱动电路

星形联结三相半桥驱动电路如图 7-64a 所示。A、B、C 三相定子绕组有一端共同连接，构成星形联结方式。

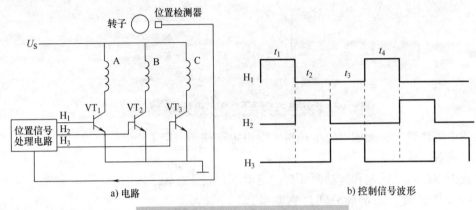

a) 电路　　　　　　　　b) 控制信号波形

图 7-64　星形联结三相半桥驱动电路

电路工作过程说明如下：

位置检测器靠近磁环转子产生位置信号，经位置信号处理电路处理后输出图 7-64b 所示 H_1、H_2、H_3 3 个控制信号。

在 t_1 期间，H_1 信号为高电平，H_2、H_3 信号为低电平，晶体管 VT_1 导通，有电流流过 A 相绕组，绕组产生磁场推动转子运转。

在 t_2 期间，H_2 信号为高电平，H_1、H_3 信号为低电平，晶体管 VT_2 导通，有电流流过 B 相绕组，绕组产生磁场推动转子运转。

在 t_3 期间，H_3 信号为高电平，H_1、H_2 信号为低电平，晶体管 VT_3 导通，有电流流过 C 相绕组，绕组产生磁场推动转子运转。

t_4 期间以后，电路重复上述过程，电动机连续运转起来。三相半桥驱动电路结构简单，但由于同一时刻只有一相绕组工作，电动机的效率较低，并且转子运转脉动比较大，即运转时容易时快时慢。

2. 星形联结三相桥式驱动电路

星形联结三相桥式驱动电路如图 7-65 所示。

星形联结三相桥式驱动电路可以工作在两种方式：二二导通方式和三三导通方式。工作在何种方式由位置信号处理电路输出的控制信号决定。

（1）二二导通方式

二二导通方式是指在某一时刻

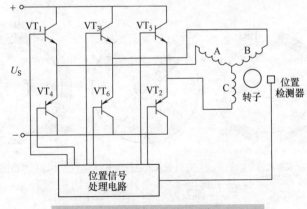

图 7-65　星形联结三相桥式驱动电路

有两个晶体管同时导通。电路中 6 个晶体管的导通顺序是，VT_1、$VT_2 \rightarrow VT_2$、$VT_3 \rightarrow VT_3$、$VT_4 \rightarrow VT_4$、$VT_5 \rightarrow VT_5$、$VT_6 \rightarrow VT_6$、VT_1。这 6 个晶体管的导通受位置信号处理电路送来的脉冲控制。下面以 VT_1、VT_2 导通为例来说明电路工作过程。

位置检测器送来的位置信号经处理电路后形成控制脉冲输出，其中高电平信号送到 VT_1 的基极，低电平信号送到 VT_2 基极，其他晶体管基极无信号，VT_1、VT_2 导通，有电流流过 A、C 相绕组，电流途径为 $U_S+ \rightarrow VT_1 \rightarrow$ A 相绕组 $\rightarrow$ C 相绕组 $\rightarrow VT_2 \rightarrow U_S-$，两绕组产生磁场推动转子旋转 $60°$。

（2）三三导通方式

三三导通方式是指在某一时刻有 3 个晶体管同时导通。电路中 6 个晶体管的导通顺序是，VT_1、VT_2、$VT_3 \rightarrow VT_2$、VT_3、$VT_4 \rightarrow VT_3$、VT_4、$VT_5 \rightarrow VT_4$、VT_5、$VT_6 \rightarrow VT_5$、VT_6、$VT_1 \rightarrow VT_6$、VT_1、VT_2。这 6 个晶体管的导通受位置信号处理电路送来的脉冲控制。下面以 VT_1、VT_2、VT_3 导通为例来说明电路工作过程。

位置检测器送来的位置信号经处理电路后形成控制脉冲输出，其中高电平信号送到 VT_1、VT_3 的基极，低电平送到 VT_2 基极，其他晶体管基极无信号，VT_1、VT_3、VT_2 导通，有电流流过 A、B、C 相绕组，其中 VT_1 导通流过的电流通过 A 相绕组，VT_3 导通流过的电流通过 B 相绕组，两电流汇合后流过 C 相绕组，再通过 VT_2 流到电源的负极，在任意时刻三相绕组都有电流流过，其中一相绕组电流很大（是其他绕组电流的 2 倍），三相绕组产生的磁场推动转子旋转 $60°$。

三三导通方式的转矩较二二导通方式的要小，另外，如果晶体管切换时发生延迟，就可能出现直通短路，如 VT_4 开始导通时 VT_1 还未完全截止，电源通过 VT_1、VT_4 直接短路，因此星形联结三相桥式驱动电路更多采用二二导通方式。

三相无刷直流电动机除了可采用星形联结驱动电路外，还可采用图 7-66 所示的三角形联结三相桥式驱动电路。该电路与星形联结三相桥式驱动电路一样，也有二二导通方式和三

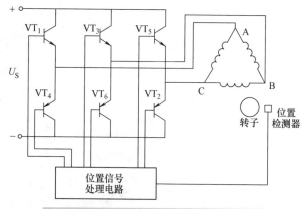

图 7-66 三角形联结三相桥式驱动电路

三导通方式，其工作原理与星形联结三相桥式驱动电路工作原理基本相同，这里不再叙述。

7.7 开关磁阻电动机

开关磁阻电动机是**一种定子有绕组、转子无绕组，且定、转子均采用凸极结构的电动机。由于这种电动机在工作时需要用开关不断切换绕组供电，并且是利用磁阻最小原理工作，所以称之为开关磁阻电动机**，如图 7-67 所示。

**图 7-67 一些常见的开关磁阻
电动机的实物外形**

7.7.1 结构与工作原理

开关磁阻电动机的结构和工作原理与步进电动机的相似，都是**遵循"磁阻最小原理"——磁感线总是力图通过磁阻最小的路径**。开关磁阻电动机的典型结构如图 7-68 所示，它是一个三相 6/4 型开关磁阻电动机，即定子有三相绕组和 6 个凸极，转子有 4 个凸极。

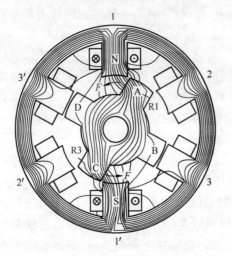

a) 定子绕组 11′ 得电时，转子凸极 AC 受力情况

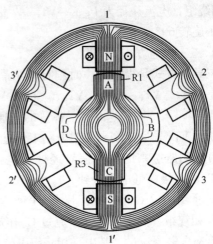

b) 定子绕组 11′ 得电时，转子凸极 AC 转到稳定位置

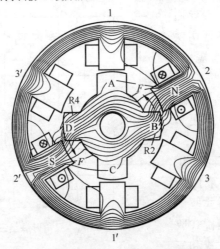

c) 定子绕组 22′ 得电时，转子凸极 BD 受力情况

图 7-68 开关磁阻电动机的典型结构与工作原理

开关磁阻电动机工作原理说明如下：

当定子绕组 11′ 得电时，凸极 1 产生的磁场为 N，凸极 1′ 产生的磁场为 S，如图 7-68a 所示。根据磁阻最小原理可知，转子凸极 AC 受到逆时针方向的磁转矩作用力，于是转子开始转动，当转到图 7-68b 所示位置时，定子凸极 11′ 与转子凸极 AC 对齐，此时磁阻最小，磁转矩为 0，转子不再转动。这时若切断 11′ 绕组供电，而接通 22′ 绕组供电，定子凸极 2 产生的磁场为 N，凸极 2′ 产生的磁场为 S，如图 7-68c 所示，转子凸极 BD 受到逆时针方向的磁转矩作用力，于是转子继续转动。

如果按 11′→22′→33′的顺序切换定子绕组电源，转子将逆时针方向旋转。如果按 11′→33′→22′的顺序切换定子绕组电源，转子将顺时针方向旋转。

开关磁阻电动机主要有以下特点：

1）效率高，节能效果好。

2）起动转矩大。

3）调速范围广。

4）可频繁正、反转，频繁起动、停止，因此非常适合于龙门刨床、可逆轧机、油田抽油机等应用场合。

5）起动电流小，避免了对电网的冲击。

6）功率因数高，不需要加装无功补偿装置。普通交流电动机空载时的功率因数在 0.2~0.4 之间，满载在 0.8~0.9 之间；而开关磁阻电动机调速系统在空载和满载下的功率因数均大于 0.98。

7）电动机结构简单、坚固、制造工艺简单，成本低且工作可靠，能适用于各种恶劣、高温甚至强振动环境。

8）断相与过载时仍可工作。

9）由于控制器中功率变换器与电动机绕组串联，不会出现变频调速系统功率变换器可能出现的直通故障，因此可靠性大为提高。

7.7.2 开关磁阻电动机与步进电动机的区别

开关磁阻电动机与步进电动机的工作原理基本相同，都是依靠脉冲信号切换绕组的电源来驱动转子运转。

两者的区别在于：步进电动机主要是**将脉冲信号转换成旋转角度，带动相应机构移动一定的位移，在转子运转时无须转速平稳**，即使时停时转也无关紧要，只要输入脉冲个数与移动位移的对应关系准确；而开关磁阻电动机与大多数电动机一样，要求**工作在连续运行状态，在运行过程中需要转速平稳连续，不允许时转时停的情况出现**。

如果开关磁阻电动机在工作过程中，定子绕组电源切换不及时，就会出现转子时停时转或转速时快时慢的情况。如在图 7-68b 中，若转子 AC 凸极已运动到对齐位置，如果 11′绕组未及时切断电源，这时即使 22′绕组得电，也无法使转子继续运转，从而导致转子停顿。这种情况对要求连续运行且转速平稳的开关磁阻电动机是不允许的。为了解决这个问题，需要给电动机转子增设位置检测器，检测转子凸极位置情况，然后及时切换相应绕组的电源，让转子能连续平稳运行。

7.7.3 驱动电路

开关磁阻电动机的驱动电路如图 7-69 所示。开关磁阻电动机内部的位置检测器送位置信号给控制电路，让控制电路产生符合要求的控制脉冲信号，控制脉冲加到功率变换器，控制变换器中相应的电子开关（一般为晶体管）导通和截止，接通和切断电动机相应定子绕组的电源，在定子绕组磁场作用下，电动机连续运转起来。

很多开关磁阻电动机的驱动电路已被制作成工业成品，可直接与开关磁阻电动机配套使用，图 7-70 列出了两种开关磁阻电动机的控制器（驱动电路）。有些控制器内部采用一些先进的保护检测电路并可直接在面板设定电动机的控制参数。

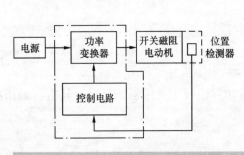

图 7-69　开关磁阻电动机的驱动电路结构

图 7-70　两种开关磁阻电动机的控制器

第8章

Chapter 8

三相异步电动机常用控制电路分析与安装 ◄◄◄

常用控制电路工作原理分析

8.1.1 简单的正转控制电路

正转控制电路是电动机最基本的控制电路，控制电路除了要为电动机提供电源外，还要对电动机进行起动/停止控制，另外在电动机过载时还能进行保护。对于一些要求不高的小容量电动机，可采用图 8-1 所示的简单的电动机正转控制电路。

电动机的 3 根相线通过刀开关内部的熔断器 FU 和触点连接到三相交流电。当合上刀开关 QS 时，三相交流电通过触点、熔断器送给三相电动机，电动机运转；当断开 QS 时，切断电动机供电，电动机停转；如果流过电动机的电流过大，熔断器 FU 会因大电流流过而熔断，切断电动机供电，电动机得到了保护。为了安全起见，图中的刀开关可安装在配电箱内或绝缘板上。

这种控制电路简单、元器件少，适合作容量小且起动不频繁的电动机正转控制电路，图中的刀开关还可以用封闭式负荷开关、组合开关或低压断路器来代替。

8.1.2 自锁正转控制电路

点动正转控制电路适用于电动机短时间运行控制，如果用作长时间运行控制极为不便（需一直按住按钮不放）。电动机长时间连续运行常采用图 8-2 所示的自锁正转控制电路。该电路是在点动正转控制电路的控制电路中多串接一个停止按钮 SB2，并在起动按钮 SB1 两端并联一个接触器 KM 的常开辅助触点（又称自锁触点）而成的。

自锁正转控制电路除了有长时间运行锁定功能外，还能实现欠电压和失电压保护功能。

1. 工作原理

1）合上电源开关 QS。

2）起动过程。按下起动按钮 SB1→L1、L2 两相电压通过 QS、FU2、SB2、SB1 加到接触器 KM 线圈两端→KM 线圈得电吸合，KM 主触点和常开辅助触点闭合→L1、L2、L3 三相电压通过 QS、FU1 和闭合的 KM 主触点提供给电动机→电动机 M 通电运转。

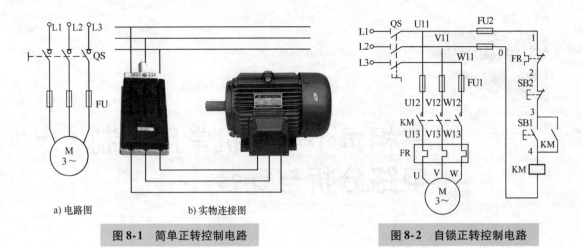

a) 电路图 b) 实物连接图

图 8-1　简单正转控制电路

图 8-2　自锁正转控制电路

3）运行自锁过程。松开起动按钮 SB1→KM 线圈依靠起动时已闭合的 KM 常开辅助触点供电→KM 主触点仍保持闭合→电动机继续运转。

4）停转控制。按下停止按钮 SB2→KM 线圈失电→KM 主触点和常开辅助触点均断开→电动机 M 断电停转。

5）断开电源开关 QS。

2. 欠电压保护

欠电压保护是指**当电源电压偏低（一般低于额定电压的 85%）时切断电动机的供电，让电动机停止运转**。欠电压保护过程分析如下：

电源电压偏低→L1、L2 两相间的电压偏低→接触器 KM 线圈两端电压偏低，产生的吸合力小，不足以继续吸合 KM 主触点和常开辅助触点→主、辅触点断开→电动机供电被切断而停转。

3. 失电压保护

失电压保护是指**当电源电压消失时切断电动机的供电途径，并保证在重新供电时无法自行起动**。失电压保护过程分析如下：

电源电压消失→L1、L2 两相间的电压消失→KM 线圈失电→KM 主、辅触点断开→电动机供电被切断。在重新供电后，由于主、辅触点已断开，并且起动按钮 SB1 也处于断开状态，因此电路不会自动为电动机供电。

4. 过载保护

在电路中有一个热继电器 FR，其发热元件串接在主电路中，常闭触点串接在控制电路中。当电动机过载运行时，流过热继电器发热元件的电流偏大，发热元件（通常为双金属片）因发热而弯曲，通过传动机构将常闭触点断开，控制电路被切断，接触器 KM 线圈失电，主电路中的接触器 KM 主触点断开，电动机供电被切断而停转。

热继电器只能执行过载保护，不能执行短路保护，这是因为短路时电流虽然很大，但是热继电器发热元件弯曲需要一定的时间，等到它动作时电动机和供电线路可能已被过大的短路电流烧坏。另外，当电路过载保护后，如果排除了过载因素，需要等待一定的时间让发热元件冷却复位之后，再重新起动电动机。

8.1.3 接触器联锁正、反转控制电路

　　接触器联锁正、反转控制电路的主电路中连接了两个接触器，正、反转操作元件放置在控制电路中，因此工作安全可靠。接触器联锁正、反转控制电路如图 8-3 所示。

　　在图 8-3 中，主电路中连接了接触器 KM1 和接触器 KM2 的主触点，两个接触器主触点连接方式不同，KM1 按 L1-U、L2-V、L3-W 方式连接，KM2 按 L1-W、L2-V、L3-U 方式连接。

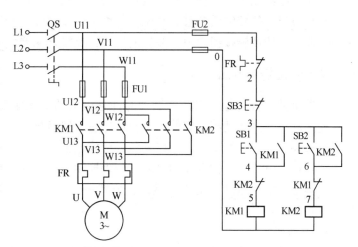

图 8-3　接触器联锁正、反转控制电路

　　在工作时，接触器 KM1、KM2 的主触点严禁同时闭合，否则会造成 L1、L3 两相电源直接短路。为了避免 KM1、KM2 主触点同时得电闭合，分别给其各自的线圈串接了对方的常闭辅助触点，如给 KM1 线圈串接了 KM2 常闭辅助触点，给 KM2 线圈串接了 KM1 常闭辅助触点，当一个接触器的线圈得电时会使其主触点闭合，还会使自己的常闭触点断开，这样另一个接触器线圈就无法得电。接触器的这种相互制约关系称为接触器的联锁（也称互锁），实现联锁的常闭辅助触点称为联锁触点。

　　其电路工作原理分析如下：

　　1）闭合电源开关 QS。

　　2）正转过程。

　　① 正转联锁控制。按下正转按钮 SB1→KM1 线圈得电→KM1 主触点闭合、KM1 常开辅助触点闭合、KM1 常闭辅助触点断开→KM1 主触点闭合将 L1、L2、L3 三相电源分别供给电动机 U、V、W 端，电动机正转；KM1 常开辅助触点闭合使得 SB1 松开后 KM1 线圈继续得电（接触器自锁）；KM1 常闭辅助触点断开切断 KM2 线圈的供电，使 KM2 主触点无法闭合，实现 KM1、KM2 之间的联锁。

　　② 停止控制。按下停转按钮 SB3→KM1 线圈失电→KM1 主触点断开、KM1 常开辅助触点断开、KM1 常闭辅助触点闭合→KM1 主触点断开使电动机断电而停转。

　　3）反转过程。

　　① 反转联锁控制。按下反转按钮 SB2→KM2 线圈得电→KM2 主触点闭合、KM2 常开辅助触点闭合、KM2 常闭辅助触点断开→KM2 主触点闭合将 L1、L2、L3 三相电源分别供给电动机 W、V、U 端，电动机反转；KM2 常开辅助触点闭合使得 SB2 松开后 KM2 线圈继续得电；KM2 常闭辅助触点断开切断 KM1 线圈的供电，使 KM1 主触点无法闭合，实现 KM1、KM2 之间的联锁。

　　② 停止控制。按下停转按钮 SB3→KM2 线圈失电→KM2 主触点断开、KM2 常开辅助触点断开、KM2 常闭辅助触点闭合→KM2 主触点断开使电动机断电而停转。

『行』——学以致用，攻坚克难

4）断开电源开关 QS。

对于接触器联锁正、反转控制电路，若将电动机由正转变为反转，需要**先按下停止按钮让电动机停转，使接触器各触点复位，再按反转按钮让电动机反转**。如果在正转时不按停止按钮，而直接按反转按钮，由于**联锁的原因，反转接触器线圈无法得电而使控制无效**。

8.1.4 限位控制电路

一些机械设备（如车床）的运动部件是由电动机来驱动的，它们在工作时并不都是一直往前运动，而是运动到一定的位置自动停止，然后再由操作人员操作按钮使之返回。为了实现这种控制效果，需要给电动机安装限位控制电路。

限位控制电路又称位置控制电路或行程控制电路，它是**利用位置开关来检测运动部件的位置，当运动部件运动到指定位置时，位置开关给控制电路发出指令，让电动机停转或反转**。常见的位置开关有**行程开关和接近开关**，其中行程开关使用更为广泛。

1. 行程开关

行程开关如图 8-4a 所示，它可分为**按钮式、单轮旋转式和双轮旋转式**等，行程开关内部一般有一个常闭触点和一个常开触点，行程开关的符号如图 8-4b 所示。

在使用时，行程开关通常安装在运动部件需停止或改变方向的位置，如图 8-5 所示。当运动部件行进到行程开关处时，挡铁会碰压行程开关，行程开关内的常闭触点断开、常开触点闭合，由于行程开关的两个触点接在控制电路，控制电动机停转，从而使运动部件也停止。如果需要运动部件反向运动，可操作控制电路中的反转按钮，当运动部件反向运动到另一个行程开关处时，会碰压该处的行程开关，行程开关通过控制电路让电动机停转，运动部件也就停止。

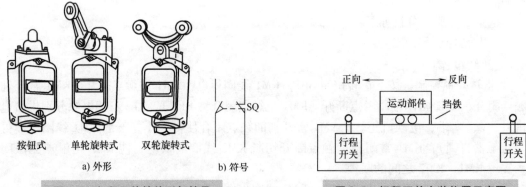

按钮式　单轮旋转式　双轮旋转式

a) 外形　　　　　b) 符号

图 8-4　行程开关的外形与符号

正向←　　→反向

运动部件　挡铁

行程开关　　　　　　　行程开关

图 8-5　行程开关安装位置示意图

行程开关可分为**自动复位和非自动复位**两种。按钮式和单轮旋转式行程开关可以自动复位，当挡铁移开时，依靠内部的弹簧使触点自动复位；双轮旋转式行程开关不能自动复位，当挡铁从一个方向碰压其中一个滚轮时，内部触点动作，挡铁移开后内部触点不能复位，当挡铁反向运动（返回）碰压另一个滚轮时，触点才能复位。

2. 限位控制电路

限位控制电路如图 8-6 所示。从图 8-6 可以看出，限位控制电路是在接触器联锁正、反转控制电路的控制电路中串接两个行程开关 SQ1、SQ2 构成的。电路工作原理分析如下：

1）闭合电源开关 QS。

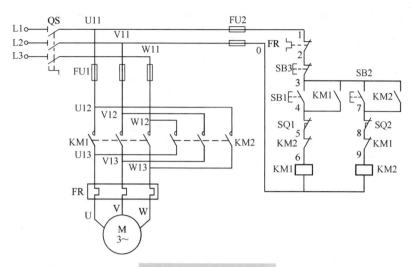

图 8-6 限位控制电路

2）正转控制过程。

① 正转控制。按下正转按钮 SB1→KM1 线圈得电→KM1 主触点闭合、KM1 常开辅助触点闭合、KM1 常闭辅助触点断开→KM1 主触点闭合，电动机通电正转，驱动运动部件正向运动；KM1 常开辅助触点闭合，让 KM1 线圈在 SB1 断开时能继续得电（自锁）；KM1 常闭辅助触点断开，使 KM2 线圈无法得电，实现 KM1、KM2 之间的联锁。

② 正向限位控制。当电动机正转驱动运动部件运动到行程开关 SQ1 处→SQ1 常闭触点断开（常开触点未用）→KM1 线圈失电→KM1 主触点断开、KM1 常开辅助触点断开、KM1 常闭辅助触点闭合→KM1 主触点断开使电动机断电而停转→运动部件停止正向运动。

3）反转控制过程。

① 反转控制。按下反转按钮 SB2→KM2 线圈得电→KM2 主触点闭合、KM2 常开辅助触点闭合、KM2 常闭辅助触点断开→KM2 主触点闭合，电动机通电反转，驱动运动部件反向运动；KM2 常开辅助触点闭合，锁定 KM2 线圈得电；KM2 常闭辅助触点断开，使 KM1 线圈无法得电，实现 KM1、KM2 之间的联锁。

② 反向限位控制。当电动机反转驱动运动部件运动到行程开关 SQ2 处→SQ2 常闭触点断开→KM2 线圈失电→KM2 主触点断开、KM2 常开辅助触点断开、KM2 常闭辅助触点闭合→KM2 主触点断开使电动机断电而停转→运动部件停止反向运动。

4）断开电源开关 QS。

8.1.5 自动往返控制电路

有些生产机械设备在加工零件时，要求在一定的范围内能自动往返运动，即当运动部件运行到一定位置时不用人工操作按钮就能自动返回，如果采用限位控制电路来控制会很麻烦，对于这种情况，可给电动机安装自动往返控制电路。

自动往返控制电路如图 8-7 所示。该电路采用了 SQ1～SQ4 四个行程开关，四个行程开关的安装位置如图 8-8 所示。SQ2、SQ1 分别用来控制电动机正、反转，当运动部件运行到 SQ2 处时电动机由反转转为正转，运行到 SQ1 处时则由正转转为反转；SQ3、SQ4 用作终端保护，它们只用到了常闭触点，当 SQ1、SQ2 失效时它们可以让电动机停转进行保护，防止运动部件行程超出范围而发生安全事故。电路工作原理分析如下：

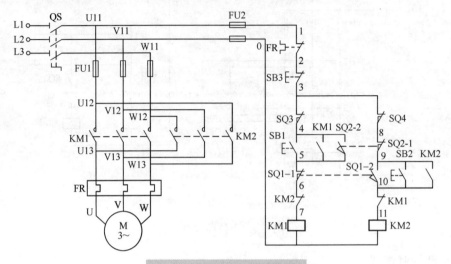

图 8-7　自动往返控制电路

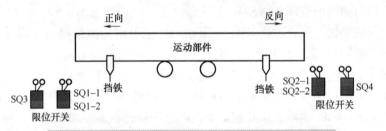

图 8-8　自动往返控制电路四个行程开关的安装位置

1）闭合电源开关 QS。

2）往返运行控制。

① 运转控制。若起动时运动部件处于反向位置，按下正转按钮 SB1→KM1 线圈得电→KM1 主触点闭合、KM1 常开辅助触点闭合、KM1 常闭辅助触点断开→KM1 主触点闭合，电动机通电正转，驱动运动部件正向运动；KM1 常开辅助触点闭合，让 KM1 线圈在 SB1 断开时继续得电（自锁）；KM1 常闭辅助触点断开，使 KM2 线圈无法得电，实现 KM1、KM2 之间的联锁。

② 方向转换控制。电动机正转带动运动部件运动并碰触行程开关 SQ1→SQ1 常闭触点 SQ1-1 断开、常开触点 SQ1-2 闭合→KM1 线圈失电→KM1 主触点断开、KM1 常开辅助触点断开、KM1 常闭辅助触点闭合→KM1 主触点断开使电动机断电，KM1 常开辅助触点断开撤销自锁，闭合的 KM1 常闭辅助触点与闭合的 SQ1-2 为 KM2 线圈供电→KM2 主触点闭合，电动机通电反转，驱动运动部件反向运动；KM2 常开辅助触点闭合，让 KM2 线圈在 SB2 断开时继续得电（自锁）；KM2 常闭辅助触点断开，使 KM1 线圈无法得电，实现 KM2、KM1 之间的联锁。

③ 终端保护控制。若行程开关 SQ1 失效→运动部件碰触 SQ1 时，常闭触点 SQ1-1 仍闭

合、常开触点 SQ1-2 仍断开→电动机继续正转，带动运动部件碰触行程开关 SQ3→SQ3 常闭触点断开→KM1 线圈供电切断→KM1 主触点断开→电动机停转→运动部件停止运动。

若起动时运动部件处于正向位置，应按下反转按钮 SB2，其工作原理与运动部件处于反向位置时按下正转按钮 SB1 相同，这里不再叙述。

3）停止控制。若需要停止运动部件的往返运行，可按下停止按钮 SB3→KM1、KM2 线圈供电均被切断→KM1、KM2 主触点均断开→电动机断电停转→运动部件停止运行。

4）断开电源开关 QS。

8.1.6 顺序控制电路

有一些机械设备安装有两个或两个以上的电动机，为了保证设备的正常工作，常常要求这些电动机按顺序起动，如只有在电动机 A 起动后，电动机 B 才能起动，否则机械设备工作容易出现问题。顺序控制电路就是**让多台电动机能按先后顺序工作的控制电路**。实现顺序控制的电路很多，图 8-9 是一种典型的顺序控制电路。

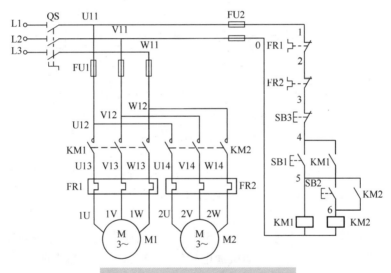

图8-9　一种典型的顺序控制电路

从图 8-9 可以看出，该电路采用了 KM1、KM2 两个接触器，KM1、KM2 的主触点属于并接关系，为了让电动机 M1、M2 能按先后顺序起动，要求 KM2 主触点只能在 KM1 主触点闭合后才能闭合。电路工作原理分析如下：

1）闭合电源开关 QS。

2）电动机 M1 的起动控制。按下电动机 M1 起动按钮 SB1→KM1 线圈得电→KM1 主触点闭合、KM1 常开辅助触点闭合→KM1 主触点闭合，电动机 M1 通电运转；KM1 常开辅助触点闭合，让 KM1 线圈在 SB1 断开时继续得电（自锁）。

3）电动机 M2 的起动控制。按下电动机 M2 起动按钮 SB2→KM2 线圈得电→KM2 主触点闭合、KM2 常开辅助触点闭合→KM2 主触点闭合，电动机 M2 通电运转；KM2 常开辅助触点闭合，让 KM2 线圈在 SB2 断开时继续得电。

4）停转控制。按下停转按钮 SB3→KM1、KM2 线圈均失电→KM1、KM2 主触点均断开→电动机 M1、M2 均断电停转。

『行』——学以致用，攻坚克难

223

5）断开电源开关 QS。

在图 8-9 所示电路中，若先按下电动机 M2 起动按钮，由于 SB1 和 KM1 常开辅助触点都是断开的，KM2 线圈无法得电，KM2 主触点无法闭合，因此电动机 M2 无法在电动机 M1 前起动。

8.1.7 多地控制电路

利用多地控制电路可以在多个地点控制同一台电动机的起动与停止。多地控制电路如图 8-10 所示。

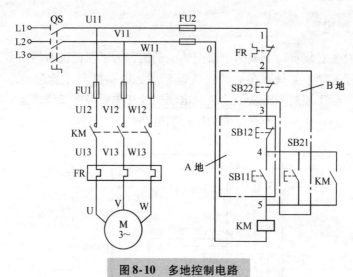

图 8-10　多地控制电路

在图 8-10 中，SB11、SB12 分别为 A 地起动和停止按钮，安装在 A 地；SB21、SB22 分别为 B 地起动和停止按钮，安装在 B 地。电路工作原理分析如下：

1）闭合电源开关 QS。

2）A 地起动控制。按下 A 地起动按钮 SB11→KM 线圈得电→KM 主触点闭合、KM 常开辅助触点闭合→KM 主触点闭合，电动机通电运转；KM 常开辅助触点闭合，让 KM 线圈在 SB11 断开时继续得电（自锁）。

3）A 地停止控制。按下 A 地停止按钮 SB12→KM 线圈失电→KM 主触点断开、KM 常开辅助触点断开→KM 主触点断开，电动机断电停转；KM 常开辅助触点断开，让 KM 线圈在 SB12 复位闭合时无法得电。

4）B 地控制。B 地与 A 地的起动与停止控制原理相同。

5）断开电源开关 QS。

图 8-10 实际上是一个两地控制电路，如果要实现 3 个或 3 个以上地点的控制，只要将各地的起动按钮并联，将停止按钮串联即可。

8.1.8 星形-三角形减压起动电路

电动机在刚起动时，流过定子绕组的电流很大，**为额定电流的 4 ~ 7 倍**。对于容量大的电动机，若采用普通的全压起动方式，会出现**起动时电流过大而使供电电源电压下降很多**的现象，这样可能会影响采用同一供电电源的其他设备的正常工作。

解决上述问题的方法就是**对电动机进行减压起动**，待电动机运转以后再提供全压。一般规定，供电电源容量在 180kV·A 以上，电动机容量在 7kW 以下的三相异步电动机可采用直接全压起动，超出这个范围需采用减压起动方式。另外，由于减压起动时流入电动机的电流较小，电动机产生的转矩小，因此减压起动需要在轻载或空载时进行。

减压起动控制电路种类很多，下面仅介绍较为常见的星形-三角形（Y-△）减压起动控制电路。

1. 星形-三角形减压起动的接线方式

三相异步电动机接线盒有 U1、U2、V1、V2、W1、W2 共 6 个接线端，如图 8-11 所示。当 U2、V2、W2 三端连接在一起时，内部绕组就构成了星形联结；当 U1 和 W2、U2 和 V1、V2 和 W1 两两连接在一起时，内部绕组就构成了三角形联结。若三相电源任意两相之间的电压是 380V，当电动机绕组接成星形时，每个绕组上的实际电压值为 $380V/\sqrt{3}=220V$；当电动机绕组接成三角形时，每个绕组上的电压值为 380V。由于绕组接成星形时电压降低，相应流过绕组的电流也减小（约为三角形联结的 1/3）。

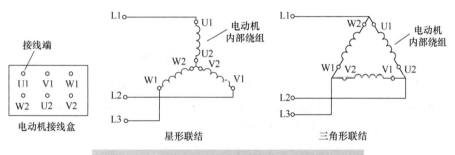

图 8-11　三相异步电动机接线盒与两种接线方式

星形-三角形减压起动控制电路就是**在起动时将电动机的绕组接成星形，起动后再将绕组接成三角形，让电动机全压运行**。当电动机绕组接成星形时，绕组上的电压低、流过的电流小，因而产生的转矩也小，所以星形-三角形减压起动只适用于轻载或空载起动。

2. 星形-三角形减压起动电路

星形-三角形减压起动电路如图 8-12 所示，该电路采用时间继电器来自动控制切换。电路工作原理分析如下：

1）闭合电源开关 QS。

2）星形减压起动控制。按下起动按钮 SB1→接触器 KM3 线圈和时间继电器 KT 线圈均得电→KM3 主触点闭合、KM3 常开辅助触点闭合、KM3 常闭辅助触点断开→KM3 主触点闭合，将电动机绕组接成星形；KM3 常闭辅助触点断开使 KM2 线圈的供电切断；KM3 常开辅助触点闭合使 KM1 线圈得电→KM1 线圈得电使 KM1 常开辅助触点和主触点均闭合→KM1 常开辅助触点闭合使 KM1 线圈在 SB1 断开后继续得电；KM1 主触点闭合使电动机 U1、V1、W1 端得电，电动机星形起动。

3）三角形正常运行控制。时间继电器 KT 线圈得电一段时间后，其延时常闭触点断开→KM3 线圈失电→KM3 主触点断开、KM3 常开辅助触点断开、KM3 常闭辅助触点闭合→KM3 主触点断开，取消电动机绕组的星形联结；KM3 常闭辅助触点闭合，使 KM2 线圈得电→KM2 线圈得电使 KM2 常闭辅助触点断开、KM2 主触点闭合→KM2 常闭辅助触点断开，使 KT

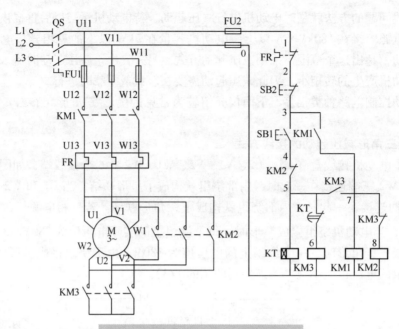

图 8-12   星形-三角形减压起动电路

线圈失电；KM2 主触点闭合，将电动机绕组接成三角形联结，电动机以三角形联结正常运行。

4）停止控制。按下停止按钮 SB2→KM1、KM2、KM3 线圈均失电→KM1、KM2、KM3 主触点均断开→电动机因供电被切断而停转。

5）断开电源开关 QS。

8.2   控制电路的安装

三相异步电动机的控制电路很多，只要学会一种控制电路的安装过程和方法，安装其他控制电路就很容易，下面以点动控制电路的安装为例进行说明。

8.2.1   画出待安装电路的电路原理图

在安装控制电路前，应画出控制电路的电路原理图，并了解其工作原理。

点动控制电路如图 8-13 所示。该电路由主电路和控制电路两部分构成，其中主电路由电源开关 QS、熔断器 FU1 和交流接触器 KM 的 3 个主触点和电动机组成，控制电路由熔断器 FU2、按钮 SB 和接触器 KM 线圈组成。

当合上电源开关 QS 时，由于接触器 KM 的 3 个主触点处于断开状态，电源无法给电动机供电，电动机不工作。若按下按钮 SB，L1、L2 两相电压加到接触器 KM 线圈两端，有电流流过 KM 线圈，

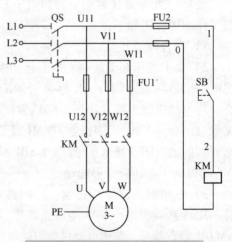

图 8-13   点动控制电路原理图

线圈产生磁场吸合接触器 KM 的 3 个主触点，使 3 个主触点闭合，三相交流电源 L1、L2、L3 通过 QS、FU1 和接触器 KM 的 3 个主触点给电动机供电，电动机运转。此时，若松开按钮 SB，无电流通过接触器线圈，线圈无法吸合主触点，3 个主触点断开，电动机停止运转。

电路的工作过程也可用下面的流程来表示：

1）合上电源开关 QS。

2）起动过程。按下按钮 SB→接触器 KM 线圈得电→KM 主触点闭合→电动机 M 通电运转。

3）停止过程。松开按钮 SB→接触器 KM 线圈失电→KM 主触点断开→电动机断电停转。

4）停止使用时，应断开电源开关 QS。

在该电路中，按下按钮时，电动机运转；松开按钮时，电动机停止运转。所以称这种电路为点动控制电路。

8.2.2　列出器材清单并选配器材（见表 8-1）

表 8-1　点动控制电路的安装器材清单

符　号	名　称	型　号	规　格	数　量
M	三相笼型异步电动机	Y112M—4	4kW、380V、△联结、8.8A、1440r/min	1
QF	断路器	DZ5—20/330	三极复式脱扣器、380V、20A	1
FU1	螺旋式熔断器	RL1—60/25	500V、60A、配熔体额定电流25A	3
FU2	螺旋式熔断器	RL1—15/2	500V、15A、配熔体额定电流2A	2
KM	交流接触器	CJT1—20	20A、线圈电压380V	1
SB	按钮	LA4—3H	保护式、按钮数3（代用）	1
XT	端子板	TD—1515	15A、15 节、660V	1
	配电板		500mm×400mm×20mm	1
	主电路导线		BV 1.5mm² 和 BVR 1.5mm²（黑色）	若干
	控制电路导线		BV 1mm²（红色）	若干
	按钮导线		BVR 0.75mm²（红色）	若干
	接地导线		BVR 1.5mm²（黄绿双色）	若干
	紧固体和编码套管			若干

8.2.3　在配电板上安装元件和导线

1. 安装元件

在安装元件前，先要在配电板（或配电箱）上规划好各元件的安装位置，再安装元件。元件在配电板上的安装位置如图 8-14 所示。

安装元件的工艺要求如下：

1）断路器、熔断器的入电端子应安装在控制板的外侧。

2）元件的安装位置应整齐，间距合理，这样有利于更换。

3）在紧固元件时，用力要均匀，紧固程度

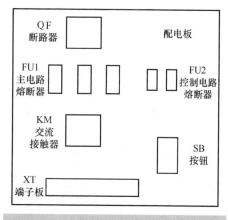

图 8-14　元件在配电板上的安装位置图

适当。在紧固熔断器、接触器等易碎裂元件时，应用手按住元件一边轻轻摇动，一边用螺丝刀轮换旋紧对角线上的螺钉，直到手摇不动后再适当旋紧些即可。

2. 布线

在配电板上安装好各元件后，再根据原理图所示的各元件连接关系用导线将这些元件连接起来。配电板上各元件的接线如图 8-15 所示。

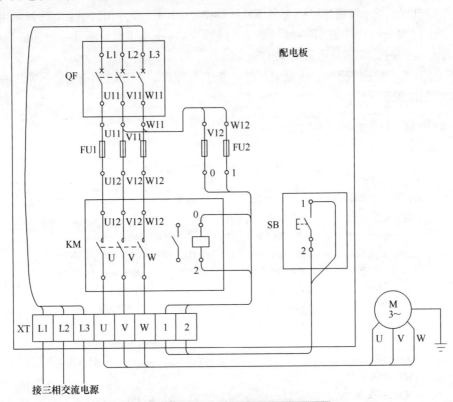

图 8-15　元件在配电板上的接线图

安装导线的工艺要求如下：

1）布线通道应尽可能少，同路并行导线按主电路、控制电路分类集中，单层密排，紧贴安装面布线。

2）同一平面的导线应高低一致或前后一致，不要交叉，一定要交叉时，交叉导线应在接线端子引出时就水平架空跨越，且必须走线合理。

3）在布线时，导线应横平竖直，分布均匀，变换走向时应尽量垂直转向。

4）在布线时，严禁损伤线芯和导线绝缘层。

5）布线一般以接触器为中心，由里向外，由低至高，先控制电路，后主电路的顺序进行，以不妨碍后续布线为原则。

6）为了区分导线的功能，可在每根剥去绝缘层的导线两端套上编码套管，两个接线端子之间的导线必须连续，中间无接头。

7）导线与接线端子连接时，不得压绝缘层、不露铜过长。

8）同一元件、同一回路的不同接点的导线间距离应保持一致。

9）一个元件的接线端子上的连接导线尽量不要多于两根。

8.2.4　检查电路

为了避免接线错误造成不必要的损失，在通电试车前需要对安装的控制电路进行检查。

1. 直观检查

对照电路原理图，从电源端开始逐段检查接线及接线端子处连接是否正确，有无漏接、错接，检查导线接点是否符合要求，压接是否牢固，以免接负载运行时因接触不良而产生闪弧。

2. 用万用表检查

（1）主电路的检查

在检查主电路时，应断开断路器 QF，并断开（取下）控制电路的熔断器 FU2，然后万用表拨至 $R \times 10\Omega$ 档，测量熔断器上端子 U11-V11 之间的电阻，正常阻值应为无穷大，如图 8-16 所示，再用同样的方法测量端子 U11-W11、V11-W11 的电阻，正常阻值也应为无穷大，如果某两相之间的阻值很小或为 0，说明该两相之间的接线有短路点，应认真检查找出短路点。

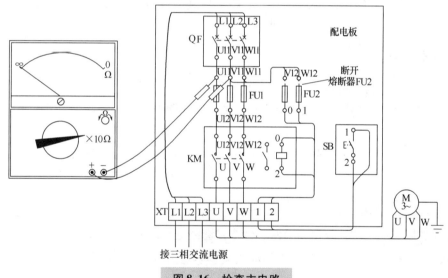

图 8-16　检查主电路

按压接触器 KM 的联动架，人为让内部触点动作（主触点会闭合），用万用表测量熔断器上端子 U11-V11 之间的电阻，正常应有一定的阻值，该阻值为电动机 U、V 相绕组的串联值，如果阻值无穷大，应检查两相之间的各段接线，具体检查时万用表一根表笔接端子U11，另一根表笔依次接熔断器的下端子 U12、接触器 KM 的上端子 U12、下端子 U、端子板的端子 U，正常测得阻值都应为 0，若阻值为无穷大，则上方的元件或导线开路，再将表笔接端子板的端子 V，正常应有一定的阻值（U、V 绕组的串联值），若阻值无穷大，可能是电动机接线盒错误或 U、V 相绕组开路，如果测到端子板的端子 V 时均正常，继续将表笔依次接接触器 KM 的下端子 V、上端子 V12、熔断器 FU1 的下端子 V12、上端子 V11，找出开路的元件或导线。再用同样的方法测量熔断器上端子 U11-W11、V11-W11 的电阻，若阻值不正常，用前述方法检查两相之间的元件和导线。

（2）控制电路（辅助电路）的检查

在取下熔断器 FU2 的情况下，用万用表测量 FU2 下端子 0 和 1 之间的电阻，正常阻值应为无穷大，按下按钮 SB 后测得的阻值应变小，此时的阻值为接触器 KM 线圈的直流电阻，如果测得的阻值始终都是无穷大，可将一根表笔接熔断器 FU2 的下端子 0，另一根表笔依次接 KM 线圈上端子 0、下端子 2→端子板的端子 2→按钮 SB（保持按下）的端子 2、端子 1→端子板的端子 1→熔断器 FU2 的下端子 1，找出开路的元件或导线。

8.2.5　通电试车

如果直观检查和万用表检查均正常，可以进行通电试车。通电试车分为空载试车和带载试车。

空载试车是指不带电动机来测试控制电路。将端子板上的三根连接电动机的导线拆下，然后合上断路器 QF，为主电路、控制电路接通电源，按下按钮 SB，接触器应发出触点吸合的声音，松开 SB，触点应释放，重复操作多次以确定电路的可靠性。

带载试车是指带电动机来测试控制电路。将电动机的三根连接导线接到端子板的端子 U、V、W 上，然后合上断路器 QF，为主电路、控制电路接通电源，按下按钮 SB，电动机应通电运行，松开 SB，电动机断电停止运行。

8.2.6　注意事项

在安装电动机控制电路时，应注意以下事项：

1）**不要触摸带电部件**，正确的操作程序是，先接线后通电；先接电路部分后接电源部分；先接主电路，后接控制电路，再接其他电路；先断电源后拆线。

2）在接线时，必须**先接负载端，后接电源端；先接接地端，后接三相电源相线**。

3）如果发现异常现象（如异响、发热、焦臭），应立即**切断电源，保持现场**，以便确定故障。

4）电动机必须安放平稳，电动机金属外壳必须**可靠接地**，连接电动机的导线必须**穿在导线管道内加以保护**，或采取坚韧的四芯橡皮护套线进行临时通电校验。

5）电源进线应接在螺旋式熔断器**底座中心端上**，出线应接在**螺纹外壳上**。

Chapter 9

第9章

室内配电与照明线路的安装 ◀◀◀

室内配电线路的安装主要包括**照明光源的安装、导线的选择与安装、插座与开关的安装及配电箱的安装等**。室内配电线路安装好后，在室内可以获得照明，可以通过插座为各种家用电器供电，在电器出现过载和人体触电时能实现自动保护，另外还能对室内的用电量进行记录等。

9.1 照明光源

在室内安装照明光源是配电线路安装最基本的操作。照明光源的种类很多，常见的有白炽灯、荧光灯、卤钨灯、高压汞灯和高压钠灯等。

9.1.1 白炽灯

1. 结构与原理

白炽灯是一种最常用的照明光源，它有卡口式和螺口式两种，如图 9-1 所示。

白炽灯内的灯丝为钨丝，当通电后钨丝温度升高到 2200～3300℃ 而发出强光，当灯丝温度太高时，会使钨丝蒸发过快而降低寿命，且蒸发后的钨沉积在玻璃壳内壁上，使壳内壁发黑而影响亮度，为此通常在 60W 以上的白炽灯玻璃壳内充有适量的惰性气体（氮、氩、氖等），这样可以减少钨丝的蒸发。

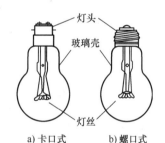

图 9-1 白炽灯

2. 安装注意事项

在安装白炽灯时，要注意以下事项：

1）白炽灯座安装高度通常**应在 2m 以上**，环境差的场所应达 **2.5m 以上**。

2）照明开关的安装高度**不应低于 1.3m**。

3）对于螺口灯座，应将灯座的螺旋铜圈极与市电的零线（或称中性线）相连，相线与灯座中心铜极连接。

3. 开关控制电路

白炽灯的常用开关控制电路如图 9-2 所示，在实际接线时，导线的接头**尽量安排在灯座和开关内部的接线端子上**，这样做不但可减少电路连接的接头数，在电路出现故障时查找故障点比较容易。

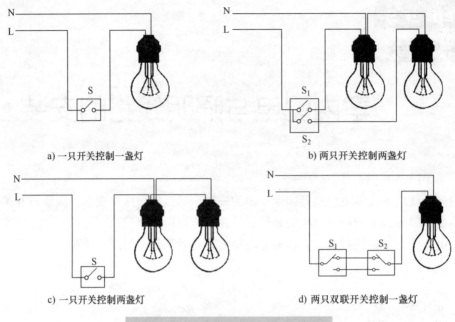

a) 一只开关控制一盏灯   b) 两只开关控制两盏灯

c) 一只开关控制两盏灯   d) 两只双联开关控制一盏灯

图 9-2　白炽灯的常用开关控制电路

9.1.2　荧光灯

荧光灯俗称日光灯，它是**一种利用气体放电而发光的光源**。荧光灯具有光线柔和、发光效率高和寿命长等特点。

1. 工作原理

荧光灯主要由**荧光灯管、辉光启动器和镇流器**组成。荧光灯的结构及电路连接如图 9-3 所示。

荧光灯工作原理说明如下：

当闭合开关 S 时，220V 电压通过熔断器、开关 S、镇流器和灯管的灯丝加到辉光启动器两端。由于辉光启动器内部的动、静触片距离很近，两触片间的电压使中间的气体电离发出辉光，辉光的热量使动触片弯曲与静触片接通，于是电路中有电流通过，其途径是，相线→熔断器→开关→镇流器→右灯丝→辉光启动器→左灯丝→零线，该电流流过灯管两端灯丝，灯丝温度升高。当灯丝温度升高到 850～900℃时，荧光管内的汞蒸发就

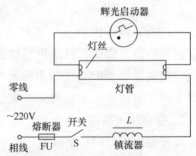

图 9-3　荧光灯的结构及电路连接

变成气体。与此同时，由于辉光启动器动、静触片的接触而使辉光消失，动触片无辉光加热又恢复原样，从而使得动、静触片又断开，电路被突然切断，流过镇流器（实际是一个电感）的电流突然减小，镇流器两端马上产生很高的反峰电压，该电压与 220V 电压叠加送到灯管的两灯丝之间（即两灯丝间的电压为 220V 加上镇流器上的高压），使灯管两灯丝间的汞蒸气电离，同时发出紫外线，紫外线激发灯管壁上的荧光粉发光。

灯管内的汞蒸气电离后，汞蒸气变成导电的气体，它一方面发出紫外线激发荧光粉发光，另一方面将两灯丝电气连通。两灯丝通过电离的汞蒸气接通后，它们之间的电压下降（100V以下），辉光启动器两端的电压也下降，无法产生辉光，内部动、静触片处于断开状态，这时取下辉光启动器，灯管照样发光。

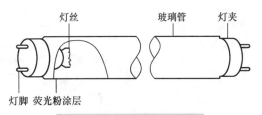

图 9-4　荧光灯管的结构

2. 荧光灯各部分说明

（1）荧光灯管

荧光灯管的结构如图 9-4 所示。

荧光灯管的功率与灯管长度、管径大小有一定的关系，一般来说**灯管越长，管径越粗，功率越大**。表 9-1 列出了一些荧光灯管的管径尺寸与对应的功率。

表 9-1　荧光灯管的管径尺寸与对应的功率

管 径 代 号	T5	T8	T10	T12
管径尺寸/mm	15	25	32	38
灯管功率/W	4、6、8、12、13	10、15、18、30、36	15、20、30、40	15、20、30、40、65、80、85、125

（2）辉光启动器

辉光启动器是**由一只辉光放电管与一只小电容器并联而成的**。辉光启动器的外形和结构如图 9-5 所示。辉光放电管的外形与内部结构如图 9-6 所示。

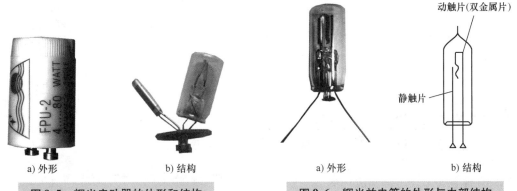

图 9-5　辉光启动器的外形和结构　　　　图 9-6　辉光放电管的外形与内部结构

从图 9-6 可以看出，辉光放电管内部有一个动触片（U 形双金属片）和一个静触片，在玻璃管内充有氖气或氩气，或氖氩混合惰性气体。当动、静触片之间加有一定的电压时，中间的惰性气体被击穿导电而出现辉光放电，动触片被辉光加热而弯曲与静触片接通。动、静触片接通后不再发生辉光放电，动触片开始冷却，经过 1~8s 的时间，动触片收缩回原来状态，动、静触片又断开。此时因灯管导通，辉光放电管动、静触片两端的电压很低，无法再击穿惰性气体产生辉光。另外，在辉光放电管两端一般会并联一个电容，用来消除动、静触片通断时产生的干扰信号，防止干扰无线电接收设备（如电视机和收音机）。

（3）镇流器

镇流器实际上是**一个电感量较大的电感器**，它是由**线圈绕制在铁心上构成的**。镇流器的外形与结构如图9-7所示。

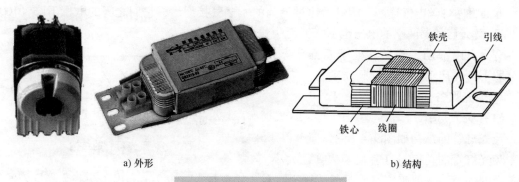

a) 外形   b) 结构

图9-7　镇流器的外形与结构

电感式镇流器体积大、笨重，并且成本高，故现在很多荧光灯采用电子式镇流器。电子式镇流器采用电子电路来对荧光灯进行启动，同时还可以省去辉光启动器。

3. 荧光灯的安装

荧光灯的安装形式主要有吸顶式、钢管式和链吊式三种，其中链吊式不但可以避免振动，还有利于镇流器散热，故应用最为广泛。荧光灯的链吊式安装如图9-8所示，安装时先将灯座、辉光启动器和镇流器按图示方法安装在木架上，然后按前述的荧光灯接线原理图将各部件连接起来，最后由吊链进行整体吊装。

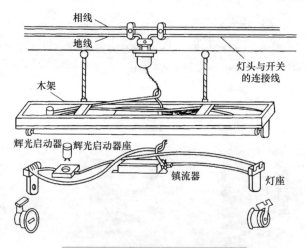

图9-8　荧光灯的链吊式安装图

9.1.3 卤钨灯

卤钨灯是在白炽灯的基础上改进而来的，在充有惰性气体的白炽灯内再加入卤族元素（如氟、碘、溴等）就制成了卤钨灯。 第一支实用的卤钨灯是1959年由美国通用电气公司研制成功的管形碘钨灯。由于卤钨灯具有体积小、发光效率高、色温稳定、几乎无光衰、寿命长等优点，问世后发展十分迅速，有逐渐取代白炽灯的趋势。

1. 结构与原理

根据充入卤族元素的不同，卤钨灯可分为碘钨灯、溴钨灯等，这里以碘钨灯为例来介绍卤钨灯。常见的碘钨灯外形与结构如图9-9所示。

卤钨灯的石英灯管两端为电极，电极之间连接着钨丝，石英灯管内部充有惰性气体和碘。当给卤钨灯两个电极接上电源时，有电流流过钨丝，钨丝发热，钨丝因高温使部分钨蒸发而成为钨蒸气，它与灯管壁附近的碘发生化学反应而生成气态的碘化钨，通过对流和扩散碘化钨又返回到灯丝的高温区，高温将碘化钨分解成钨和卤素，钨沉积在灯丝表面，而碘则扩散到温度较低的灯管内壁附近，再继续与蒸发的钨化合。这个过程会不断循环，从而使钨

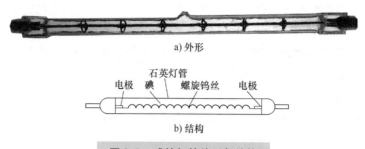

a) 外形

石英灯管

电极　碘　螺旋钨丝　电极

b) 结构

图9-9　碘钨灯的外形与结构

灯丝不会因蒸发而变细，灯管壁上也不会有钨沉积，灯管始终保持透亮。

2. 使用注意事项

在使用和安装卤钨灯时，要注意以下事项：

1）卤钨灯对电源电压稳定性要求较高，当电压超过灯<u>额定电压的5%</u>时，灯的寿命<u>会缩短50%</u>，因此要求<u>电源电压变化在2.5%范围内</u>。

2）卤钨灯要求水平安装，若倾斜<u>超过±4°</u>，则会严重影响使用寿命。

3）卤钨灯工作时，管壁温度很高（近600℃），所以安装位置应远离易燃物，并且要加灯罩，接线最好采用耐高温导线。

9.1.4　高压汞灯

高压汞灯又称为高压水银灯，它是<u>一种利用气体放电而发光的灯</u>。

1. 结构与原理

高压汞灯的实物外形与结构如图9-10所示。从图中可以看出，高压汞灯由两个玻璃管组成，外玻璃管内部装着一个小玻璃管，外玻璃管内壁涂有荧光粉，内玻璃管又称为放电管，它接有两个主电极和一个辅助电极，辅助电极上串有一个电阻，在放电管内部充有汞和氩气。

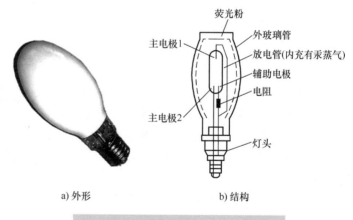

荧光粉

外玻璃管

主电极1

放电管(内充有汞蒸气)

辅助电极

电阻

主电极2

灯头

a) 外形　　　　　b) 结构

图9-10　高压汞灯的实物外形与结构

在通电时，电压通过灯头加到主电极1和主电极2，送给主电极1的电压另经过一个电阻加到辅助电极上。由于辅助电极与主电极2距离近，它们之间首先放电产生辉光，放电管内的气体电离。由于气体的电离，主电极1和主电极2之间也产生放电而发出白光，两主电极导通使它们之间的电压降低，因电阻的降压，主电极2与辅助电极之间的电压更低，它们之间放电停止。随着两主电极间的放电，放电管内温度升高，汞蒸气气压增大，放电管发出更明亮的可见蓝绿色光和不可见的紫外线，紫外线照射外玻璃管内壁上的荧光粉，荧光粉也发出光线。由此可见，高压汞灯通电后，并不是马上就会

『行』——学以致用，攻坚克难

235

发出强光,而是光线慢慢变亮,这个过程称为高压汞灯的启动过程,**耗时 4 ~ 8min**。

2. 电路连接

高压汞灯具有**负阻特性,即两主电极之间的电阻随着温度升高而变小**,这是因为温度高,汞蒸气放电更彻底,通过的电流更大。这样就会出现温度升高→电阻更小→电流更大→温度更高的情况。随着温度不断升高,放电管内的气压不断增大,高压汞灯很容易损坏,所以需要给高压汞灯串接一个镇流器,对汞灯的电流进行限制,防止电流过大。高压汞灯与镇流器的连接如图 9-11 所示。

目前,市面上已有一种不用镇流器的高压汞灯,它是在高压汞灯内部的一个主电极上串接一根钨丝作为灯丝,如图 9-12 所示。高压汞灯在工作时,有电流流过灯丝,灯丝发光,另外灯丝因发热而阻值变大,并且温度越高阻值越大,这正好与放电管温度越高阻值越小相反,从而防止流过放电管的电流过大。这种高压汞灯具有光色种类多、启动快和使用方便等优点。

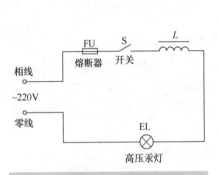

图 9-11　高压汞灯与镇流器的连接

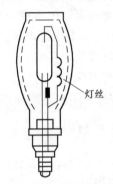

图 9-12　不用镇流器的高压汞灯

3. 使用注意事项

在安装和使用高压汞灯时,要注意以下事项:

1) 高压汞灯要求电源电压稳定,当电压降低 5% 时,**所需的启动时间长,并且容易自灭**。

2) 高压汞灯**要垂直安装**,若水平安装,亮度会降低,并且容易自灭。

3) 如果选用普通的高压汞灯,**需要串接镇流器**,且镇流器功率要与高压汞灯一致。

4) 高压汞灯外玻璃管破裂后仍可以发光,但会发出大量的紫外线,对人体有危害,应更换处理。

5) 若在使用高压汞灯时突然关断电源,再通电点燃时,应间隔**10 ~ 15min**。

9.2　室内配电布线

在室内配电布线的一般过程是,先根据室内情况和用户需要设计出配电方案,然后在室内进行布线(即安装导线),之后安装开关和插座,最后安装配电箱。

9.2.1　了解整幢楼房的配电系统结构

在设计用户室内配电方案前,有必要先了解一下用户所在楼房的整体配电结构,图9-13是一幢 8 层共 16 个用户的配电系统图。楼电能表用于计量整幢楼的用电量,断路器用于接通或切断整幢楼的用电，整幢楼的每户都安装有电能表，用于计量每户的用电量，为了便于管理，这些电能表一般集中安装在一起管理（如安装在楼梯间或地下车库），用户可到电能表集中区查看电量。电能表的输出端接至室内配电箱，用户可根据需要，在室内配电箱安装多个断路器、漏电保护器等配电电器。

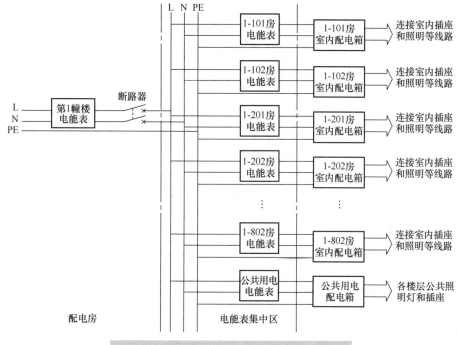

图 9-13　一幢 8 层 16 个用户的配电系统图

9.2.2　室内配电方式与配电原则

1. 配电方式

室内配电是指根据一定的方式将入户电源分配成多条电源支路，以提供给室内各处的插座和照明灯具。下面介绍三种住宅常用的配电方式。

（1）按家用电器的类型分配电源支路

在采用该配电方式时，可根据家用电器类型，从室内配电箱分出照明、电热、厨房电器、空调器等若干支路（或称回路）。由于该方式将不同类型的用电器分配在不同支路内，当某类型用电器发生故障需停电检修时，不会影响其他电器的正常供电。这种配电方式敷设线路长，施工工作量较大，造价相对较高。

图 9-14 采用了按家用电器的类型来分配电源支路。三根入户线中的 L、N 线进入配电箱后先接用户总开关，厨房的用电器较多且环境潮湿，故用漏电保护器单独分出一条支路；一般住宅都有多台空调器，由于空调器功率较大，可分为两条支路（如一路接到客厅大功率柜式空调器插座，另一条接到几个房间的小功率壁挂式空调器）；浴室的浴霸功率应较大，也应单独引出一条支路；卫生间比较潮湿，用漏电保护器单独分出一条支路；室内其他各处的插座分出两路来接，如一条支路接餐厅、客厅和过道的插座，另一条支路接三房的插座；照明灯具功率较小，故只分出一条支路接到室内各处的照明灯具。

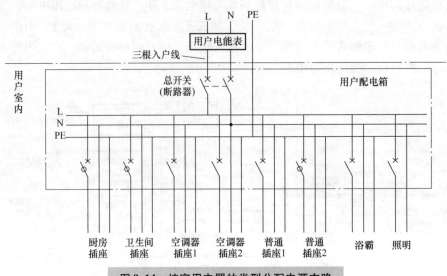

图9-14 按家用电器的类型分配电源支路

（2）按区域分配电源支路

在采用该配电方式时，可从室内配电箱分出客餐厅、主卧室、客书房、厨房、卫生间等若干支路。该配电方式使各室供电相对独立，减少相互之间的干扰，一旦发生电气故障时仅影响一两处。这种配电方式敷设线路较短。图9-15采用了区域分配电源支路。

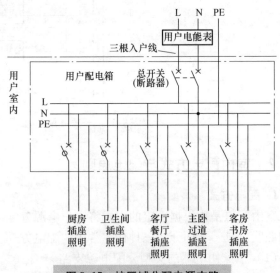

图9-15 按区域分配电源支路

（3）混合型分配电源支路

在采用这配电方式时，除了大功率的用电器（如空调器、电热水器、电取暖器等）单独设置线路回路以外，其他各线路回路并不一定分割得十分明确，而是根据实际房型和导线走向等因素来决定各用电器所属的线路回路。这样配电对维修和处理故障有一定不便，但由于配电灵活，可有效地减少导线敷设长度，节省投资，方便施工，所以这种配电方式使用较广泛。

2. 配电原则

现在的住宅用电器越来越多，为了避免某一电器出现问题影响其他或整个电器的工作，需要在配电箱中将入户电源进行分配，以提供给不同的电器使用。不管采用哪种配电方式，在配电时应尽量遵循基本原则。

住宅配电的基本原则如下：

1）一个线路支路的容量应尽量在 **1.5kW 以下**，如果单个用电器的功率在 1kW 以上，建议**单独设置为一个支路**。

2）照明、插座尽量**分成不同的线路支路**。当插座线路连接的电气设备出现故障时，只会使该支路的电源中断，不会影响照明线路的工作，因此可以在有照明的情况下对插座线路进行检修，如果照明线路出现故障，可在插座线路接上临时照明灯具，对插座线路进行检查。

3）**照明可分成几个线路支路**。当一个照明线路出现故障时，不会影响其他照明线路工作，在配电时，可按不同的房间搭配分成两三个照明线路。

4）对于大功率用电器（如空调器、电热水器、电磁灶等），尽量**一个电器分配一个线路支路，并且线路应选用截面积大的导线**。如果多台大功率电器合用一个线路，当它们同时使用时，导线会因流过的电流很大而易发热，即使导线不会马上烧坏，长期使用也会降低导线的绝缘性能。与截面积小的导线相比，截面积大的导线的电阻更小，截面积大的导线对电能损耗更小，不易发热，使用寿命更长。

5）潮湿环境（如浴室）的插座和照明灯具的线路支路必须**采取接地保护措施**。一般的插座可采用两极、三极普通插座，而潮湿环境需要用防溅三极插座，其使用的灯具如有金属外壳，则要求外壳必须接地（与 PE 线连接）。

9.2.3　配电布线

配电布线是指**将导线从配电箱引到室内各个用电处（主要是灯具或插座）**。布线分为**明装布线和暗装布线**，这里以常用的线槽式明装布线为例进行说明。

线槽布线是一种较常用的住宅配电布线方式，它是将**绝缘导线放在绝缘槽板**（塑料或木质）**内进行布线**，由于导线有槽板的保护，因此绝缘性能和安全性较好。塑料槽板布线用于干燥场合做永久性明线敷设，或用于简易建筑或永久性建筑的附加线路。

布线使用的线槽类型很多，其中使用最广泛的为 PVC 电线槽布线，其外形如图 9-16 所示。方形电线槽截面积较大，可以容纳更多导线，半圆形电线槽虽然截面积要小一些，因其外形特点，用于地面布线时不易绊断。

图 9-16　PVC 电线槽

1. 布线定位

在线槽布线定位时，要注意以下几点：

1）先确定各处的开关、插座和灯具的位置，再确定线槽的走向。插座采用明装时距离地面一般为**1.3~1.8m**，采用暗装时距离地面一般为**0.3~0.5m**，普通开关安装高度一般为**1.3~1.5m**，开关距离门框为**20cm**，拉线开关安装高度为**2~3m**。

2）线槽一般沿建筑物墙、柱、顶的边角处布置，要横平竖直，尽量避开不易打孔的混凝土梁、柱。

3）线槽一般不要紧靠墙角，应隔一定的距离，紧靠墙角不易施工。

4）在弹（画）线定位时，如图 9-17 所示，横线弹在槽上沿，纵线弹在槽中央位置，这样安装好线槽后就可将定位线遮拦住，使墙面干净整洁。

2. 线槽的安装

线槽安装如图 9-18 所示，先用钉子将电线槽的槽板固定在墙壁上，再在槽板内铺入导线，然后给槽板压上盖板即可。

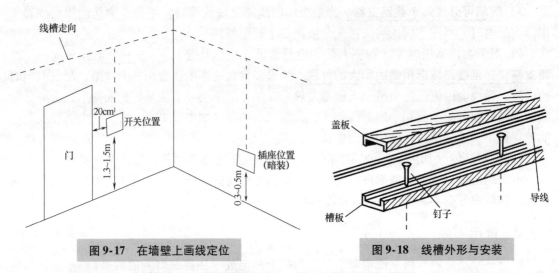

图 9-17 在墙壁上画线定位

图 9-18 线槽外形与安装

在安装线槽时，应注意以下几个要点：

1）在安装线槽时，内部钉子之间**相隔距离不要大于 50cm**，如图 9-19a 所示。

2）在线槽连接安装时，线槽之间可以直角拼接安装，也可切割成 45°拼接安装，钉子与拼接中心点**距离不大于 5cm**，如图 9-19b 所示。

3）线槽在拐角处采用 45°拼接，钉子与拼接**中心点距离不大于 5cm**，如图 9-19c 所示。

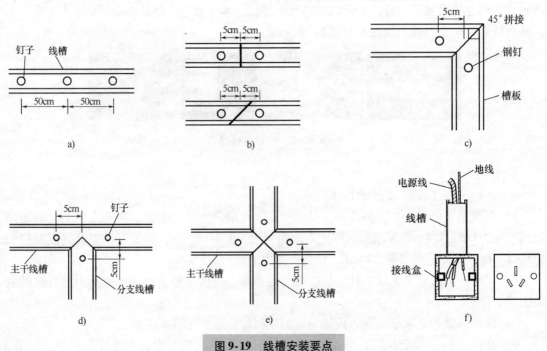

图 9-19 线槽安装要点

4）线槽在 T 字形拼接时，可在主干线槽旁边切出一个凹三角形口，分支线槽切成凸三角形，再将分支线槽的三角形凸头插入主干线槽的凹三角形口，如图 9-19d 所示。

5）线槽在十字形拼接时，可将**四个线槽头部端切成凸三角形，再拼接在一起**，如图 9-19e所示。

6）线槽在与接线盒（如插座、开关底盒）连接时，应将两者紧密无缝隙地连接在一起，如图 9-19f 所示。

3. 用配件安装线槽

为了让线槽布线更为美观和方便，可采用**配件来连接线槽**。PVC 电线槽常用的配件如图 9-20 所示，这些配件在线槽布线的安装位置如图 9-21 所示。要注意的是，该图仅用来说明各配件在线槽布线时的安装位置，并不代表实际的布线。

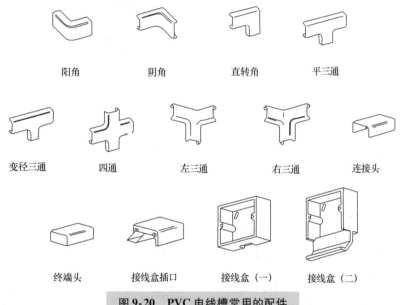

| 阳角 | 阴角 | 直转角 | 平三通 |

| 变径三通 | 四通 | 左三通 | 右三通 | 连接头 |

| 终端头 | 接线盒插口 | 接线盒（一） | 接线盒（二） |

图 9-20　PVC 电线槽常用的配件

4. 线槽布线的配电方式

在线管暗装布线时，由于线管被隐藏起来，故将配电分成多个支路并不影响室内整洁美观，而采用线槽明装布线时，如果也将配电也分成多个支路，在墙壁上明装敷设大量的线槽，不但不美观，而且比较碍事。为适合明装布线的特点，线槽布线常采用区域配电方式。配电线路的连接方式主要有：**①单主干接多分支方式；②双主干接多分支方式；③多分支方式。**

（1）单主干接多分支配电方式

单主干接多分支方式是一种低成本的配电方式，它是从配电箱引出一路主干线，该主干线依次走线到各厅室，每个厅室都用接线盒从主干线处接出一路分支线，由分支线路为本厅室配电。

单主干接多分支的配电方式如图 9-22 所示，从配电箱引出一路主干线（采用与入户线相同截面积的导线），根据住宅的结构，并按走线最短原则，主干线从配电箱出来后，先后依次经过餐厅、厨房、过道、卫生间、主卧室、客房、书房、客厅和阳台，在餐厅、厨房等合适的主干线经过的位置安装接线盒，从接线盒中接出分支线路，在分支线路上安装插座、开关和灯具。主干线在接线盒穿盒而过，接线时不要截断主干线，只要剥掉主干线部分绝缘

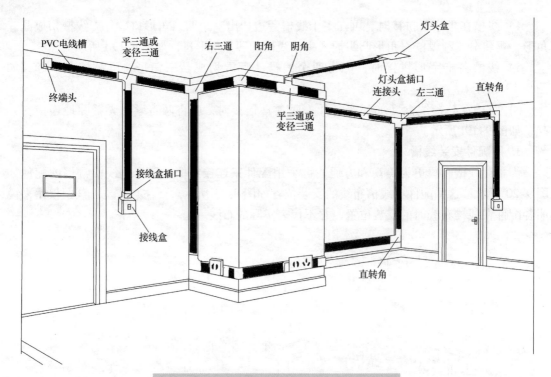

图 9-21 线槽配件在线槽布线时的安装位置

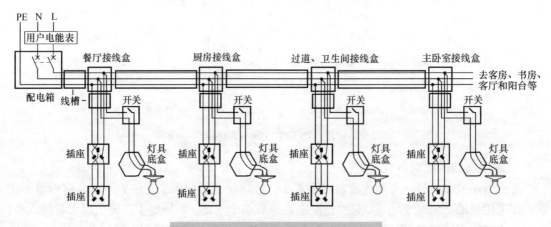

图 9-22 单主干接多分支的配电方式

层，分支线与主干线采用 T 形接线。在给带门的房室引入分支线路时，可在墙壁上钻孔，然后给导线加保护管进行穿墙。

单主干接多分支方式的某房间走线与接线如图 9-23 所示。该房间的插座线和照明线通过穿墙孔接外部接线盒中的主干线，在房间内，照明线路的零线直接去照明灯具，相线先进入开关，经开关后去照明灯具，插座线先到一个插座，在该插座的底盒中，将线路分作两个分支，分别去接另两个插座。导线接头是线路容易出现问题地方，不要放在线槽中。

（2）双主干接多分支方式

双主干接多分支方式是从配电箱引出照明和插座两路主干线，这两路主干线依次走线到

『行』——学以致用，攻坚克难

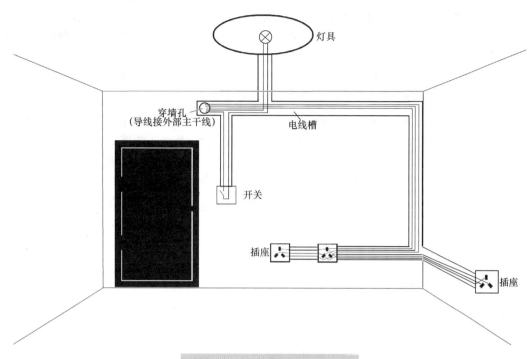

图 9-23　某房间的走线与接线

各厅室，每个厅室都用接线盒从两路主干线分别接出照明和插座支路线，为本厅室照明和插座配电。由于双主干接多分支配电方式要从配电箱引出两路主干线，同时配电箱内需要两个控制开关，故较单主干接多分支方式的成本要高，但由于照明和插座分别供电，当一路出现故障时可暂时使用另一路供电。

　　双主干接多分支的配电方式如图 9-24 所示，该方式的某房间走线和接线与图 9-23 是一样的。

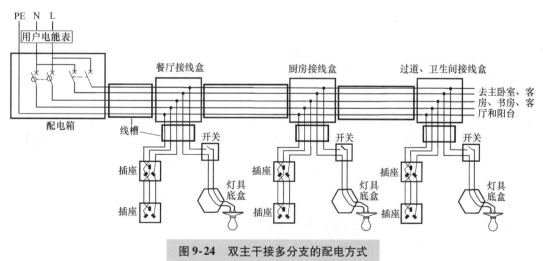

图 9-24　双主干接多分支的配电方式

（3）多分支配电方式

多分支配电方式是根据各厅室的位置和用电功率，划分为多个区域，从配电箱引出多路

分支线路，分别供给不同区域。为了不影响房间美观，线槽明线布线通常使用单路线槽，而单路线槽不能容纳很多导线（在线槽明装布线时，导线总截面积不能超过**线槽截面积的60%**），故在确定分支线路的个数时，应考虑线槽与导线的截面积。

多分支的配电方式如图9-25所示，它将一户住宅用电分为三个区域，在配电箱中将用电分作三条分支线路，分别用开关控制各支路供电的通断，三条支路共9根导线通过单路线槽引出，当分支线路1到达用电区域一的合适位置时，将分支线路1从线槽中引到该区域的接线盒，在接线盒中接成三路分支，分别供给餐厅、厨房和过道，当分支线路2到达用电区域二的合适位置时，将分支线路2从线槽中引到该区域的接线盒，在接线盒中接成三路分支，分别供给主卧室、书房和客房，当分支线路3到达用电区域三的合适位置时，将分支线路3从线槽中引到该区域的接线盒，在接线盒中接成三路分支，分别供给卫生间、客厅和阳台。

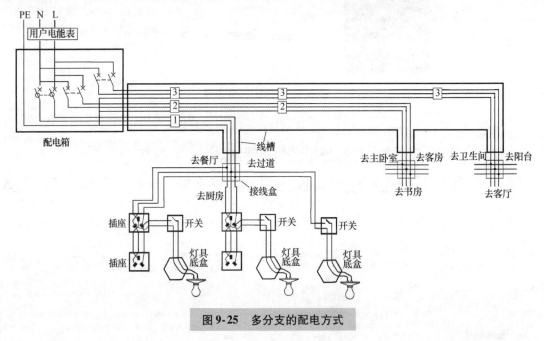

图9-25　多分支的配电方式

由于线槽中导线的数量较多，为了方便区别分支线路，可每隔一段距离用标签对各分支线路进行标记。

5. 导线连接点的处理

在室内布线时，除了要安装主干线外，还要安装分支线，而分支线与主干线连接时就会产生连接点。导线连接点是**电气线路的薄弱环节**，容易出现**氧化、漏电和接触不良等故障**，如果采用槽板、套管和暗敷布线时，由于无法看见导线，故连接点出现故障后很难查找。

正确处理导线连接点可以提高电气线路的稳定性，并且在出现故障后易于检查。处理导线连接点常用的方法是**将连接点放在插座和接线盒内**。

（1）将导线连接点放在插座内

要安装一个插座，如果按图9-26a所示的做法在主干线上接分支线，再将插座接在分支线上，就会产生两个接线点。正常的做法是按图9-26b所示的方法，将主干线引入插座，并将连接点放在插座的接线端上，主干线仍引出插座。

（2）将导线连接点放在接线盒中

如果导线分支处没有插座，那么也可以在分支处专门安装一个接线盒。图 9-27a 所示是没有使用接线盒的导线连接，它有两个连接点，采用接线盒后，可以将分支连接点安装在接线盒的两个接线端上，如图 9-27b、c 所示。导线连接点除了可以放在插座和接线盒中，还可以放在开关和灯具的灯座中。

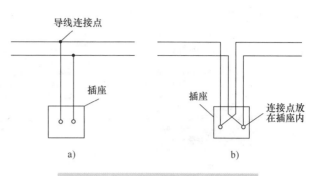

图 9-26　将导线连接点放在插座内

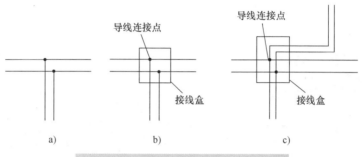

图 9-27　将导线连接点放在接线盒中

9.3　开关、插座和配电箱的安装

9.3.1　开关的安装

1. 暗装开关的拆卸与安装

（1）暗装开关的拆卸

拆卸是安装的逆过程，在安装暗装开关前，先了解一下如何拆卸已安装的暗装开关。单联暗装开关的拆卸如图 9-28 所示，先用一字螺丝刀插入开关面板的缺口，用力撬下开关面板，再撬下开关盖板，然后旋出固定螺钉，就可以拆下开关主体。多联暗装开关的拆卸与单

a) 撬下面板

b) 撬下盖板

c) 旋出固定螺钉

d) 拆下开关主体

图 9-28　单联暗装开关的拆卸

『行』——学以致用，攻坚克难

联暗装开关大同小异，如图9-29所示。

a) 未撬下面板

b) 已撬下面板

c) 已撬下一个开关盖板

图9-29 多联暗装开关的拆卸

（2）暗装开关的安装

由于暗装开关是安装在暗盒上的，在安装暗装开关时，要求暗盒（又称安装盒或底盒）已嵌入墙内并已穿线，如图9-30所示，暗装开关的安装如图9-31所示，先从暗盒中拉出导线，接在开关的接线端，然后用螺钉将开关主体固定在暗盒上，再依次装好盖板和面板即可。

图9-30 已埋入墙壁并穿好线的暗盒

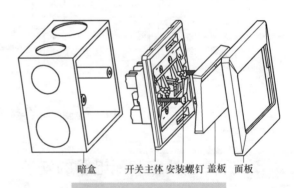
暗盒　开关主体 安装螺钉 盖板 面板

图9-31 暗装开关的安装

2. 明装开关的安装

明装开关直接安装在建筑物表面。明装开关有**分体式和一体式两种类型**。

分体式明装开关如图9-32所示，分体式明装开关采用明盒与开关组合。在安装分体式明装开关时，先用电钻在墙壁上钻孔，接着往孔内敲入膨胀管（胀塞），然后将螺钉穿过明盒的底孔并旋入膨胀管，将明盒固定在墙壁上，再从侧孔将导线穿入底盒并与开关的接线端连接，最后用螺钉将开关固定在明盒上。明装与暗装所用的开关是一样的，但底盒不同，由于暗装底盒要嵌入墙壁，底部无须螺钉固定孔，如图9-33所示。

图9-32 分体式明装开关（明盒+开关）

图9-33 暗盒（底部无螺钉孔）

『行』——学以致用，攻坚克难

一体式明装开关如图 9-34 所示，在安装时先要撬开面板盖，才能看见开关的固定孔，用螺钉将开关固定在墙壁上，再将导线引入开关并接好线，然后合上面板盖即可。

图 9-34　一体式明装开关

3. 开关的安装要点

开关的安装要点如下：

1）开关的安装位置以距地**约 1.4m**，距门口**约 0.2m** 处为宜。

2）为避免水汽进入开关而影响开关寿命或导致电气事故，卫生间的开关最好安装在<u>卫生间门外</u>，若必须安装在卫生间内，<u>应给开关加装防水盒</u>。

3）开敞式阳台的开关最好<u>安装在室内</u>，若必须安装在阳台，应给<u>开关加装防水盒</u>。

4）在接线时，必须将相线接开关，相线经开关后再去接灯具，零线直接接灯具。

9.3.2　插座的安装

插座种类很多，常用的基本类型有两孔、三孔、四孔、五孔插座和三相四线插座，还有带开关插座，如图 9-35 所示。从图中可以看出，三孔插座有三个接线端，四孔插座有两个接线端（对应的上下插孔内部相通），五孔插座有三个接线端，三相四线插座有四个接线端，一开三孔插座有五个接线端（两个为开关端，三个为插座端），一开五孔插座也有五个接线端。

1. 暗装插座的拆卸与安装

暗装插座的拆卸方法与暗装开关是一样的，暗装插座的拆卸如图 9-36 所示。

暗装插座的安装与暗装开关也是一样的，先从暗盒中拉出导线，按极性规定将导线与插座相应的接线端连接，然后用螺钉将插座主体固定在暗盒上，再盖好面板即可。

2. 明装插座的安装

与明装开关一样，明装插座也有**分体式和一体式两种类型**。

分体式明装插座如图 9-37 所示，分体式明装插座采用明盒与插座组合，明装与暗装所用的插座是一样的。安装分体式明装插座与安装分体式明装开关一样，将明盒固定在墙壁上，再从侧孔将导线穿入底盒并与插座的接线端连接，最后用螺钉将插座固定在明盒上。

一体式明装插座如图 9-38 所示，在安装时先要撬开面板盖，可以看见插座的螺钉孔和接线端，用螺钉将插座固定在墙壁上，并接好线，然后合上面板盖即可。

3. 插座安装接线的注意事项

在安装插座时，要注意以下事项：

1）在选择插座时，要注意插座的电压和电流规格，住宅用插座电压通常规格为**220V**，电流等级有**10A、16A、25A** 等，**插座所接的负载功率越大，要求插座电流等级越大**。

2）如果需要在潮湿的环境（如卫生间和开敞式阳台）安装插座，应**给插座安装防水盒**。

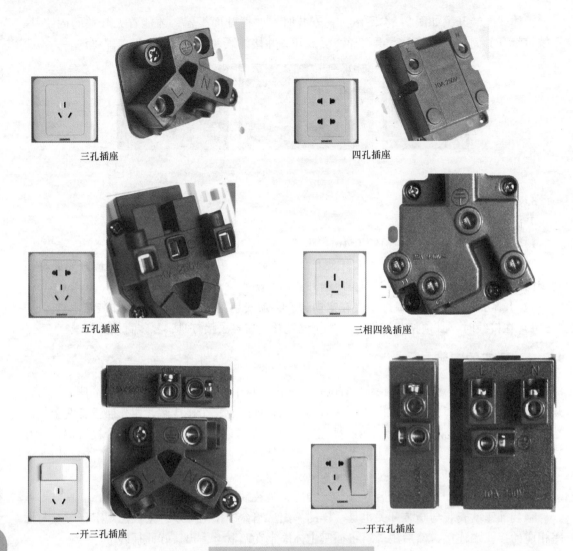

三孔插座

四孔插座

五孔插座

三相四线插座

一开三孔插座

一开五孔插座

图 9-35　常用插座及接线端

图 9-36　暗装插座的拆卸

3）在接线时，插座的插孔一定要按规定与相应极性的导线连接。插座的接线极性规律如图9-39所示。单相两孔插座的左极接 **N** 线（零线），右极接 **L** 线（相线）；单相三孔插座的左极接 **N** 线，右极接 **L** 线，中间极接 **E** 线（地线）；三相四线插座的左极接 L_3 线（相线 **3**），右极接 L_1 线（相线 1），上极接 **E** 线，下极接 L_2 线（相线 2）。

图9-37 分体式明装插座（明盒＋插座）

图9-38 一体式明装插座

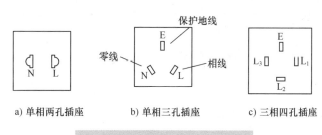

a) 单相两孔插座　　b) 单相三孔插座　　c) 三相四孔插座

图9-39 插座的接线极性规律

9.3.3 配电箱的安装

1. 配电箱的外形与结构

家用配电箱种类很多，图9-40是一个已经安装了配电电器并接线的配电箱（未安装前盖）。

2. 配电电器的安装与接线

在配电箱中安装的配电电器主要有**断路器和漏电保护器**，在安装这些配电电器时，需要将它们**固定在配电箱内部的导轨上，再给配电电器接线**。

图9-41是配电箱电路原理图，图9-42是与之对应的配电箱的配电电器接线示意图。三根入户线（L、N、PE）进入配电箱，其中L、N线接到总断路器的输入端。而PE线直接接到地线公共接线柱（所有接线柱都是相通的），总断路器输出端的L线接到3个漏电保护器的

图9-40 一个已经安装配电电器并接线的配电箱

L端和5个单极断路器的输入端，总断路器输出端的N线接到3个漏电保护器的N端和零线公共接线柱。在输出端，每个漏电保护器的2根输出线（L、N）和1根由地线公共接线柱

引来的 PE 线组成一个分支线路，而单极断路器的 1 根输出线（L）和 1 根由零线公共接线柱引来的 N 线，再加上 1 根由地线公共接线柱引来的 PE 线组成一个分支线路，由于照明线路一般不需地线，故该分支线路未使用 PE 线。

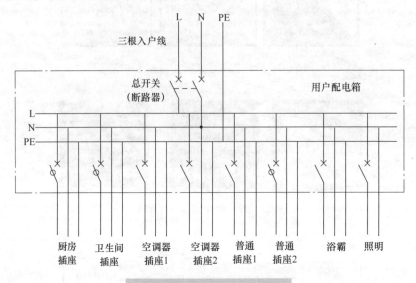

图 9-41　配电箱电路原理图

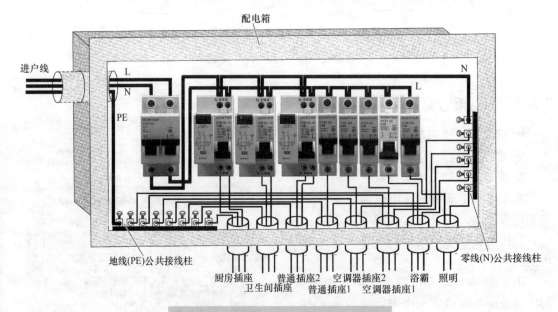

图 9-42　配电箱的配电电器接线示意图

在安装住宅配电箱时，当箱体高度小于 60cm 时，箱体下端距离地面宜为 <u>1.5m</u>，箱体高度大于 60cm 时，箱体上端距离地面<u>不宜大于 2.2m</u>。

在配电箱接线时，对导线颜色也有规定：相线<u>应为黄、绿或红色</u>，单相线可选择其中一种颜色，零线（中性线）<u>应为浅蓝色</u>，保护地线应为<u>绿、黄双色导线</u>。